무선통신 시스템

유영환·양효식·송형규 共著

 21세기사

이 도서의 국립중앙도서관 출판예정도서목록(CIP)은 서지정보유통지원시스템 홈페이지(http://seoji.nl.go.kr)와 국가자료공동목록시스템(http://www.nl.go.kr/kolisnet)에서 이용하실 수 있습니다.(CIP제어번호: CIP2016020726)

PREFACE

    1980년대 1세대 아날로그 이동통신을 시작으로 1990년대에는 디지털 신호처리 기술의 발전에 따라 2세대 디지털 이동통신 방식인 GSM과 CDMA가 상용화되기 시작하였다. 이후 WCDMA와 CDMA2000으로 대표되는 3세대 이동통신 서비스가 도입되면서 본격적으로 데이터 통신이 시작되었으며, 4세대 이동통신의 선두 주자인 LTE는 OFDM, MIMO 등의 기술을 적용하여 초고속 데이터 전송 서비스를 제공하고 있다. 현재 우리가 사용하고 있는 스마트폰에는 이동통신 표준으로는 대역확산을 적용한 WCDMA와 OFDM을 기반으로 하는 LTE가 탑재되어 있다. 또한 OFDM 기반의 WLAN과 DMB, 근거리 무선 규격인 Bluetooth 등 다양한 무선통신 규격이 지원되고 있다. 이러한 통신 규격들은 시스템 특성에 따라 위상 천이 변조(PSK), 주파수 천이 변조(FSK), 직교 진폭 변조(QAM) 등의 변조 방식을 채택하고 있다. 이 책은 2~4세대 통신 시스템에서 적용되고 있는 다양한 변조 방식에 대한 기본 개념을 이해하고, 이를 바탕으로 CDMA와 OFDM 시스템의 송수신 원리를 습득할 수 있도록 구성되어 있다. 또한 통신의 기본 원리뿐만 아니라 통신 시스템의 전체적인 윤곽을 이해할 수 있도록, CDMA와 OFDM을 기반으로 하는 WCDMA, CDMA2000, LTE, WLAN 등의 무선통신 시스템에서 적용되고 있는 송수신 핵심 기술에 대한 내용을 함께 담고 있다.

Access	Modulation
OFDM	QAM
OFDM	QAM
OFDM	DPSK
WCDMA	PSK/QAM
CDMA	PSK
FHSS	FSK

PREFACE

이 책의 구성

이 책은 총 7개 장에 걸쳐서 4가지의 주제를 다루고 있다. 첫 번째로 1~2장에서는 아날로그 변복조의 개념을 다룬다. 3장에서는 두 번째 주제로써 디지털 변복조에 대한 개념을 공부한다. 세 번째로 4~5장에서는 대역확산 기술과 이를 적용한 CDMA 통신 시스템의 핵심 기술을 살펴본다. 마지막으로 6~7장에서는 OFDM 송수신 기술과 이를 적용한 LTE 및 WLAN 시스템의 핵심 기술을 다루고 있다. 각 장에서 다루는 주요 내용은 다음과 같다.

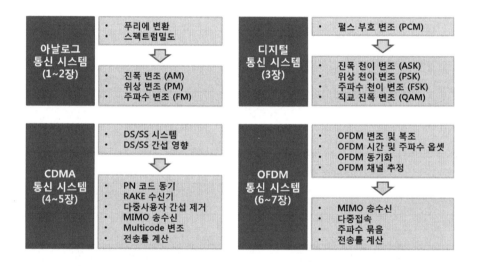

1장에서는 통신 시스템의 개념과 구성 요소에 대하여 간략하게 살펴본다. 2장에서는 우선적으로 아날로그 변조 방식을 주파수영역에서 분석하기 위해 반드시 필요한 푸리에 변환과 스펙트럼밀도의 개념을 알아본다. 이러한 개념을 바탕으로 대표적인 아날로그 변조 방식인 진폭 변조(AM), 위상 변조(PM), 주파수 변조(FM)에 대한 원리와 수신기에서 메시지 신호를 복원하는 복조 과정을 배우고자 한다.

3장에서는 먼저 아날로그 메시지 신호를 디지털 메시지 신호로 변환하기 위해 반드시 필요한 펄스 부호 변조(PCM)의 원리를 알아본다. 이러한 개념을 바탕으로 대표적인 디지털 변조 방식인 진폭 천이 변조, 위상 천이 변조, 주파수 천이 변조, 직교 진폭 변조에 대한 송수신기 구조와 그 원리를 살펴본다. 마지막으로 디지털 통신 시스템의 성능 평가에 주로 사용되는 중요한 척도 중 하나인 비트 에러율에 대한 개념을 다루고자 한다.

4장에서는 메시지 신호보다 대역폭이 훨씬 큰 PN 코드 신호를 이용하여 대역을 확산하는 기술인 직접수열 대역확산(DS/SS) 송수신 기술에 대한 원리를 다룬다. 3장에서 배운 디지털 변복조 개념을 바탕으로 DS/SS 통신 시스템의 송수신기 구조와 스펙트럼 특성을 살펴본다. 끝으로 DS/SS 시스템에서 발생하는 재밍 신호, 다중사용자 신호, 다중경로 신호 등 다양한 간섭 신호의 발생 원인과 이 성분들이 수신기에 미치는 영향을 분석한다.

5장에서는 DS/SS 기술을 사용하는 CDMA 시스템의 발전 과정과 핵심 기술을 살펴본다. 우선적으로 CDMA 송신단에서 사용되는 PN 코드의 특성을 고찰하고, 시스템 용량 증대를 위해 사용되는 multicode 변조와 MIMO 전송 기술의 개념을 다룬다. 또한 CDMA 수신단에서 사용되고 있는 핵심 기술인 PN 코드 동기, RAKE 수신기, MIMO 검파기, 다중사용자 검파기에 대한 개념을 다루고자 한다. 끝으로 DS/SS 기술을 기반으로 진화한 WCDMA와 CDMA2000에 대한 표준별 기술 발전 과정과 최대 전송속도가 얻어지는 과정을 설명하고자 한다.

6장에서는 고속 데이터 전송을 위해 여러 개의 부반송파를 이용하는 통신 방식인 OFDM 기술에 대한 개념과 송수신 원리를 다루고 있다. 3장에서 배운 디지털 변복조 개념을 바탕으로 OFDM 통신 시스템의 송수신 과정을 시간영역과 주파수영역에서 자세히 알아본다. 마지막으로 OFDM 시스템에서 발생하는 심벌 타이밍 옵셋과 반송파 주파수 옵셋이 수신기에 미치는 영향과 이를 추정하기 위한 기법을 살펴보고자 한다.

7장에서는 OFDM을 적용하고 있는 LTE와 WLAN 시스템의 핵심 기술을 살펴본다. OFDM 시스템에서 적용되고 있는 핵심 기술인 다중접속, MIMO 송수신, 주파수 묶음 기술에 대한 개념을 알아본다. 끝으로 OFDM을 기반으로 진화한 LTE와 WLAN에 대한 표준별 기술 발전 과정과 최대 전송속도가 도출되는 과정을 살펴보고자 한다.

감사의 글

이 책을 집필할 수 있는 기회를 주신 SW중심대학 관계자분들께 감사의 뜻을 전합니다. 또한 이 책이 나오기까지 도움을 주신 도서출판21세기사 여러분들께 감사의 마음을 전합니다. 끝으로 사랑하는 우리 가족 모두가 늘 행복하고 건강하기를 바랍니다.

저자 일동

CONTENTS

CHAPTER 04   대역확산 통신 시스템   113

CONTENTS

CHAPTER 07 **LTE/WLAN 통신 시스템** 253

CONTENTS

CHAPTER 1

통신 시스템

그림 1-1에서 도로는 메시지를 전송하는 통로로써 도로의 폭은 대역폭(bandwidth), 도로의 번호는 반송파 주파수(carrier frequency)를 의미한다. 자동차는 반송파 신호, 짐은 메시지 신호로 비유된다. 변조(modulation) 방식은 짐을 자동차의 어느 위치에 싣느냐에 따라 결정된다. 예를 들어 짐을 자동차의 트렁크에 실어 보내는 방식을 진폭 변조로 비유하면, 출발지에서 자동차의 트렁크에 짐을 싣는 것이 변조이며, 도착지에서 자동차의 트렁크에서 짐을 꺼내는 것이 복조(demodulation)에 해당한다. 즉, 도착지에서는 반드시 트렁크에서 짐을 꺼내야 정확한 정보의 수신이 가능하다. 또한 전송하는 짐의 형태가 아날로그(analog) 또는 디지털(digital)인지에 따라 아날로그 변조와 디지털 변조로 구분된다. 그림 1-1의 예에서 동부간선, 강변북로처럼 누구나 무료로 사용할 수 있도록 규정한 주파수 대역을 비면허(unlicensed) 대역 또는 ISM(Industrial, Scientific, and Medical) 대역이라고 한다. 도로의 상행선은 상향링크(uplink), 하행선은 하향링크(downlink)라 한다.

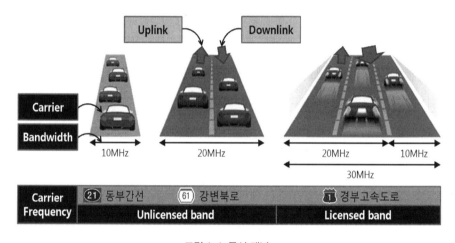

그림 1-1 통신 개념

통신 시스템은 그림 1-2에서 보듯이 메시지를 전송하는 송신기(transmitter), 신호가 전달되는 매체인 채널(channel), 그리고 메시지를 복원하는 수신기(receiver)로 구성된다. 비트 정보는 반송파에 실려 심벌을 구성하게 되는데, 그림 1-2에서는 리프트(반송파)에 사람이 타지 않는 경우를 심벌 1(또는 비트 "0")로, 사람이 타는 경우를 심벌 2(또는 비트 "1")로 맵핑한 경우이다. 송신단에서 사람을 태워 전송(비트 "1" 전송)했는데 수신단에서 도착한 리프트에 사람이 없다면, 수신기는 비트 "0"이 전송된 것으로 판단한다. 이러한 경우가 비트 에러에 해당한다.

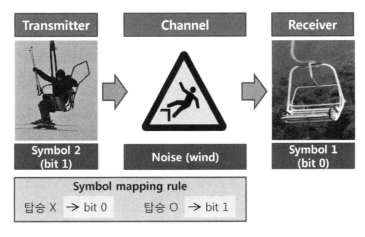

그림 1-2 통신 시스템 구성

그림 1-3에서 보듯이 아날로그 셀룰러에서 시작된 이동통신 기술은 2세대 GSM(Global System for Mobile Communications)과 CDMA(Code Division Multiple Access) 기술, 3세대 WCDMA(Wideband CDMA) 기술을 거쳐 4세대 LTE(Long Term Evolution) 기술로 진화하고 있다. 2세대와 3세대는 주로 CDMA 기술을 기반으로 2세대 초반 14kbps 수준에서 수십 Mbps의 전송속도까지 발전되어 왔다. 하지만 CDMA 기술은 4세대에서 요구되는 수백 Mbps를 구현하기가 어렵다는 단점으로 인하여 새로운 무선 기술인 OFDM(Orthogonal Frequency Division Multiplexing) 기술로의 급격한 전환이 이뤄졌다.

4세대 통신 기술의 핵심인 스마트폰에는 이동통신 기술로는 3G WCDMA, OFDM 기반의 4G LTE가 지원되며, OFDM 기반의 MIMO(Multiple Input Multiple Output)를 적용한 802.11n WLAN(Wireless Local Area Network), OFDM 기반의 DMB(Digital Multimedia Broadcasting), 근거리 무선 규격인 Bluetooth 등 다양한 무선통신 규격이 지원되고 있다. 각 통신 규격들은 데이터 전송속도와 시스템 특성에 따라 PSK(Phase Shift Keying), FSK(Frequency Shift Keying), QAM(Quadrature Amplitude Modulation) 등 다양한 변조 방식을 적용하고 있다.

2장에서는 통신 원리 이해에 필요한 푸리에 변환 개념과 1세대 아날로그 통신 시스템에서의 변복조 기술을 살펴본다. 3장에서는 LTE, WCDMA, WiFi 등 다양한 통신 규격에서 사용되는 디지털 변복조 기술을 다룬다. 4장에서는 2세대 및 3세대 이동통신 시스템에서 사용되는 대역확산(Spread Spectrum, SS) 통신 기술을 다루며, 5장에서는 대역확산 기술을 적용한 동기식 CDMA2000과 비동기식 WCDMA 시스템에서 사용되는 핵심 기술을 살펴본다. 6장에서는 4세대 이동통신 시스템에서 사용되고 있는 OFDM 기술의 원리와 특징을 살펴본다. 마지막으로 7장에서는 OFDM를 적용한 LTE와 WLAN 시스템의 핵심 기술을 학습하고자 한다.

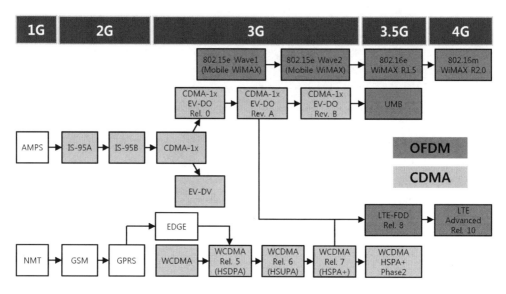

그림 1-3 이동통신 기술 발전

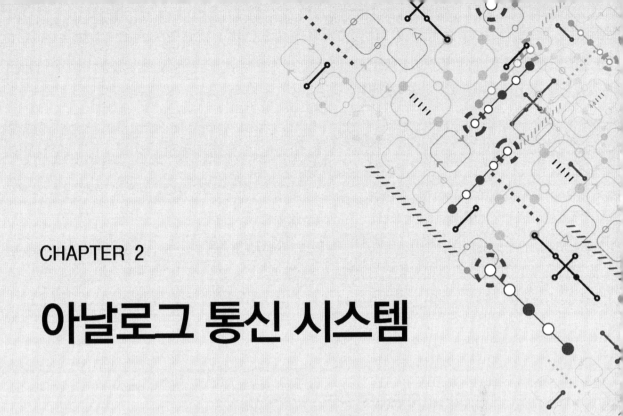

CHAPTER 2

아날로그 통신 시스템

2.1 푸리에 변환

그림 2-1-1은 푸리에 변환(Fourier Transform, FT)의 개념을 보여준다. 방파제에서 만들어지는 파도 물결들은 랜덤해 보이지만(시간영역), 이러한 물결들은 서로 다른 파고와 파장을 가지는 무수히 많은 파도들이 합쳐져서 만들어짐을 알 수 있다(주파수영역). 그림 2-1-2는 시간영역과 주파수영역에서의 푸리에 변환에 대한 표현 방식을 보여준다. 시간영역에서 일자는 시간을 의미하며, 주파수영역에서 반복되는 일수는 주파수를 나타낸다. 즉, 주파수영역에서 반복되는 일수에 해당하는 과목이 있다면, 시간영역에서는 해당 과목이 주어진 일수마다 반복됨을 뜻한다.

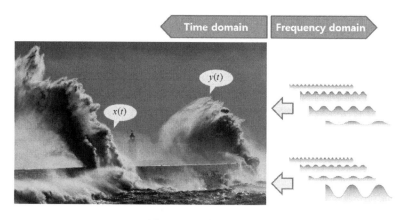

그림 2-1-1 푸리에 변환 개념

Time Table

Time Domain	1일	2일	3일	4일	5일	6일	7일	8일	9일	10일	11일	12일
	국어	국어	국어	국어	국어	국어	국어	국어	국어	국어	국어	국어
		수학		수학		수학		수학		수학		수학
			과학			과학			과학			과학
				영어				영어				

Frequency Domain	매일	2일에 한번	3일에 한번	4일에 한번	5일에 한번
	국어	수학	-	과학	영어

그림 2-1-2 푸리에 변환 표현

2.1.1 푸리에 급수

푸리에 급수(Fourier Series, FS)는 주기가 T_0인 임의의 주기 신호 $x_P(t)$를 기본 주기가 T_0인 고조파(harmonic)들의 합으로 표현하는 하는 것이다. 삼각함수를 사용하면, 주기신호에 대한 삼각 푸리에 급수 표현은 다음과 같다.

$$x_P(t) = a_0 + \sum_{k=1}^{\infty} \left[a_k \cos(2\pi k f_0 t) + b_k \sin(2\pi k f_0 t) \right] \tag{2-1-1}$$

여기서 a_k과 b_k은 푸리에 계수이고, $f_0 = 1/T_0$는 기본 주파수이다. 식 (2-1-1)은 오일러 공식을 이용하면 다음과 같이 정리된다.

$$\begin{aligned} x_P(t) &= a_0 + \sum_{k=1}^{\infty} \left[a_k \left(\frac{e^{j2\pi k f_0 t} + e^{-j2\pi k f_0 t}}{2} \right) + b_k \left(\frac{e^{j2\pi k f_0 t} - e^{-j2\pi k f_0 t}}{2j} \right) \right] \\ &= a_0 + \sum_{k=1}^{\infty} \left(\frac{a_k}{2} + \frac{b_k}{2j} \right) e^{j2\pi k f_0 t} + \sum_{k=1}^{\infty} \left(\frac{a_k}{2} - \frac{b_k}{2j} \right) e^{-j2\pi k f_0 t} \\ &= a_0 + \sum_{k=1}^{\infty} \left(\frac{a_k - j b_k}{2} \right) e^{j2\pi k f_0 t} + \sum_{k=-\infty}^{-1} \left(\frac{a_{-k} + j b_{-k}}{2} \right) e^{j2\pi k f_0 t} \end{aligned} \tag{2-1-2}$$

위의 식에서 a_k과 b_k로 표현되는 푸리에 계수들을 다음과 같이 정의한다.

$$X_k = \begin{cases} \dfrac{a_k - j b_k}{2}, & k > 0 \\ a_0, & k = 0 \\ \dfrac{a_k + j b_k}{2}, & k < 0 \end{cases} \tag{2-1-3}$$

위의 정의에 따라서 식 (2-1-2)는 다음과 같이 정리되는데, 이를 지수 푸리에 급수라 한다.

$$x_P(t) = \sum_{k=-\infty}^{\infty} X_k e^{j2\pi k f_0 t} \tag{2-1-4}$$

식 (2-1-4)로부터 푸리에 계수 X_k는 다음과 같이 구할 수 있다.

$$\begin{aligned} \int_{<T_0>} x_P(t) e^{-j2\pi k f_0 t} dt &= \int_{<T_0>} \left(\sum_{n=-\infty}^{\infty} X_n e^{j2\pi n f_0 t} \right) e^{-j2\pi k f_0 t} dt \\ &= \sum_{n=-\infty}^{\infty} X_n \int_{<T_0>} e^{j2\pi(n-k) f_0 t} dt \end{aligned} \tag{2-1-5}$$

[개념정리 2-1]에서의 고조파 적분 특성을 이용하면 복소 지수함수에 대하여 다음을 얻는다.

$$\int_{<T_0>} e^{j2\pi(n-k)f_0 t} dt$$
$$= \int_0^{T_0} \cos(2\pi(n-k)f_0 t)dt + j\int_0^{T_0} \sin(2\pi(n-k)f_0 t)dt \qquad (2\text{-}1\text{-}6)$$
$$= \begin{cases} T_0, & k=n \\ 0, & k \neq n \end{cases}$$

식 (2-1-6)에서 $k=n$일 때 항만 남기 때문에 식 (2-1-5)는 다음과 같이 정리된다.

$$\int_{<T_0>} x_P(t)e^{-j2\pi kf_0 t} dt = X_k T_0 \qquad (2\text{-}1\text{-}7)$$

따라서, 푸리에 계수 X_k는 아래와 같이 구해진다.

$$X_k = \frac{1}{T_0}\int_{<T_0>} x_P(t)e^{-j2\pi kf_0 t} dt \qquad (2\text{-}1\text{-}8)$$

그림 2-1-3과 같이 주기가 T_0인 사각 펄스열에 대한 푸리에 급수 표현을 살펴본다. 식 (2-1-8)의 정의에 따라서 다음을 얻는다.

개념정리 2-1 **고조파의 적분 특성**

①번에서 보듯이 $\cos(2\pi f_0 t)$과 $\sin(2\pi f_0 t)$ 신호의 한 주기 T_0 동안의 적분은 0이 된다. ②번과 같이 주파수가 m배 빨라진 $\cos(2\pi mf_0 t)$과 $\sin(2\pi mf_0 t)$ 신호를 고조파(harmonic)라고 하며, 이러한 고조파 신호에 대한 T_0 동안의 적분도 0이 된다.

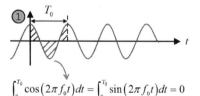

$$\int_0^{T_0} \cos(2\pi f_0 t)dt = \int_0^{T_0} \sin(2\pi f_0 t)dt = 0$$

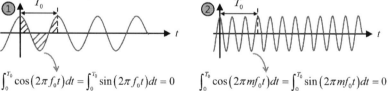

$$\int_0^{T_0} \cos(2\pi mf_0 t)dt = \int_0^{T_0} \sin(2\pi mf_0 t)dt = 0$$

$$X_k = \frac{1}{T_0} \int_{-T_0/2}^{T_0/2} x_P(t) e^{-j2\pi k f_0 t} dt \qquad (2\text{-}1\text{-}9)$$

$$= \frac{1}{T_0} \int_0^{T_0/2} e^{-j2\pi k f_0 t} dt + \frac{1}{T_0} \int_{-T_0/2}^0 (-1) e^{-j2\pi k f_0 t} dt$$

$$= \frac{1}{-j2\pi k f_0 T_0} e^{-j2\pi k f_0 t} \Big|_0^{T_0/2} - \frac{1}{-j2\pi k f_0 T_0} e^{-j2\pi k f_0 t} \Big|_{-T_0/2}^0$$

$$= \frac{1}{-j2\pi k} \left[\left(e^{-j\pi k} - 1 \right) - \left(1 - e^{j\pi k} \right) \right] = \frac{1}{j\pi k} \left(1 - e^{j\pi k} \right)$$

위의 식을 정리하면 X_k는 다음과 같다.

$$X_k = \begin{cases} \dfrac{2}{jk\pi}, & k = \text{odd} \\ 0, & k = \text{even} \end{cases} \qquad (2\text{-}1\text{-}10)$$

그림 2-1-3의 ②번은 X_k의 크기인 $|X_k|$로써 다음과 같다

$$|X_k| = \begin{cases} \dfrac{2}{|k|\pi}, & k = \text{odd} \\ 0, & k = \text{even} \end{cases} \qquad (2\text{-}1\text{-}11)$$

따라서 그림 2-1-3의 ①에서 주어진 사각 펄스열 신호는 ②번에서와 같이 주파수가 $f = kf_0$이고 크기가 $|X_k|$인 정현파들의 합으로 표현이 가능하다.

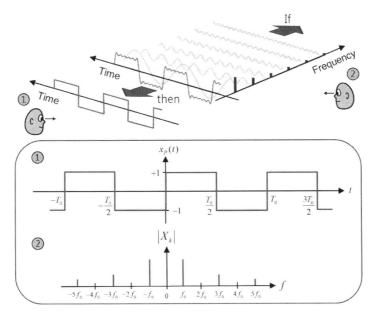

그림 2-1-3 사각 펄스열의 푸리에 급수 표현

그림 2-1-4와 같이 $T_0 = 1$마다 반복되는 임펄스열도 푸리에 급수로 표현이 가능하다. [부록 A-1 참조]

$$\sum_{n=-\infty}^{\infty} \delta(t - n T_0) = \frac{1}{T_0} \sum_{k=-\infty}^{\infty} e^{j2\pi k f_0 t} \tag{2-1-12}$$

식 (2-1-12)를 오일러 공식을 이용하여 삼각 푸리에 급수 형태로 변형하면 다음과 같은 표현이 가능하다.

$$\frac{1}{T_0} \sum_{k=-\infty}^{\infty} e^{j2\pi k f_0 t} = \frac{1}{T_0} + \frac{2}{T_0} \sum_{k=1}^{\infty} \left(\frac{e^{j2\pi k f_0 t} + e^{-j2\pi k f_0 t}}{2} \right) \tag{2-1-13}$$

$$= \frac{1}{T_0} + \frac{2}{T_0} \sum_{k=1}^{\infty} \cos(2\pi k f_0 t)$$

그림 2-1-4는 식 (2-1-13)의 임펄스열에 대한 푸리에 급수 표현을 도시한 것이다. k가 증가할수록 고조파들의 합이 점점 임펄스 형태로 접근함을 알 수 있다.

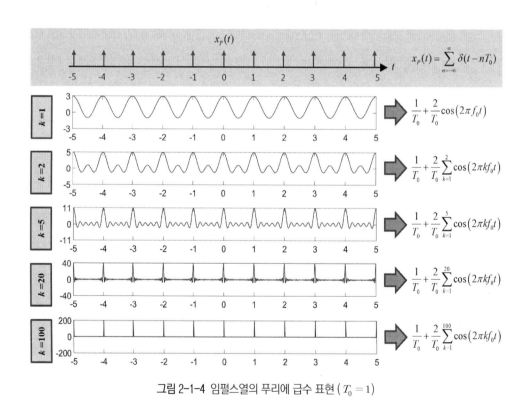

그림 2-1-4 임펄스열의 푸리에 급수 표현 ($T_0 = 1$)

단위 임펄스 신호 $\delta(t)$는 ①번과 같이 정의되며, ②번과 같이 $t = 0$에서 높이가 1인 화살표로 표현된다. 실제로는 ③번의 정의와 같이 임펄스 신호의 면적이 1임을 의미하며, ④번과 같은 적분 특징을 가진다. 단위 임펄스 신호는 시간영역에서 시스템의 임펄스 응답을 구하고, 주파수영역에서는 주파수 응답을 해석하는데 주로 사용된다.

① $\delta(t) = \begin{cases} \infty, & t = 0 \\ 0, & t \neq 0 \end{cases}$

② $\delta(t)$, 1, 0, f

③ $\int_{-\infty}^{\infty} \delta(t)dt = 1$

④ $\int_{-\infty}^{\infty} x(t)\delta(t - t_0)dt = x(t_0)$

2.1.2 푸리에 변환

(1) 푸리에 변환식

주기 신호에 대해서 정의된 식 (2-1-4)에서 주기 $T_0 \to \infty$가 되면, $x_P(t)$는 비주기 신호로 접근하게 된다. 식 (2-1-4)와 식 (2-1-8)로부터 다음을 얻는다.

$$x_P(t) = \sum_{k=-\infty}^{\infty} \left[\frac{1}{T_0} \int_{-T_0/2}^{T_0/2} x_P(t)e^{-j2\pi k f_0 t}dt \right] e^{j2\pi k f_0 t} \tag{2-1-14}$$

여기에 $T_0 \to \infty$를 적용하면 다음과 같이 정리된다.

$$\begin{aligned}
x(t) &= \lim_{T_0 \to \infty} x_P(t) \\
&= \lim_{T_0 \to \infty} \sum_{k=-\infty}^{\infty} \left[\frac{1}{T_0} \int_{-T_0/2}^{T_0/2} x_P(t)e^{-j2\pi k f_0 t}dt \right] e^{j2\pi k f_0 t} \\
&= \sum_{k=-\infty}^{\infty} \lim_{T_0 \to \infty} \frac{1}{T_0} \left[\int_{-T_0/2}^{T_0/2} x_P(t)e^{-j2\pi k f_0 t}dt\, e^{j2\pi k f_0 t} \right]
\end{aligned} \tag{2-1-15}$$

위의 식에서 $f_0 = 1/T_0$이고 $f_0 \to 0$이므로, $kf_0 \to f$, $x_P(t) \to x(t)$, 그리고 $\lim_{T_0 \to \infty} \frac{1}{T_0} = df$가 된다. 따라서 다음을 얻는다.

$$\sum_{k=-\infty}^{\infty} \lim_{T_0 \to \infty} \frac{1}{T_0} \to \int_{f=-\infty}^{\infty} df \tag{2-1-16}$$

식 (2-1-16)을 적용하면, 식 (2-1-15)는 다음과 같이 표현된다.

$$x(t) = \int_{f=-\infty}^{\infty} \left[\int_{t=-\infty}^{\infty} x(t) e^{-j2\pi ft} dt \right] e^{j2\pi ft} df \qquad (2\text{-}1\text{-}17)$$

위의 식에서 괄호안은 f에 대한 함수이므로 다음과 같이 정의된다.

$$X(f) = \int_{-\infty}^{\infty} x(t) e^{-j2\pi ft} dt = F[x(t)] \qquad (2\text{-}1\text{-}18)$$

결과적으로 $x(t)$는 다음과 같다.

$$x(t) = \int_{-\infty}^{\infty} X(f) e^{j2\pi ft} df = F^{-1}[X(f)] \qquad (2\text{-}1\text{-}19)$$

식 (2-1-18)은 $x(t)$에 대한 푸리에 변환이며, 식 (2-1-19)는 $X(f)$에 대한 역푸리에 변환 (Inverse FT, IFT)을 의미한다. 임의의 신호 $x(t)$에 대한 푸리에 변환이 존재하려면, $x(t)$가 절대적분이 가능하거나 유한한 에너지를 가져야 한다.

(2) 주파수 천이 특성

신호 $x(t)$의 푸리에 변환을 $X(f)$라 하자. 시간영역에서 신호 $x(t)$에 복소 지수함수가 곱해지면, 주파수영역에서는 천이된 스펙트럼(spectrum)이 발생한다. 이 특징은 다음과 같이 설명된다.

$$F\left[x(t)e^{j2\pi f_c t}\right] = \int_{-\infty}^{\infty} \left[x(t)e^{j2\pi f_c t}\right] e^{-j2\pi ft} dt = \int_{-\infty}^{\infty} x(t) e^{-j2\pi(f-f_c)t} dt \qquad (2\text{-}1\text{-}20)$$

여기서 f_c는 상수이다. 식 (2-1-20)에서 $\lambda = f - f_c$로 치환하면 다음을 얻는다.

$$\int_{-\infty}^{\infty} x(t) e^{-j2\pi \lambda t} dt = X(\lambda) \qquad (2\text{-}1\text{-}21)$$

따라서 다음과 같은 주파수 천이 특성을 얻는다.

$$F\left[x(t)e^{j2\pi f_c t}\right] = X(f - f_c) \qquad (2\text{-}1\text{-}22)$$

주파수 천이 특성의 한 예로써 $X(f) = \delta(f)$인 경우를 살펴본다. 식 (2-1-19)로부터 다음의 관계식을 얻는다.

$$x(t) = \int_{-\infty}^{\infty} \delta(f) e^{j2\pi ft} df = \int_{-\infty}^{\infty} \delta(f) df = 1 \tag{2-1-23}$$

즉, $x(t) = 1$의 푸리에 변환은 $X(f) = \delta(f)$임을 알 수 있다(그림 2-1-5). 식 (2-1-22)에서 이 관계를 적용하면, 다음을 얻는다.

$$F\left[e^{j2\pi f_c t}\right] = \delta(f - f_c) \tag{2-1-24}$$

즉, 신호 $e^{j2\pi f_c t}$에는 $f = f_c$[Hz] 주파수만 존재한다는 의미이다.

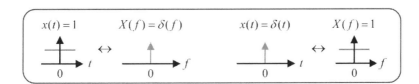

그림 2-1-5 단위 임펄스 신호와 푸리에 변환

(3) 시간 천이 특성

신호 $x(t)$를 t_0만큼 시간 천이시킨 신호 $x(t - t_0)$의 푸리에 변환은 다음과 같다.

$$F\left[x(t - t_0)\right] = \int_{-\infty}^{\infty} x(t - t_0) e^{-j2\pi ft} dt \tag{2-1-25}$$

여기서 t_0는 상수이다. 식 (2-1-25)에서 $\tau = t - t_0$로 치환하면 다음과 같은 시간 천이 특성을 얻는다.

$$\int_{-\infty}^{\infty} x(t - t_0) e^{-j2\pi ft} dt = \int_{-\infty}^{\infty} x(\tau) e^{-j2\pi f(\tau + t_0)} d\tau \tag{2-1-26}$$
$$= e^{-j2\pi f t_0} \int_{-\infty}^{\infty} x(\tau) e^{-j2\pi f\tau} d\tau = e^{-j2\pi f t_0} X(f)$$

따라서 $F\left[x(t - t_0)\right] = e^{-j2\pi f t_0} X(f)$로 정리된다. 식 (2-1-26)에서 $x(t - t_0) = \delta(t - t_0)$이면 다음을 얻는다.

$$\int_{-\infty}^{\infty} \delta(t - t_0)e^{-j2\pi ft}dt = e^{-j2\pi ft_0}\int_{-\infty}^{\infty} \delta(\tau)e^{-j2\pi f\tau}d\tau \qquad (2\text{-}1\text{-}27)$$

$$= e^{-j2\pi ft_0}\int_{-\infty}^{\infty} \delta(\tau)d\tau = e^{-j2\pi ft_0}$$

따라서 $F[\delta(t - t_0)] = e^{-j2\pi ft_0}$로 정리된다. 여기서 $t_0 = 0$인 경우에는 $F[\delta(t)] = 1$가 되어 $\delta(t)$에는 모든 주파수가 존재함 알 수 있다(그림 2-1-5). 즉, 단위 임펄스 $\delta(t)$는 모든 주파수의 정현파가 더해진 신호이다.

⑷ 미적분 특성

식 (2-1-19)의 신호 $x(t)$를 미분하면 다음을 얻는다.

$$x'(t) = \frac{dx(t)}{dt} = \frac{d}{dt}\int_{-\infty}^{\infty} X(f)e^{j2\pi ft}df = \int_{-\infty}^{\infty} X(f)\frac{d}{dt}e^{j2\pi ft}df \qquad (2\text{-}1\text{-}28)$$

$$= \int_{-\infty}^{\infty} [j2\pi f X(f)]e^{j2\pi ft}df$$

위의 식으로부터 다음과 같은 푸리에 미분 특성을 얻는다.

$$F\left[\frac{dx(t)}{dt}\right] = j2\pi f X(f) \qquad (2\text{-}1\text{-}29)$$

다음으로 $x(t)$를 적분한 함수를 다음과 같이 정의한다.

$$g(t) = \int_{-\infty}^{t} x(\tau)d\tau \qquad (2\text{-}1\text{-}30)$$

여기서는 $g(t)$가 직류(DC) 성분이 없다고 가정한다. 양변을 미분하면 다음을 얻는다.

$$\frac{dg(t)}{dt} = x(t) \qquad (2\text{-}1\text{-}31)$$

식 (2-1-31)의 양변에 푸리에 변환을 취하고, 식 (2-1-29)를 이용하면 다음을 얻는다.

$$F\left[\frac{dg(t)}{dt}\right] = j2\pi f G(f) = X(f) \qquad (2\text{-}1\text{-}32)$$

위의 식으로부터 다음과 같은 푸리에 적분 특성을 얻는다.

$$G(f) = F[g(t)] = F\left[\int_{-\infty}^{t} x(\tau)d\tau\right] = \frac{X(f)}{j2\pi f} \tag{2-1-33}$$

(5) 대칭성

복소 신호 $x(t)$에 대하여, 공액복소(complex conjugate) 신호 $x^*(t)$의 푸리에 변환은 다음과 같다.

$$\begin{aligned}
F[x^*(t)] &= \int_{-\infty}^{\infty} x^*(t)e^{-j2\pi ft}dt = \left[\int_{-\infty}^{\infty} x(t)e^{j2\pi ft}dt\right]^* \\
&= \left[\int_{-\infty}^{\infty} x(t)e^{-j2\pi(-f)t}dt\right]^* = X^*(-f)
\end{aligned} \tag{2-1-34}$$

만일 $x(t)$가 실수값만 가지는 실수 신호이면, $x(t) = x^*(t)$이므로 $X(f) = X^*(-f)$가 된다. 이를 공액 대칭성(conjugate symmetry)이라 한다. 즉, $x(t)$가 실수 신호일 때, 스펙트럼은 $|X(f)| = |X^*(-f)|$을 만족하므로 $f = 0$를 기준으로 대칭성을 가지게 된다. 즉, 양의 주파수 특성만 알아도 음의 주파수 특성도 같이 알 수 있다.

동일한 방법으로 $X(f)$가 복소 신호일 때, 공액복소 신호 $X^*(f)$의 역푸리에 변환은 다음과 같다.

$$\begin{aligned}
F^{-1}[X^*(f)] &= \int_{-\infty}^{\infty} X^*(f)e^{j2\pi ft}df = \left[\int_{-\infty}^{\infty} X(f)e^{-j2\pi ft}df\right]^* \\
&= \left[\int_{-\infty}^{\infty} X(f)e^{j2\pi f(-t)}df\right]^* = x^*(-t)
\end{aligned} \tag{2-1-35}$$

(6) Parseval 정리

두 신호 $x(t)$와 $y(t)$에 대하여 다음과 같은 관계식이 성립한다.

$$\begin{aligned}
\int_{-\infty}^{\infty} x(t)y^*(t)dt &= \int_{-\infty}^{\infty} x(t)\left[\int_{-\infty}^{\infty} Y(f)e^{j2\pi ft}df\right]^* dt \\
&= \int_{-\infty}^{\infty} x(t)\left[\int_{-\infty}^{\infty} Y^*(f)e^{-j2\pi ft}df\right]dt \\
&= \int_{-\infty}^{\infty} Y^*(f)\left[\int_{-\infty}^{\infty} x(t)e^{-j2\pi ft}dt\right]df \\
&= \int_{-\infty}^{\infty} Y^*(f)X(f)df
\end{aligned} \tag{2-1-36}$$

위의 식에서 $y(t) = x(t)$로 치환하면, 시간영역과 주파수영역에서의 신호 에너지 관계식을 얻는다.

$$\int_{-\infty}^{\infty} x(t)x^*(t)dt = \int_{-\infty}^{\infty} |x(t)|^2 dt = \int_{-\infty}^{\infty} X^*(f)X(f)df \qquad (2\text{-}1\text{-}37)$$

$$= \int_{-\infty}^{\infty} |X(f)|^2 df$$

즉, 시간영역에서의 에너지와 주파수영역에서의 에너지는 동일하다.

(7) 컨벌루션 특성

신호 $x(t)$가 임펄스 응답이 $h(t)$인 선형 시불변(Linear Time-Invariant, LTI) 시스템에 입력되어 신호 $y(t)$가 출력되는 것을 식으로 표현하면 다음과 같다.

$$y(t) = x(t) \otimes h(t) = \int_{-\infty}^{\infty} x(\tau)h(t-\tau)d\tau \qquad (2\text{-}1\text{-}38)$$

이를 시간영역에서의 컨벌루션(convolution)이라 한다. 그림 2-1-6은 $x(t)$와 $h(t)$가 사각 펄스일 때 두 신호의 컨벌루션 개념을 나타낸 것이다. 위 식의 푸리에 변환은 다음과 같다.

$$Y(f) = F[x(t) \otimes h(t)] = \int_{-\infty}^{\infty} \left[\int_{-\infty}^{\infty} x(\tau)h(t-\tau)d\tau \right] e^{-j2\pi ft} dt \qquad (2\text{-}1\text{-}39)$$

$$= \int_{-\infty}^{\infty} x(\tau) \left[\int_{-\infty}^{\infty} h(t-\tau)e^{-j2\pi ft} dt \right] d\tau$$

개념정리 2-3 **선형 시불변 시스템**

①②번의 두 입력 신호 $x_1(t)$와 $x_2(t)$를 고려한다. ①③번과 같이 같은 신호에 대하여 언제나 같은 반응을 하는 시스템을 시불변 시스템이라고 한다. 즉, $x_1(t-3)$가 입력되면 $y_1(t-3)$가 출력된다. ④번과 같이 ①번과 ②번의 신호가 더해진 $x_1(t) + x_2(t)$가 입력되어 $y_1(t) + y_2(t)$가 출력될 때, 이를 선형성이라고 한다. 이 예에서 $h(t)$는 선형 조건과 시불변 조건을 동시에 만족하므로, 이러한 시스템을 선형 시불변 시스템이라고 한다.

위의 식에서 τ는 t에 대하여 상수이므로 식 (2-1-26)의 시간 천이 특성을 이용하면, 다음을 얻는다.

$$\int_{-\infty}^{\infty} h(t-\tau)e^{-j2\pi ft}dt = H(f)e^{-j2\pi f\tau} \tag{2-1-40}$$

식 (2-1-40)을 식 (2-1-39)에 대입하면 출력 신호 $y(t)$의 푸리에 변환은 다음과 같이 표현된다.

$$Y(f) = \int_{-\infty}^{\infty} x(\tau)H(f)e^{-j2\pi f\tau}d\tau = \left[\int_{-\infty}^{\infty} x(\tau)e^{-j2\pi f\tau}d\tau\right]H(f) \tag{2-1-41}$$
$$= X(f)H(f)$$

따라서 다음과 같은 시간영역에서의 컨벌루션 특성을 얻는다.

$$Y(f) = F[x(t)\otimes h(t)] = X(f)H(f) \tag{2-1-42}$$

동일한 방법으로 아래와 같은 주파수영역에서의 컨벌루션 특성을 얻는다. [부록 A-2 참조]

$$F[x(t)h(t)] = X(f)\otimes H(f) \tag{2-1-43}$$

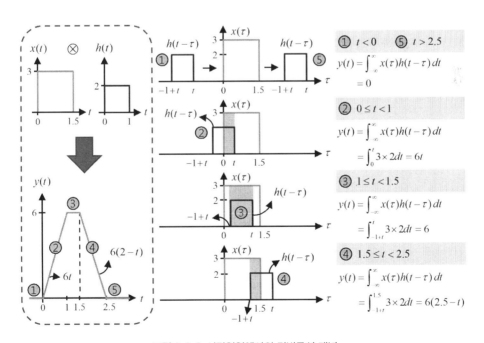

그림 2-1-6 시간영역에서의 컨벌루션 개념

그림 2-1-7과 그림 2-1-8은 각각 통신 시스템에서 자주 사용되는 필터와 변조에서의 컨벌루션 응용을 보여준다. 그림 2-1-7은 신호 $x(t)$의 주파수 성분 중 3~6Hz만 통과시키는 대역통과필터(Band-pass Filter, BPF)에 대한 예로써 식 (2-1-42)의 시간영역에서의 컨벌루션에 해당한다. 그림 2-1-8은 신호 $x(t)$가 반송파 주파수 $f = f_c$로 변조되는 경우로 식 (2-1-43)의 주파수영역 컨벌루션에 대한 예이다. 즉, $f = 0$을 중심으로 존재하는 $X(f)$가 $f = f_c$로 천이되어 $X(f - f_c)$가 된다. 이 결과는 식 (2-1-22)의 주파수 천이 특성을 이용해도 쉽게 구해진다.

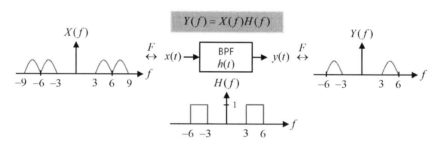

그림 2-1-7 시간영역 컨벌루션 (필터링)

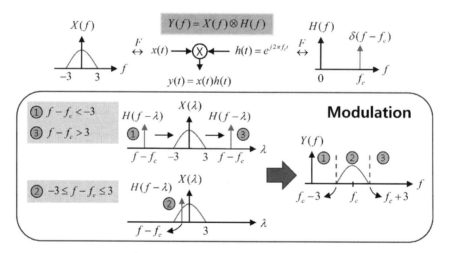

그림 2-1-8 주파수영역 컨벌루션 (변조)

2.1.3 스펙트럼밀도

(1) 에너지스펙트럼밀도

Parseval 정리를 이용하면, 신호 $x(t)$의 에너지를 다음과 같이 구할 수 있다.

$$E = \int_{-\infty}^{\infty} |x(t)|^2 dt = \int_{-\infty}^{\infty} |X(f)|^2 df \tag{2-1-44}$$

여기서 신호 $x(t)$가 0이 아닌 유한한 에너지를 갖는다면($0 < E < \infty$), 이 신호를 에너지 신호라 한다. 이때 $\Psi_x(f) = |X(f)|^2$가 에너지스펙트럼밀도(Energy Spectral Density, ESD)가 된다. 신호의 에너지를 구하는 다른 방법으로는 다음과 같이 정의되는 자기상관(autocorrelation) 함수를 사용하는 방법이 있다.

$$R_x(\tau) = \int_{-\infty}^{\infty} x(t)x(t+\tau)dt = x(\tau) \otimes x(-\tau) \tag{2-1-45}$$

여기서 $x(t)$는 실함수를 가정한다. 자기상관은 현재 신호와 과거 신호가 얼마나 닮았는 가를 수학적으로 표현한 것이다. 식 (2-1-45)의 푸리에 변환은 다음과 같다.

$$F[R_x(\tau)] = F[x(\tau) \otimes x(-\tau)] = F[x(\tau)]F[x(-\tau)] \tag{2-1-46}$$

식 (2-1-34)의 푸리에 변환 대칭성을 이용하면, 다음을 얻는다.

$$F[R_x(\tau)] = X(f)X(-f) = X(f)X^*(f) = |X(f)|^2 = \Psi_x(f) \tag{2-1-47}$$

따라서 신호 $x(t)$의 에너지스펙트럼밀도는 자기상관 함수의 푸리에 변환과 같다.

(2) 전력스펙트럼밀도

신호 $x(t)$가 0이 아닌 유한한 평균 전력을 갖는다면($0 < P < \infty$), 이 신호를 전력 신호라 한다. 신호 $x(t)$의 평균 전력은 다음과 같이 정의된다.

$$P = \lim_{T \to \infty} \frac{1}{T} \int_{-T/2}^{T/2} |x(t)|^2 dt = \int_{-\infty}^{\infty} S_x(f)df \tag{2-1-48}$$

이때 $S_x(f)$가 전력스펙트럼밀도(Power Spectral Density, PSD)가 된다. 전력 신호 $x(t)$

는 에너지가 무한이므로 푸리에 변환이 존재하지 않는다. 따라서 다음과 같은 에너지 신호 $x_T(t)$를 정의한다.

$$x_T(t) = \begin{cases} x(t), & |t| \leq T/2 \\ 0, & |t| > T/2 \end{cases} \tag{2-1-49}$$

신호 $x_T(t)$는 T가 유한한 경우에 에너지 신호가 되므로 푸리에 변환이 존재한다. Parseval 정리를 이용하면 다음을 얻는다.

$$\int_{-T/2}^{T/2} |x(t)|^2 dt = \int_{-\infty}^{\infty} |x_T(t)|^2 dt = \int_{-\infty}^{\infty} |X_T(f)|^2 df \tag{2-1-50}$$

식 (2-1-50)을 식 (2-1-48)에 대입하여 정리하면, 다음을 얻는다.

$$P = \lim_{T \to \infty} \frac{1}{T} \int_{-\infty}^{\infty} |x_T(t)|^2 dt = \lim_{T \to \infty} \frac{1}{T} \int_{-\infty}^{\infty} |X_T(f)|^2 df \tag{2-1-51}$$
$$= \int_{-\infty}^{\infty} \lim_{T \to \infty} \frac{|X_T(f)|^2}{T} df = \int_{-\infty}^{\infty} S_x(f) df$$

따라서 전력스펙트럼밀도는 다음과 같이 표현된다.

$$S_x(f) = \lim_{T \to \infty} \frac{|X_T(f)|^2}{T} \tag{2-1-52}$$

위에서 보듯이 전력스펙트럼밀도는 신호의 위상 스펙트럼에는 영향을 받지 않는다. 실수 신호 $x(t)$를 가정하면, 전력 신호의 자기상관은 다음과 같이 정의된다.

$$R_x(\tau) = \lim_{T \to \infty} \frac{1}{T} \int_{-T/2}^{T/2} x(t)x(t+\tau)dt = \lim_{T \to \infty} \frac{1}{T} \int_{-\infty}^{\infty} x_T(t)x_T(t+\tau)dt \tag{2-1-53}$$
$$= \lim_{T \to \infty} \frac{1}{T} x_T(\tau) \otimes x_T(-\tau) = \lim_{T \to \infty} \frac{1}{T} F^{-1}[X_T(f)X_T(-f)]$$

식 (2-1-47)을 이용하면 전력 신호 $x(t)$의 전력스펙트럼밀도는 자기상관 함수의 푸리에 변환과 같다.

$$F[R_x(\tau)] = F\left[\lim_{T \to \infty} \frac{1}{T} F^{-1}[X_T(f)X_T(-f)]\right] = \lim_{T \to \infty} \frac{1}{T} X_T(f)X_T(-f) \tag{2-1-54}$$
$$= \lim_{T \to \infty} \frac{1}{T} X_T(f)X_T^*(f) = \lim_{T \to \infty} \frac{|X_T(f)|^2}{T} = S_x(f)$$

일반적으로 에너지 신호는 특정 시간구간 내에서만 신호가 존재하며, 전력 신호는 주기 신호와 같이 전 시간구간에 대해서 존재하는 신호이다. ①번 신호의 에너지와 평균 전력은 각각 $E = 2A^2 T_0$과 $P = 0$이다. ②번 신호의 에너지와 평균 전력은 각각 $E = \infty$과 $P = 2A^2/3$이다. 따라서 ①번은 에너지 신호이고, ②번은 전력 신호가 된다.

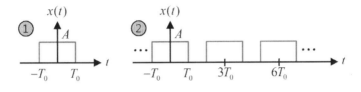

(3) 선형 시스템 출력의 전력스펙트럼밀도

그림 2-1-7과 그림 2-1-8의 예를 통하여 선형 시스템 출력의 전력스펙트럼밀도를 살펴본다. 그림 2-1-7에서 $x(t)$가 전력 신호이고 $h(t)$가 에너지 신호이면, 출력 $y(t)$는 전력 신호가 된다. 두 전력 신호 $x(t)$와 $y(t)$를 구간 $|t| \le T$로 제한한 에너지 신호 $x_T(t)$와 $y_T(t)$를 이용하면, 주파수영역에서 $Y_T(f) = X_T(f)H(f)$의 관계를 얻는다. 따라서 BPF 출력 $y(t)$의 전력스펙트럼밀도는 다음과 같이 정의된다.

$$S_y(f) = \lim_{T \to \infty} \frac{|Y_T(f)|^2}{T} = \lim_{T \to \infty} \frac{|X_T(f)H(f)|^2}{T} \qquad (2\text{-}1\text{-}55)$$
$$= |H(f)|^2 \lim_{T \to \infty} \frac{|X_T(f)|^2}{T} = |H(f)|^2 S_x(f)$$

위의 식에서 선형 시스템 출력의 전력스펙트럼밀도는 $H(f)$의 크기와 $S_x(f)$의 곱으로 결정된다.

다음으로 그림 2-1-8에서 $h(t)$가 다음과 같이 주어지는 경우를 살펴본다.

$$h(t) = \cos(2\pi f_c t) = \frac{1}{2}\left(e^{j2\pi f_c t} + e^{-j2\pi f_c t}\right) \qquad (2\text{-}1\text{-}56)$$

식 (2-1-22)의 주파수 천이 특성을 이용하면 다음을 얻는다.

$$Y(f) = F[y(t)] = F\left[\frac{1}{2}x(t)e^{j2\pi f_c t} + \frac{1}{2}x(t)e^{-j2\pi f_c t}\right] \qquad (2\text{-}1\text{-}57)$$

$$= \frac{1}{2}\left[X(f-f_c)+X(f+f_c)\right]$$

신호 $x(t)$의 전력스펙트럼밀도 $S_x(f)$가 $|f| \leq B$로 대역 제한되어 있다면, 반송파 변조된 신호 $y(t) = x(t)h(t)$의 전력스펙트럼밀도 $S_y(f)$는 식 (2-1-55)에서와 같이 표현된다.

$$\begin{aligned}
S_y(f) &= \lim_{T\to\infty}\frac{|Y_T(f)|^2}{T} \qquad\qquad\qquad\qquad\qquad (2\text{-}1\text{-}58)\\
&= \lim_{T\to\infty}\frac{1}{4}\left[\frac{|X_T(f-f_c)|^2}{T}+\frac{|X_T(f+f_c)|^2}{T}+\frac{2X_T(f-f_c)X_T(f+f_c)}{T}\right]\\
&= \frac{1}{4}\left[S_x(f-f_c)+S_x(f+f_c)\right]+\lim_{T\to\infty}\frac{X_T(f-f_c)X_T(f+f_c)}{2T}
\end{aligned}$$

위의 식에서 $B \ll f_c$이라면 $X_T(f-f_c)$와 $X_T(f+f_c)$는 중첩되지 않으므로, 두 번째 항은 $X_T(f-f_c)X_T(f+f_c) = 0$으로 근사화된다. 따라서 $S_y(f)$는 다음과 같이 구해진다.

$$S_y(f) = \frac{1}{4}\left[S_x(f-f_c)+S_x(f+f_c)\right] \qquad\qquad\qquad (2\text{-}1\text{-}59)$$

반송파 변조된 신호 $y(t)$의 전력스펙트럼밀도는 $x(t)$의 전력스펙트럼밀도가 좌우로 f_c만큼 천이됨을 보인다.

2.2 아날로그 변조

반송파 신호에 실어 보내는 메시지가 아날로그인 경우를 아날로그 변조라고 하며, 반송파의 어느 위치에 메시지 신호를 싣느냐에 따라 진폭 변조(Amplitude Modulation, AM), 주파수 변조(Frequency Modulation, FM), 위상 변조(Phase Modulation, PM)로 구분된다.

2.2.1 진폭 변조

진폭 변조에는 불필요한 측파대를 제거하고 한쪽 측파대(Single Sideband, SSB)만 전송하는 방식과 양쪽 측파대를 모두 전송하는 DSB(Double Sideband) 방식이 있다.

(1) DSB 변조

■ DSB-SC

DSB-SC(Double Sideband Suppressed-Carrier) 변조된 전송신호는 메시지 신호 $m(t)$와 반송파 $\cos(2\pi f_c t)$가 곱해져서 다음과 같이 전송된다. (그림 2-2-1)

$$s_{DSC}(t) = m(t)\cos(2\pi f_c t) \tag{2-2-1}$$

메시지 신호 $m(t)$의 푸리에 변환은 다음과 같으며, 이를 전송신호 $m(t)$의 스펙트럼이라한다.

$$M(f) = \int_{-\infty}^{\infty} m(t)e^{-j2\pi ft}dt \tag{2-2-2}$$

그림 2-2-2는 메시지 신호 $m(t)$와 그 스펙트럼 $M(f)$를 나타낸 것이다. 그림에서 B는 메시지 신호 $m(t)$의 대역폭을 의미하며, $f = 0$를 기준으로 스펙트럼이 대칭이 된다. 그 이유는 식 (2-1-34)을 참고하면, 메시지 신호 $m(t)$는 실수 신호이므로 $M(f) = M^*(-f)$가 되기 때문이다. 식 (2-2-2)와 같이 변조되지 않는 원래 정보 신호를 기저대역(baseband) 신호라 한다.

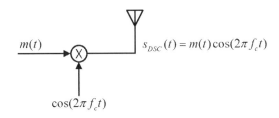

그림 2-2-1 DSB-SC 송신기 구조

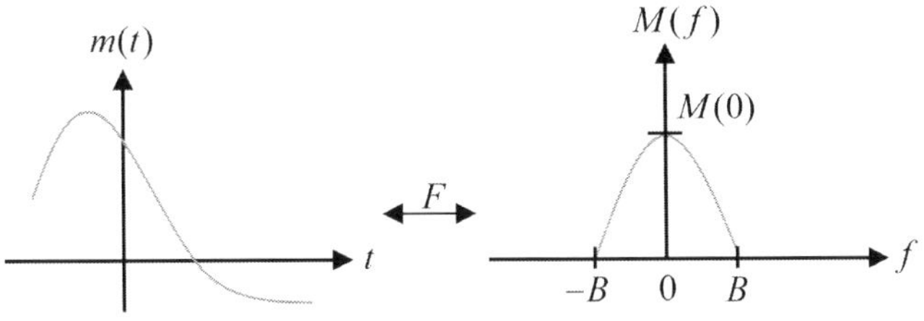

그림 2-2-2 메시지 신호 $m(t)$의 스펙트럼

마찬가지로 DSB-SC 변조된 전송신호의 스펙트럼은 식 (2-1-22)의 주파수 천이 특성을 이용하여 다음과 같이 구해진다.

$$S_{DSC}(f) = F[m(t)\cos{(2\pi f_c t)}] = F\left[m(t)\left(\frac{e^{j2\pi f_c t} + e^{-j2\pi f_c t}}{2}\right)\right] \quad (2\text{-}2\text{-}3)$$
$$= \frac{1}{2}F\left[m(t)e^{j2\pi f_c t}\right] + \frac{1}{2}F\left[m(t)e^{-j2\pi f_c t}\right] = \frac{M(f-f_c)}{2} + \frac{M(f+f_c)}{2}$$

DSB-SC 변조된 전송신호 $s_{DSC}(t)$의 스펙트럼은 그림 2-2-3과 같다. 식 (2-2-3)과 같이 반송파로 변조되어 전송되는 신호를 대역통과(bandpass) 신호라고 한다. 그림에서 $|f| < f_c$에 있는 신호를 하측파대(Lower Side Band, LSB) 신호, $|f| > f_c$에 존재하는 신호를 상측파대(Upper Side Band, USB) 신호라고 한다. 대역폭이 B인 메시지 신호 $m(t)$를 반송파 변조하여 전송하는데 필요한 대역폭은 $2B$가 된다.

그림 2-2-4는 DSB-SC 수신기 구조를 나타낸다. 수신단에서는 반송파 주파수 f_c로 전송된 신호 $s_{DSC}(t)$를 검파하기 위해 f_c의 주파수로 동작하는 수신단 국부 발진기(oscillator) $s_c(t) = \cos{(2\pi f_c t + \theta)}$를 곱하게 된다. 이 과정을 반송파 복원이라고 한다. 이때 $s_{DSC}(t)$에 포함되어 있는 반송파와 수신단 국부 발진기 $s_c(t)$ 신호간에 위상차 θ가 발생하는데, 위상이 맞춰지지 않은 상태에서의 반송파 복원 후 신호는 다음과 같다. (①번)

$$y(t) = m(t)\cos{(2\pi f_c t)}\cos{(2\pi f_c t + \theta)} = \frac{m(t)}{2}\left[\cos\theta + \cos{(4\pi f_c t + \theta)}\right] \quad (2\text{-}2\text{-}4)$$

위 신호가 ②번과 같이 $|f| \le B$의 주파수만 여과하는 저역통과필터(Low-pass Filter, LPF)를 통과하게 되면, ③번 단의 출력은 다음과 같다.

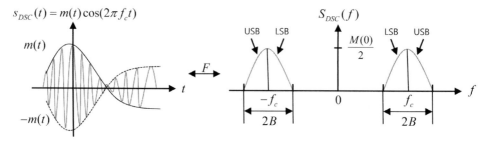

그림 2-2-3 DSB-SC 변조된 전송신호 $s_{DSC}(t)$의 스펙트럼

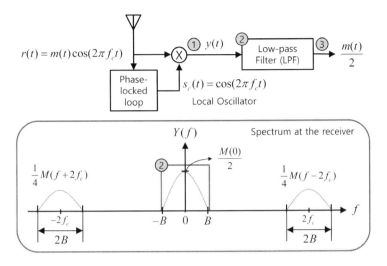

그림 2-2-4 DSB-SC 수신기 구조

$$LPF[y(t)] = \frac{m(t)}{2}\cos\theta \tag{2-2-5}$$

위의 식에서 보듯이 $|\cos\theta| \le 1$이므로 위상차 θ에 따라 LPF 출력단 신호의 크기가 작아진다. 따라서 수신단에서는 위상차 θ를 추적하며 없애주는 과정이 필요하다. 이러한 수신 방식을 동기 검파(coherent detection)라 부른다. 동기 검파 수신기의 최종적인 국부 발진기 출력은 그림 2-2-4와 같이 위상차 θ가 없어진 $s_c(t) = \cos(2\pi f_c t)$의 형태가 된다. 앞으로 사용하는 동기 검파 수신기에서는 위상 추적 부분을 생략한다. 따라서 동기 검파 수신기의 경우 반송파 복원 후의 신호는 다음과 같다. (①번)

$$y(t) = m(t)\cos^2(2\pi f_c t) = \frac{m(t)}{2}\left[1 + \cos(4\pi f_c t)\right] \tag{2-2-6}$$

위 신호의 스펙트럼은 다음과 같이 구해진다.

$$\begin{aligned} Y(f) &= \frac{1}{2}F[m(t)] + \frac{1}{2}F[m(t)\cos(4\pi f_c t)] \\ &= \frac{1}{2}M(f) + \frac{1}{4}F[m(t)e^{j4\pi f_c t}] + \frac{1}{4}F[m(t)e^{-j4\pi f_c t}] \\ &= \frac{1}{2}M(f) + \frac{1}{4}M(f-2f_c) + \frac{1}{4}M(f+2f_c) \end{aligned} \tag{2-2-7}$$

따라서 ②번과 같이 $|f| \le B$의 주파수만 여과하는 LPF 통과 후의 신호는 시간영역에서는 $m(t)/2$, 주파수영역에서는 $M(f)/2$가 된다(③번). 그림 2-2-5는 주파수영역에서 LPF

동작 원리를 보여준다. LPF의 임펄스 응답을 $h(t)$라고 하면, LPF 통과 후 신호는 시간영역에서 $y(t) \otimes h(t)$가 되므로, 주파수영역에서는 $Y(f)H(f)$로 표현된다.

그림 2-2-6은 그림 2-2-4에 도시된 반송파 위상 추적에 사용되는 costas PLL(Phase-Locked Loop) 방식의 구조를 보여준다. 수신된 신호는 식 (2-2-1)과 같으며, 초기 상태에서는 위상차 θ가 존재하므로 수신단 VCO(Voltage Controlled Oscillator) 신호 $s_c(t) = \cos(2\pi f_c t + \theta)$가 곱해지게 된다. 그림에서 LPF는 $|f| \leq B$의 주파수만 통과하는 필터이다. 따라서 ①번 단의 출력은 식 (2-2-5)와 동일하다. 반면에 아랫단에서는 VCO 출력 신호가 $-\pi/2$ 천이된 $\sin(2\pi f_c t + \theta)$가 곱해져서 다음을 얻는다.

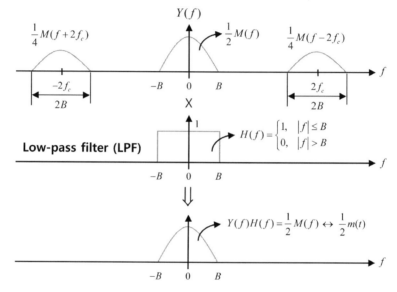

그림 2-2-5 주파수영역에서의 LPF 동작 원리

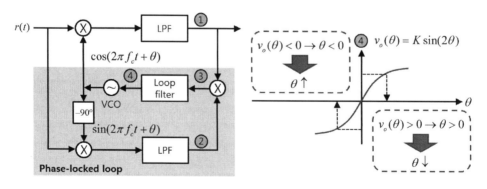

그림 2-2-6 Costas PLL 기반의 DSB-SC 수신기 구조

$$z(t) = m(t)\cos(2\pi f_c t)\sin(2\pi f_c t + \theta) = \frac{m(t)}{2}\left[\sin\theta + \sin(4\pi f_c t + \theta)\right] \qquad (2\text{-}2\text{-}8)$$

LPF 통과 후 ②번 단에서의 출력은 다음과 같이 구해진다.

$$LPF[z(t)] = \frac{m(t)}{2}\sin\theta \qquad (2\text{-}2\text{-}9)$$

따라서 ③번 단에서의 신호는 다음과 같다.

$$v_i(\theta) = \frac{m^2(t)}{4}\cos\theta\sin\theta = \frac{m^2(t)}{8}\sin 2\theta \qquad (2\text{-}2\text{-}10)$$

이 신호가 LPF 기능을 갖는 loop 필터를 통과하면 메시지 신호 $m(t)$의 크기 변화가 일정하게 되어 다음과 같은 신호가 출력된다. (④번)

$$v_o(\theta) = K\sin 2\theta \qquad (2\text{-}2\text{-}11)$$

여기서 $K \geq 0$는 상수이다. 식 (2-2-11)에서 $v_o(\theta) = K\sin 2\theta$ 값이 양수인 경우는 $\theta > 0$이므로, VCO 위상을 늦춘다. 반면에 $K\sin 2\theta$ 값이 음수인 경우는 $\theta < 0$에 해당하므로, VCO 위상을 빠르게 조절하게 된다. 이러한 과정을 반복하여 $K\sin 2\theta \rightarrow 0$이 되면, 이때가 바로 $\theta \rightarrow 0$으로 조절되어 수신 반송파 신호와 수신단 VCO 신호의 위상이 같게 맞춰진 시점이 된다.

개념정리 2-5　**대역통과필터**

필터는 신호의 스펙트럼을 원하는 주파수 대역만큼 제한하는 주파수 선택 회로이다. 송신단에서 사용하는 대역통과필터(BPF)는 일반적으로 통신 대역폭내로 메시지 신호의 스펙트럼을 제한하는 역할을 하며, 수신단에서는 통신 대역폭내의 원하는 신호만 추출하기 위하여 사용된다. DSB-SC 변조의 경우 BPF의 대역폭은 $2B$가 된다. 송수신기 구조에서 메시지 신호가 $|f| \leq B$내로 대역 제한된다고 가정하여, BPF를 생략하기도 한다.

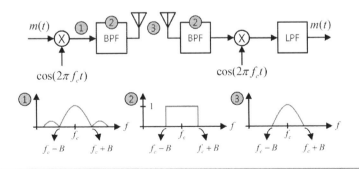

■ DSB-TC

그림 2-2-7에서와 같이 DSB-TC(Double Sideband Transmitted-Carrier) 변조 방식은 반송파와 함께 양쪽 측파대를 모두 전송하는 방식이다. DSB-TC 변조된 신호는 메시지 신호에 상수 P_c를 더한 $m(t) + P_c$에 반송파 $\cos(2\pi f_c t)$가 곱해서 다음과 같이 전송된다.

$$s_{DTC}(t) = \left[m(t) + P_c \right] \cos(2\pi f_c t) \tag{2-2-12}$$

위의 식에서 상수 P_c는 동기 검파 수신기에서 수신된 신호로부터 반송파 신호를 쉽게 추출하도록 도와주는 역할을 한다. 또한 $m(t) + P_c \geq 0$을 만족한다면, 포락선(envelope) 검파기와 같은 비동기 검파(noncoherent detection)가 가능해져 반송파 추적과정이 필요하지 않게 된다. DSB-TC 변조된 전송신호의 스펙트럼은 식 (2-1-22)와 식 (2-1-24)를 이용하면 다음과 같이 구해진다.

$$
\begin{aligned}
S_{DTC}(f) &= F[m(t)\cos(2\pi f_c t)] + F[P_c \cos(2\pi f_c t)] \\
&= F\left[m(t) \left(\frac{e^{j2\pi f_c t} + e^{-j2\pi f_c t}}{2} \right) \right] + F\left[P_c \left(\frac{e^{j2\pi f_c t} + e^{-j2\pi f_c t}}{2} \right) \right] \\
&= \frac{1}{2} M(f - f_c) + \frac{1}{2} M(f + f_c) + \frac{P_c}{2} \left[\delta(f - f_c) + \delta(f + f_c) \right] \\
&= S_{DSC}(f) + \frac{P_c}{2} \left[\delta(f - f_c) + \delta(f + f_c) \right]
\end{aligned}
\tag{2-2-13}
$$

DSB-TC 신호 검파의 경우도 그림 2-2-4와 같은 동기 검파 수신기를 사용할 수 있다. 이 경우에 반송파 복원 후의 신호는 다음과 같다. (①번)

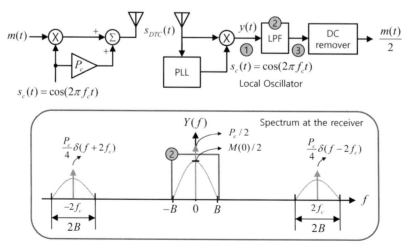

그림 2-2-7 DSB-TC 송수신기 구조

$$y(t) = \left[m(t) + P_c\right]\cos^2(2\pi f_c t) = \frac{m(t) + P_c}{2}\left[1 + \cos(4\pi f_c t)\right] \qquad (2\text{-}2\text{-}14)$$

위 신호의 스펙트럼은 다음과 같다.

$$Y(f) = \frac{1}{2}F[m(t) + P_c] + \frac{1}{2}F[m(t)\cos(4\pi f_c t)] + \frac{1}{2}F[P_c\cos(4\pi f_c t)] \quad (2\text{-}2\text{-}15)$$

$$= \frac{1}{2}\left[M(f) + P_c\delta(f)\right] + \frac{1}{4}F\left[m(t)\left(e^{j4\pi f_c t} + e^{-j4\pi f_c t}\right)\right] + \frac{P_c}{4}F\left[e^{j4\pi f_c t} + e^{-j4\pi f_c t}\right]$$

$$= \frac{1}{2}\left[M(f) + P_c\delta(f)\right] + \frac{1}{4}M(f - 2f_c) + \frac{1}{4}M(f + 2f_c)$$

$$+ \frac{P_c}{4}\left[\delta(f - 2f_c) + \delta(f + 2f_c)\right]$$

따라서 ②번과 같이 $|f| \leq B$의 주파수만 여과하는 LPF의 출력 신호는 시간영역에서는 $\left[m(t) + P_c\right]/2$, 주파수영역에서는 $\left[M(f) + P_c\delta(f)\right]/2$가 된다(③번). 따라서 DC 제거 기를 통과하면 $m(t)$의 복조가 가능하다.

DSB-TC 동기 검파 수신기의 경우에도 그림 2-2-6의 costas PLL 구조가 동일하게 적용된다. 만일 $m(t) + P_c \geq 0$인 특징을 이용한다면, 그림 2-2-8과 같은 반송파 위상 추적 구조도 사용이 가능하다. 수신된 신호 $r(t)$는 식 (2-2-12)와 동일하므로, $\pi/2$만큼 위상 천이된 ①번 단의 출력은 다음과 같다.

$$\overline{r}(t) = \left[\overline{m}(t) + P_c\right]\cos(2\pi f_c t + \pi/2) = -\left[\overline{m}(t) + P_c\right]\sin(2\pi f_c t) \qquad (2\text{-}2\text{-}16)$$

여기서 $\overline{m}(t)$는 $m(t)$의 $\pi/2$ 위상 천이된 신호로써 $\overline{m}(t) + P_c \geq 0$를 만족한다. 식 (2-2-16)에 국부 발진기 신호 $s_c(t) = \cos(2\pi f_c t + \theta)$가 곱해지면 다음을 얻는다. (②번)

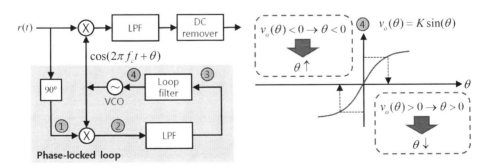

그림 2-2-8 PLL 기반의 DSB-TC 수신기 구조

$$z(t) = -\left[\overline{m}(t) + P_c\right]\sin\left(2\pi f_c t\right)\cos\left(2\pi f_c t + \theta\right)$$
$$= \left[\frac{\overline{m}(t) + P_c}{2}\right]\left[\sin\theta - \sin\left(4\pi f_c t + \theta\right)\right] \tag{2-2-17}$$

LPF 통과 후 ③번 단에서의 출력은 다음과 같다.

$$LPF[z(t)] = \frac{\overline{m}(t) + P_c}{2}\sin\theta \tag{2-2-18}$$

위의 식에서 $\overline{m}(t) + P_c \geq 0$이므로 loop 필터를 통과 후에는 다음과 같이 크기가 일정한 신호가 출력된다. (④번)

$$v_o(\theta) = K\sin\theta \tag{2-2-19}$$

여기서 $K \geq 0$는 상수이다. Costas PLL과 동일한 방법으로 $K\sin\theta \to 0$이 되도록 VCO 위상을 조절하면, 위상차는 $\theta \to 0$ 으로 수렴되어 수신된 반송파 신호와 VCO 신호의 위상이 같아지게 된다.

반면에 DSB-SC와 달리 $m(t) + P_c \geq 0$인 경우에는 그림 2-2-9와 같이 포락선 검파기 (envelope detector)를 사용하는 비동기 검파가 가능하다. 하지만 $m(t) + P_c \geq 0$의 조건을 항상 만족하지 않는다면, $m(t)$가 제대로 복원되지 않는다.

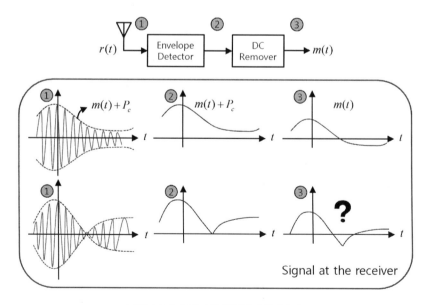

그림 2-2-9 DSB-TC 비동기 수신기 구조

(2) SSB 변조

■ SSB

SSB 방식은 DSB-SC 신호를 발생시킨 후 필터를 사용하여 DSB 스펙트럼 중 한 쪽 측파대만 선택하여 전송하는 방식이다. 이 방식에서는 서로 붙어있는 두 개의 측파대 중 하나만 택해야 하므로 매우 정교한 SSB 필터를 필요로 한다. 하지만, 그림 2-2-10에서와 같이 $f = 0$ 근처의 낮은 주파수 성분이 거의 없는 음성 신호 $m(t)$의 경우에는 주파수 응답이 $H_S(f)$와 같이 주어지는 SSB 필터 방식의 적용이 용이하다. 메시지 신호 $m(t)$의 대역폭이 B인 경우 SSB 변조된 대역통과 신호의 대역폭도 B가 된다.

그림 2-2-11은 SSB 수신기 구조로써, 그림 2-2-4의 DSB-SC 동기 검파 수신기 구조와 동일하다. 반송파 복원 후 ①번 단에서의 스펙트럼은 다음과 같다.

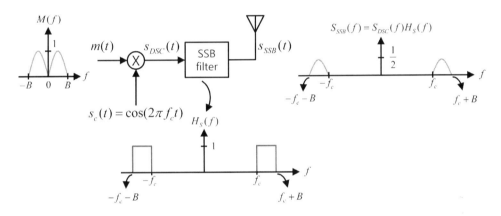

그림 2-2-10 SSB 송신기 구조

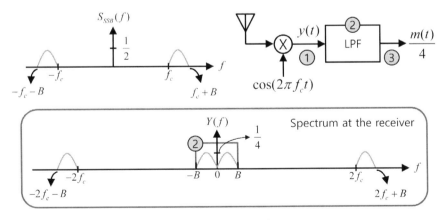

그림 2-2-11 SSB 수신기 구조

$$Y(f) = \frac{1}{2}\left[S_{SSB}(f - f_c) + S_{SSB}(f + f_c)\right] \tag{2-2-20}$$

여기서 $S_{SSB}(f)$는 SSB 전송신호의 스펙트럼이다. 그림에서 보듯이 한쪽 측파대만 전송하더라도, 수신단에서 ②번과 같이 $|f| \leq B$의 주파수만 여과하는 LPF를 통과하면 DSB 신호가 복원된다(③번). 이때 복원된 신호의 최댓값은 $M(0)/4$로써 DSB 변조 방식과 비교하여 신호의 크기가 1/2로 줄어든다.

▪ VSB

음성과 달리 음악은 보통 50Hz의 낮은 주파수 성분까지 포함하므로 SSB 필터 방식은 정보의 손실을 초래한다. VSB(Vestigial Sideband) 변조는 양 측파대 중 원하지 않는 측파대를 완전히 제거하지 않고 그 일부를 잔류시켜(vestigial) 원하는 측파대와 함께 전송하는 방식이다. 그림 2-2-12는 VSB 송수신 구조를 나타낸다. 그림에서 ①번과 같이 낮은 주파수 성분이 존재하는 신호의 스펙트럼 $M(f)$를 고려한다. 이때 ②번의 $H_S(f)$와 같은 주파수 응답을 가지는 SSB 필터를 사용한다면 낮은 주파수 신호가 제거되어 수신단에서 $M(f)$의 복원이 제대로 이뤄지지 않음을 알 수 있다. 반면에 ③번과 같이 필터를 잘 설계하면 수신단에서 $M(f)$의 복원이 가능하다. 이러한 필터를 VSB 필터라 한다. 원하지 않는 측파대를 완벽히 제거하는 것이 아니므로, 필터 설계 조건이 복잡하지 않다. 여기서는 수신단에서 메시지가 정확하게 복원되기 위해 VSB 필터가 가져야하는 조건을 살펴본다. 그림 2-2-13은 VSB 동기 검파 수신기 구조를 보여준다. 우선 VSB 수신신호 $s_{VSB}(t)$의 푸리에 변환은 다음과 같다.

$$S_{VSB}(f) = H_V(f)S_{DSC}(f) = \frac{1}{2}H_V(f)\left[M(f - f_c) + M(f + f_c)\right] \tag{2-2-21}$$

여기서 $H_V(f)$는 VSB 필터의 주파수 응답이다. VSB 신호에 반송파를 곱한 후의 스펙트럼은 다음과 같이 구해진다. (①번)

$$Y(f) = F[y(t)] = F[s_{VSB}(t)\cos(2\pi f_c t)] = \frac{1}{2}\left[S_{VBS}(f - f_c) + S_{VBS}(f + f_c)\right] \tag{2-2-22}$$
$$= \frac{1}{4}H_V(f - f_c)\left[M(f - 2f_c) + M(f)\right] + \frac{1}{4}H_V(f + f_c)\left[M(f) + M(f + 2f_c)\right]$$

위 신호가 ②번과 같이 $|f| \leq B$만 여과하는 LPF를 통과하면 다음을 얻는다. (③번)

$$F[LPF\{y(t)\}] = Y(f)H(f) = \frac{1}{4}M(f)\left[H_V(f - f_c) + H_V(f + f_c)\right] \qquad \text{(2-2-23)}$$

여기서 $H(f)$는 $|f| \leq B$만 여과하는 LPF의 주파수 응답이다. 식 (2-2-23)으로부터 복원 신호가 ③번과 같이 $M(f)/4$ 또는 $m(t)/4$가 되려면 다음이 성립되어야 한다.

$$H_V(f - f_c) + H_V(f + f_c) = \begin{cases} 1, & |f| \leq B \\ 0, & |f| > B \end{cases} \qquad \text{(2-2-24)}$$

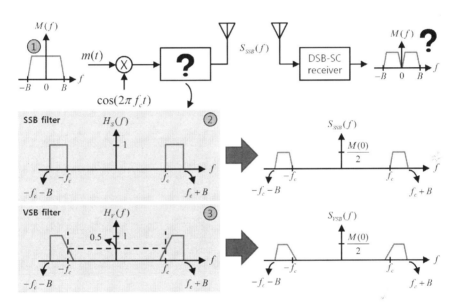

그림 2-2-12 VSB 송신기 구조

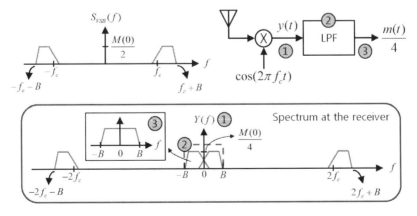

그림 2-2-13 VSB 수신기 구조

그림 2-2-14는 위의 식을 만족하기 위한 주파수 응답 $H_V(f)$의 조건을 보여준다. 그림으로부터 VSB 신호의 대역폭은 $B+f_v$가 되며, 대략적으로 $B+f_v = 1.25B$가 되도록 설계한다.

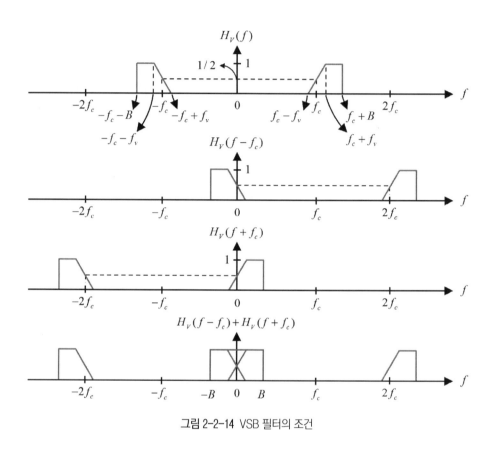

그림 2-2-14 VSB 필터의 조건

2.2.2 위상 변조

위상 변조는 메시지 신호를 반송파의 위상에 실어 보내는 방식이다. 즉, 메시지 신호 $m(t)$에 비례하여 반송파의 위상 $\phi(t)$를 변화시키게 된다. 이를 식으로 표현하면 다음과 같다.

$$m(t) \propto \phi(t) \tag{2-2-25}$$

또는 비례상수 k_p를 이용하여 $\phi(t) = 2\pi k_p m(t)$로 정의할 수 있다. 따라서 PM 전송신호는 다음과 같이 표현된다.

$$s_{PM}(t) = A\cos(2\pi f_c t + \phi(t)) = A\cos(2\pi f_c t + 2\pi k_p m(t)) \tag{2-2-26}$$

위의 PM 전송신호는 다음과 같이 정리된다.

$$s_{PM}(t) = A\cos(2\pi f_c t)\cos(2\pi k_p m(t)) - A\sin(2\pi f_c t)\sin(2\pi k_p m(t)) \qquad (2\text{-}2\text{-}27)$$

식 (2-2-27)에서 $k_p \ll 1$일 때, $\cos(2\pi k_p m(t)) \cong 1$, $\sin(2\pi k_p m(t)) \cong 2\pi k_p m(t)$로 근사화가 가능하다. 이러한 조건하에서 PM 방식을 협대역 PM(Narrowband PM, NBPM)이라고 하며, 이때의 NBPM 전송신호는 다음과 같다.

$$s_{NBPM}(t) = A\cos(2\pi f_c t) - 2\pi A k_p m(t)\sin(2\pi f_c t) \qquad (2\text{-}2\text{-}28)$$

이를 그림으로 나타내면 그림 2-2-15와 같다. NBPM 전송신호의 스펙트럼은 다음과 같이 구해진다. (그림 2-2-16)

$$
\begin{aligned}
S_{NBPM}(f) &= F\big[A\cos(2\pi f_c t)\big] - 2\pi A k_p F\big[m(t)\sin(2\pi f_c t)\big] \qquad (2\text{-}2\text{-}29)\\
&= \frac{A}{2}F\big[e^{j2\pi f_c t} + e^{-j2\pi f_c t}\big] - 2\pi A k_p F\left[m(t)\left(\frac{e^{j2\pi f_c t} - e^{-j2\pi f_c t}}{2j}\right)\right]\\
&= \frac{A}{2}\big[\delta(f - f_c) + \delta(f + f_c)\big] - \frac{\pi A k_p}{j}\big[M(f - f_c) - M(f + f_c)\big]
\end{aligned}
$$

그림 2-2-16에서 보듯이 $f_c > B$이기 때문에 NBPM 방식의 대역폭은 $2B$이며 AM 방식과 같다.

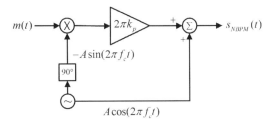

그림 2-2-15 PM 송신기 구조

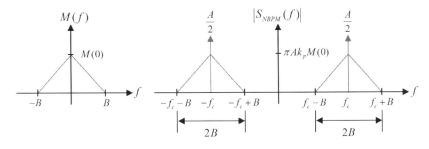

그림 2-2-16 NBPM 전송신호의 스펙트럼

그림 2-2-17은 PM 수신기 구조를 나타낸다. 식 (2-2-26)을 미분하면, 다음과 같은 미분기 출력 신호를 얻는다. (①번)

$$\frac{ds_{PM}(t)}{dt} = -A\left[2\pi f_c + 2\pi k_p \frac{dm(t)}{dt}\right]\sin\left(2\pi f_c t + 2\pi k_p m(t)\right) \tag{2-2-30}$$
$$= 2\pi A\left[f_c + k_p \frac{dm(t)}{dt}\right]\cos\left(2\pi f_c t + 2\pi k_p m(t) + \pi/2\right)$$

위의 식에서 반송파 주파수는 $f_c \gg k_p$이므로, 식 (2-2-30)의 포락선은 다음의 조건을 만족한다.

$$v(t) = 2\pi A\left[f_c + k_p \frac{dm(t)}{dt}\right] = 2\pi A\left[f_c + k_p m'(t)\right] > 0 \tag{2-2-31}$$

따라서 식 (2-2-30)의 미분기 출력 신호가 포락선 검파기를 통과하면 식 (2-2-31)의 $v(t)$가 출력된다(②번). DC 제거기 통과 후 신호는 $m'(t)$가 되므로(③번), 최종적으로 적분기를 통과하면 메시지 신호 $m(t)$가 복원된다(④번).

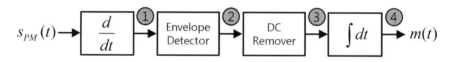

그림 2-2-17 PM 수신기 구조

2.2.3 주파수 변조

반송파 신호 $A\cos(2\pi f_c t + \phi(t))$의 순시 주파수 f_i는 다음과 같이 정의된다.

$$f_i = \frac{1}{2\pi}\frac{d\left[2\pi f_c t + \phi(t)\right]}{dt} = f_c + \frac{1}{2\pi}\frac{d\phi(t)}{dt} \tag{2-2-32}$$

주파수 변조는 메시지는 신호를 반송파의 주파수에 실어 보내는 방식이다. 위의 식에서 f_c는 고정된 반송파 주파수이므로, 메시지 신호 $m(t)$에 비례하여 식 (2-2-32)에 정의된 반송파의 순시 주파수가 변화하려면 다음의 식으로 표현할 수 있다.

$$m(t) \propto \frac{d\phi(t)}{dt} \tag{2-2-33}$$

또는 비례상수 k_f를 이용하여 아래와 같이 정의할 수 있다.

$$\frac{d\phi(t)}{dt} = 2\pi k_f m(t) \tag{2-2-34}$$

위의 식에서 $\phi(t)$는 다음과 같이 구해진다.

$$\phi(t) = 2\pi k_f \int_{-\infty}^{t} m(\tau)d\tau \tag{2-2-35}$$

식 (2-2-35)를 반송파의 위상에 대입하면 FM 전송신호는 다음과 같이 표현된다.

$$s_{FM}(t) = A\cos\left(2\pi f_c t + 2\pi k_f \int_{-\infty}^{t} m(\tau)d\tau\right) \tag{2-2-36}$$

위의 FM 전송신호는 다음과 같이 정리된다.

$$s_{FM}(t) = A\cos(2\pi f_c t)\cos(2\pi k_f g(t)) - A\sin(2\pi f_c t)\sin(2\pi k_f g(t)) \tag{2-2-37}$$

여기서 $g(t)$는 다음과 같다.

$$g(t) = \int_{-\infty}^{t} m(\tau)d\tau \tag{2-2-38}$$

식 (2-2-37)에서 $k_f \ll 1$일 때, $\cos(2\pi k_f g(t)) \cong 1$, $\sin(2\pi k_f g(t)) \cong 2\pi k_f g(t)$로 근사화된다. 이러한 조건하에서 FM 방식을 협대역 FM(Narrowband FM, NBFM)이라고 하며, 이때의 NBFM 전송신호는 다음과 같다.

$$s_{NBFM}(t) = A\cos(2\pi f_c t) - 2\pi A k_f g(t)\sin(2\pi f_c t) \tag{2-2-39}$$

이를 그림으로 나타내면 그림 2-2-18과 같다. 이때 NBFM 전송신호의 스펙트럼은 다음과 같이 구해진다.

$$\begin{aligned}
S_{NBFM}(f) &= F[A\cos(2\pi f_c t)] - 2\pi A k_f F[g(t)\sin(2\pi f_c t)] \\
&= \frac{A}{2}\left[\delta(f-f_c) + \delta(f+f_c)\right] - \frac{\pi A k_f}{j}\left[G(f-f_c) - G(f+f_c)\right]
\end{aligned} \tag{2-2-40}$$

식 (2-2-38)에서 정의된 $m(t)$와 $g(t)$의 주파수영역 관계는 식 (2-1-33)으로부터 다음과 같이 주어진다.

$$G(f) = F\left[\int_{-\infty}^{t} m(\tau)d\tau\right] = \frac{M(f)}{j2\pi f} \qquad (2\text{-}2\text{-}41)$$

따라서 최종적인 NBFM 전송신호의 스펙트럼은 다음과 같다. (그림 2-2-19)

$$S_{NBFM}(f) = \frac{A}{2}\left[\delta(f-f_c) + \delta(f+f_c)\right] + \frac{Ak_f}{2}\left[\frac{M(f-f_c)}{f-f_c} - \frac{M(f+f_c)}{f+f_c}\right] \quad (2\text{-}2\text{-}42)$$

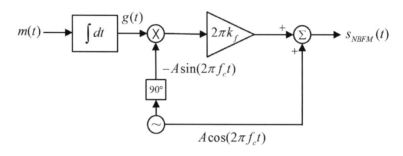

그림 2-2-18 FM 송신기 구조

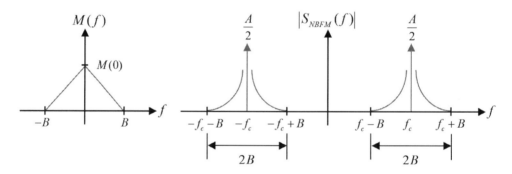

그림 2-2-19 NBFM 전송신호의 스펙트럼

그림 2-2-20은 FM 수신기 구조를 나타낸다. 식 (2-2-36)을 미분하면, 다음과 같은 미분기 출력 신호를 구할 수 있다. (②번)

$$\frac{ds_{FM}(t)}{dt} = -A\left[2\pi f_c + 2\pi k_f m(t)\right]\sin\left(2\pi f_c t + 2\pi k_f \int_{-\infty}^{t} m(\tau)d\tau\right) \qquad (2\text{-}2\text{-}43)$$

$$= 2\pi A\left[f_c + k_f m(t)\right]\cos\left(2\pi f_c t + 2\pi k_f \int_{-\infty}^{t} m(\tau)d\tau + \pi/2\right)$$

위의 식에서 $f_c \gg k_f$이므로, $2\pi A\left[f_c + k_f m(t)\right] > 0$임을 알 수 있다. 따라서 식 (2-2-43)의 미분기 출력 신호가 포락선 검파기를 통과하면 $2\pi A\left[f_c + k_f m(t)\right]$가 얻어진다(③번). 이때 FM 수신신호로부터 순시 주파수에 비례하는 크기 $2\pi A\left[f_c + k_f m(t)\right]$를 발생시키는 장치를 discriminator라고 한다. 최종적으로 DC 제거기를 사용하면 메시지 신호 $m(t)$의 검파가 가능하게 된다(④번).

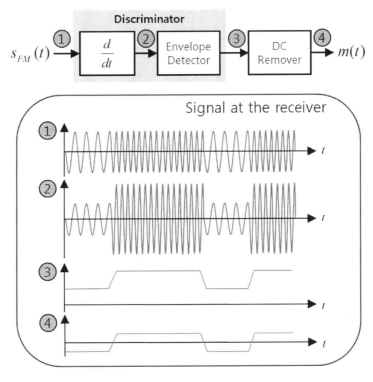

그림 2-2-20 FM 수신기 구조

1. 아래와 같은 임펄스 응답 $h_1(t)$와 $h_2(t)$를 갖는 LTI 시스템이 있다. 다음에 답하시오.

   1) $x(t) = \delta(t+2) + \delta(t+1) + \delta(t) + \delta(t-1)$일 때, $z(t)$를 구하시오

   2) $y(t)$의 최댓값과 이때의 시간 구간을 구하시오.

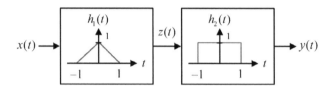

2. 아래 그림에서 $h_1(t) = x(t)$일 때, 다음에 답하시오.

   1) $z(t)$와 $y(t)$를 구하시오.

   2) $h_2(t)$를 구하시오.

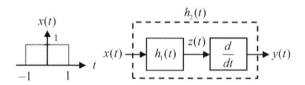

3. 아래 그림과 같이 임펄스 응답 $h_m(t)$인 LTI 시스템이 있다. $h_m(t) = \delta(t-m)$일 때, 다음에 답하시오.

   1) $y(t)$를 $x(t)$로 표현하시오.

   2) $h(t)$를 구하시오.

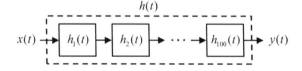

4. 그림 2-1-3의 사각 펄스열 $x_P(t)$에 대한 전력스펙트럼밀도 $S_{x_P}(f)$는 부록 A-3을 참고하면 아래와 같이 구해진다. 다음에 답하시오.

$$S_{x_P}(f) = \frac{T_0}{2}\left[\frac{\sin(\pi f T_0/2)}{\pi f T_0/2}\right]^2$$

1) 아래 그림과 같은 주기 신호 $x(t)$의 전력스펙트럼밀도를 $S_{x_P}(f)$로 표현하시오.

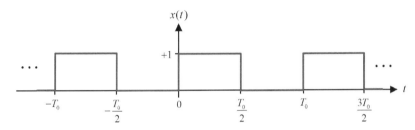

2) $y(t) = x(t)\cos(2\pi f_c t)$의 전력스펙트럼밀도를 $S_{x_P}(f)$로 표현하시오. (f_c는 상수이다)

5. 아래 그림은 메시지 신호 $m_1(t)$와 $m_2(t)$를 동시에 DSB 변조하여 전송하는 직교 진폭 변조 방식의 송수신 과정을 요약한 것이다. 잡음이 없다고 가정할 때, 수신단에서의 두 출력 $y_1(t)$와 $y_2(t)$를 구하시오.

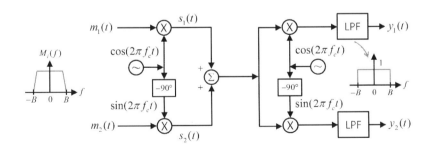

6. 수신단에 스펙트럼이 $S_{AM}(f)$인 AM 신호가 수신된다고 가정한다. 수신단에서 $B = 5\,\text{KHz}$, $f_c = 1455\,\text{KHz}$, $f_2 = 455\,\text{KHz}$를 사용할 때, 다음에 답하시오.

1) $f_1 = f_c - f_2$일 때 ①~③번 단에서의 스펙트럼을 그리시오.

2) $f_1 = f_c + f_2$일 때 ①~③번 단에서의 스펙트럼을 그리시오.

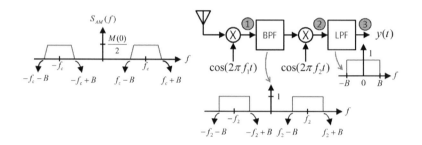

CHAPTER 3

디지털 통신 시스템

3.1 펄스 부호 변조

그림 3-1-1과 같이 펄스 부호 변조(Pulse-Code Modulation, PCM)는 전송신호가 아날로그 형태일 때 샘플링(sampling), 양자화(quantization), 부호화(encoding)를 통해 디지털 신호로 변환하는 방식이다. 아날로그 신호가 가지는 최대 주파수 성분의 2배 이상으로 샘플링하여(샘플링 이론), 샘플링 주기 간격의 이산신호로 변환된다. 양자화는 연속적인 진폭값을 가지는 샘플링된 이산신호를 불연속적인 대표값에 대응시키는 과정이다. 양자화에 의해 얻어진 불연속 대표값을 디지털 비트열에 대응시키는 과정을 부호화라 한다.

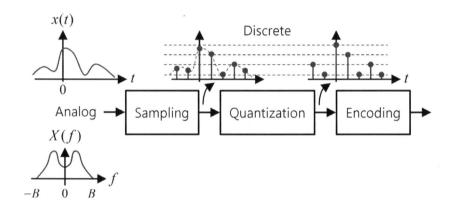

그림 3-1-1 PCM 시스템

3.1.1 샘플링

샘플링은 아날로그 신호로부터 일정 간격으로 이산시간의 샘플값을 추출하는 과정이다. 반대로 이산 샘플값으로부터 원래 아날로그 신호를 복원하는 과정을 보간(interpolation) 또는 신호 복원이라고 한다. 이때 샘플링 간격(또는 주파수)은 일정 조건을 만족해야 하는데, 이를 샘플링 이론이라고 한다. 즉, 이 조건하에서 아날로그 신호를 샘플링 간격으로 샘플링하여도 원래의 아날로그 신호가 가지고 있는 정보의 손실이 발생하지 않는다. 여기서는 이 조건이 어떤 것인지 살펴본다.

우선 그림 3-1-1에서와 같이 아날로그 신호 $x(t)$의 최대 주파수가 $|f| < B$내로 대역 제한되어 있다고 가정한다. 샘플링된 신호 $x_p(t)$는 다음과 같이 표현된다.

$$x_p(t) = x(t) \sum_{n=-\infty}^{\infty} \delta(t - nT_p) = \sum_{n=-\infty}^{\infty} x(nT_p)\delta(t - nT_p) \qquad (3\text{-}1\text{-}1)$$

여기서 T_p는 샘플링 간격이다. 식 (3-1-1)을 임펄스 샘플링이라고 한다. 위의 식에서 임펄스열은 다음과 같이 푸리에 급수로 표현이 가능하다. [부록 A-1 참조]

$$\sum_{n=-\infty}^{\infty} \delta(t - nT_p) = \frac{1}{T_p} \sum_{k=-\infty}^{\infty} e^{j2\pi kf_p t} \qquad (3\text{-}1\text{-}2)$$

여기서 샘플링 간격의 역수 $f_p = 1/T_p$를 기본 주파수라고 한다. 식 (3-1-2)는 오일러 공식 $\cos(2\pi kf_p t) = \left(e^{j2\pi kf_p t} + e^{-j2\pi kf_p t}\right)/2$을 이용하면, 다음과 같이 정리된다.

$$\sum_{n=-\infty}^{\infty} \delta(t - nT_p) = \frac{1}{T_p} + \frac{2}{T_p} \sum_{k=1}^{\infty} \cos(2\pi kf_p t) \qquad (3\text{-}1\text{-}3)$$

식 (3-1-3)을 식 (3-1-1)에 대입하면, 다음의 식을 얻는다.

$$x_p(t) = x(t)\left[\frac{1}{T_p} + \frac{2}{T_p}\sum_{k=1}^{\infty}\cos(2\pi kf_p t)\right] = \frac{1}{T_p}\left[x(t) + \sum_{k=1}^{\infty}2x(t)\cos(2\pi kf_p t)\right] \quad (3\text{-}1\text{-}4)$$

식 (3-1-4)의 양변에 푸리에 변환을 취하면 다음을 얻는다.

$$
\begin{aligned}
X_p(f) &= \frac{1}{T_p}\left[X(f) + \sum_{k=1}^{\infty} F\big[2x(t)\cos(2\pi kf_p t)\big]\right] \qquad (3\text{-}1\text{-}5)\\
&= \frac{1}{T_p}\left[X(f) + \sum_{k=1}^{\infty} F\big[x(t)\big(e^{j2\pi kf_p t} + e^{-j2\pi kf_p t}\big)\big]\right]\\
&= \frac{1}{T_p}\left[X(f) + \sum_{k=1}^{\infty}\big[X(f - kf_p) + X(f + kf_p)\big]\right]\\
&= \frac{1}{T_p}\left[X(f) + \sum_{k=1}^{\infty}X(f - kf_p) + \sum_{k=-1}^{-\infty}X(f - kf_p)\right]\\
&= f_p \sum_{k=-\infty}^{\infty} X(f - kf_p)
\end{aligned}
$$

그림 3-1-2는 식 (3-1-5)를 f_p의 조건에 따라서 나타낸 것이다. 대역 제한된 신호 $x(t)$를 최대 주파수의 두 배 이상($f_p \geq 2B$)으로 샘플링을 하게 되면, 샘플링 신호의 스펙트럼 $X_p(f)$에 원래 아날로그 신호 $X(f)$의 정보가 손실 없이 남아 있게 된다.

그림 3-1-3은 샘플링된 이산신호로부터 아날로그 신호를 복원하는 과정을 보여준다. 샘플링 주파수가 $f_p \geq 2B$이면, 즉 스펙트럼이 겹치지 않으면 샘플링된 신호를 차단 주파수가

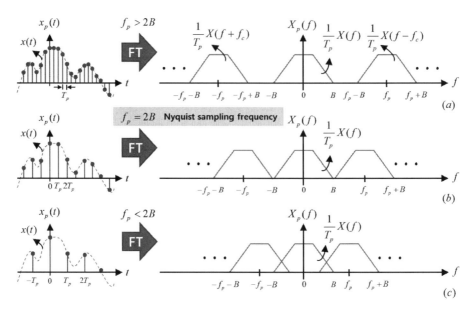

그림 3-1-2 샘플링된 이산신호의 푸리에 변환 (a) $f_p > 2B$ (b) $f_p = 2B$ (c) $f_p < 2B$

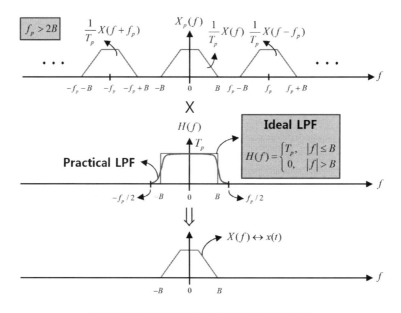

그림 3-1-3 주파수영역에서 아날로그 신호의 복원

$f_p/2$인 LPF를 통과시킴으로써 원래 신호를 복원할 수 있다. 이때 $f_p = 2B$를 나이퀴스트 (Nyquist) 샘플링 주파수, $T_p = 1/2B$를 나이퀴스트 샘플링 간격이라 한다. 음성 전화 신호의 경우 대역폭은 300~3,400Hz이고 샘플링 주파수 f_p는 $2B$인 6,800Hz이면 가능하지만 필

터의 차단 특성상 발생하는 에일리어싱(aliasing)을 방지하기 위하여 그림 3-1-2(a)의 $f_p > 2B$ 경우와 같이 8kHz로 하고 있다. 즉, 실제로는 8kHz의 샘플링 주파수를 허용하기 때문에 양쪽에 보호대역으로 0.6kHz가 확보되어 LPF의 설계에 여유를 두게 된다.

주파수영역에서 아날로그 신호를 복원하는 과정을 살펴보기 위하여 이상적인 LPF를 고려한다. 이상적인 LPF의 주파수 응답은 다음과 같다고 가정한다.

$$H(f) = \begin{cases} T_p, & |f| \leq B \\ 0, & |f| > B \end{cases} \tag{3-1-6}$$

그림 3-1-3을 참고하면 샘플링 주파수가 $f_p \geq 2B$일 때 $X_p(f)$로부터 아래의 식과 같이 $X(f)$가 복원됨을 알 수 있다.

$$X(f) = X_p(f)H(f) \tag{3-1-7}$$

이는 시간영역에서 컨벌루션으로 표현된다.

$$x(t) = F[X_p(f)H(f)] = x_p(t) \otimes h(t) \tag{3-1-8}$$

여기서 $h(t)$는 다음과 같이 역푸리에 변환을 통해 구해진다.

$$h(t) = \int_{-\infty}^{\infty} H(f)e^{j2\pi ft}df = \int_{-B}^{B} T_p e^{j2\pi ft}df = \frac{T_p e^{j2\pi ft}}{j2\pi t}\bigg|_{-B}^{B} \tag{3-1-9}$$
$$= \frac{T_p}{\pi t}\left(\frac{e^{j2\pi Bt} - e^{-j2\pi Bt}}{2j}\right) = \frac{T_p \sin(2\pi Bt)}{\pi t} = 2BT_p \operatorname{sinc}(2\pi Bt)$$

이러한 $h(t)$를 보간 함수라 한다. 따라서 식 (3-1-1)과 식 (3-1-9)로부터 다음을 얻는다.

$$x(t) = x_p(t) \otimes h(t) = \sum_{n=-\infty}^{\infty} x(nT_p)\delta(t-nT_p) \otimes 2BT_p \operatorname{sinc}(2\pi Bt) \tag{3-1-10}$$
$$= 2BT_p \sum_{n=-\infty}^{\infty} x(nT_p)\operatorname{sinc}(2\pi B(t-nT_p))$$

위의 식은 신호 $x(t)$가 샘플값 $x(nT_p)$와 보간함수 $h(t)$를 이용하여 복원됨을 의미한다. 그림 3-1-4는 시간영역에서 $x_p(t)$로부터 $x(t)$가 복원되는 과정을 보여준다. 식 (3-1-9)에서 $T_p = 1/2B$인 경우를 가정하면, $h(t)$는 그림 3-1-4와 같이 도시된다. 시간영역에서 식 (3-1-8)의 컨벌루션 과정을 설명하기 위하여 $h(t)$를 직선화하여 $h_a(t)$와 같은 삼각 펄스로 근사화한다. 이를 이용하여 $x_p(t) \otimes h_a(t)$를 수행하면, $x(t)$와 매우 유사한 $x_a(t)$가 출력됨을 알 수 있다.

$$x(t) \cong x_p(t) \otimes h_a(t) = \sum_{n=-\infty}^{\infty} x(nT_p)\delta(t-nT_p) \otimes h_a(t) \qquad (3\text{-}1\text{-}11)$$

$$= \sum_{n=-\infty}^{\infty} x(nT_p)h_a(t-nT_p)$$

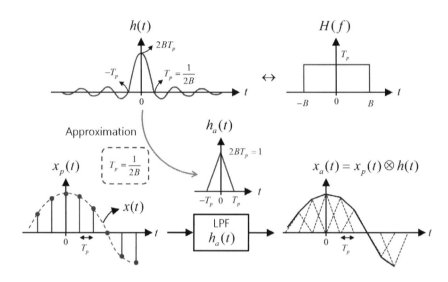

그림 3-1-4 시간영역에서 아날로그 신호의 복원

①번은 시간영역에서 단위 임펄스 함수 $x(t) = \delta(t)$가 입력되어 컨벌루션을 통해 임펄스 응답 $h(t)$가 출력되는 과정을 보여준다. ②번과 같이 주파수영역에서는 입력 신호 $\delta(t)$의 푸리에 변환이 모든 주파수에 대하여 $X(f) = F[\delta(t)] = 1$이므로, 시스템 출력은 $Y(f) = H(f)$가 된다. 이를 주파수 응답이라고 한다. $h(t)$는 LTI 시스템이므로, 신호 $\delta(t-nT_p)$가 입력되면 시불변 특성으로 인해 $h(t-nT_p)$가 출력된다.

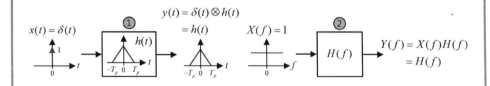

3.1.2 양자화/부호화

그림 3-1-5는 샘플링된 이산신호를 양자화와 부호화를 거쳐 디지털 신호로 변환하는 과정을 보여준다. 양자화는 연속적인 진폭값을 유한한 수의 진폭값에 대응시키는 과정이다. 그림에서 샘플링된 신호(②번)와 양자화 값(③번)의 차이(②-③)를 양자화 오차라 한다. 양자화 오차가 클수록 ⑦번에서 복원되는 아날로그 신호와 원래 신호와의 차이가 커지게 된다. 그림에서 LPF는 그림 3-1-3에서 설명한 신호 복원을 위한 것이다. 양자화 오차를 개선하기 위하여 다음과 같은 방법이 사용된다.

- 샘플링 주파수를 나이퀴스트 샘플링 주파수보다 높여서 양자화한다. (오버샘플링)
- 양자화 레벨수 Q를 증가시키거나 또는 레벨간 스텝 사이즈를 줄인다.
- 신호 레벨이 작을 때는 양자화 스텝 사이즈를 작게, 입력 신호 레벨이 클 때는 양자화 스텝 사이즈를 크게 한다. (비선형 양자화)
- 송신단에서 비선형 입출력 특성을 가진 소자로 압축(compression)시킨 후 수신단에서 역 과정인 신장(expansion) 기법을 사용한다.

부호화는 양자화에 의해 얻어진 불연속값을 디지털 비트열로 변환하는 과정이다. 그림 3-1-5의 부호화기에서는 양자화 레벨에 맵핑된 비트열이 출력된다. 그림 3-1-5는 인접한 양자화 레벨에 맵핑된 비트열이 한 비트만 다른 gray 코드를 사용한 예이다. 복조기에서 에러가 없다면, ⑤번 단에서는 ④번 단과 동일한 비트열이 출력된다. 비트 에러가 없는 경우라도 $x_e(t) = x_p(t) - x_q(t)$로 정의되는 양자화 오차가 ⑦단에서의 신호 복원에 영향을 줄 수 있다.

그림 3-1-6은 수신단 복조기에서 비트 에러가 발생한 경우의 복원 신호를 보여준다. 그림에서와 같이 복조기에 에러가 발생한다면 복호기 출력 레벨에 에러가 전달되어 ⑦번 단에서 복원되는 아날로그 신호와 그림 3-1-5의 원래 신호 $x(t)$와의 차이가 매우 커지게 된다. 음성 전화 신호의 경우는 그림 3-1-7에서와 같이 $f_p = 8\text{kHz}$로 샘플링을 하며, 양자화 오차를 줄이기 위해 ②,⑧번 블록에서 각각 압축과 신장 기법을 적용한다. 양자화 레벨 수는 $Q = 256 = 2^8$을 사용하므로, 부호화된 비트 수는 샘플당 8비트가 된다. 양자화 레벨 수 Q와 부호화기 비트 수와의 관계인 $n = \log_2 Q$를 이용하면 ⑤번 단의 출력 비트율은 $nf_p = 64\text{kbps}$가 된다.

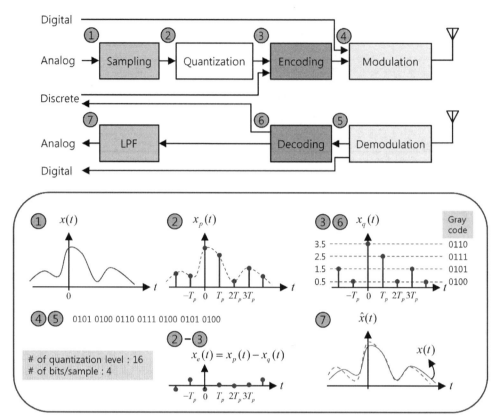

그림 3-1-5 양자화와 부호화 과정

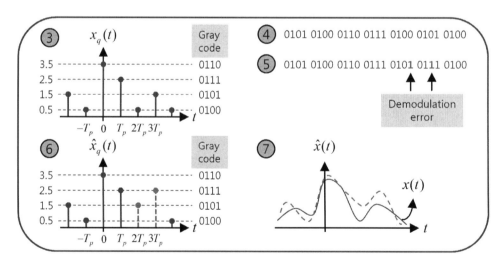

그림 3-1-6 복조 에러 영향

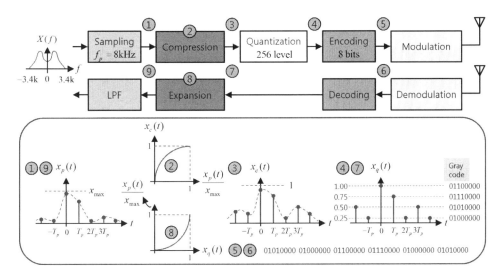

그림 3-1-7 음성 신호의 PCM 과정

3.2 Binary 디지털 변조

반송파에 실어 보내는 메시지가 디지털 신호인 경우를 디지털 변조라고 하며, 반송파의 어느 위치에 메시지를 싣느냐에 따라 진폭 천이 변조(Amplitude Shift Keying, ASK), 위상 천이 변조(Phase Shift Keying, PSK), 주파수 천이 변조(Frequency Shift Keying, FSK)로 구분된다. Shift keying은 모스 부호 장치(Morse code key)를 누르는 동작에서 유래되어 변조와 동일한 의미로 사용된다.

3.2.1 Binary PSK

(1) PSK 신호 생성

한 비트의 구간이 T_b인 i번째 이진(binary) 데이터 b_i를 전송하고자 할 때 메시지 신호 $b_p(t)$는 다음과 같이 표현된다.

$$b_p(t) = \sum_i (2b_i - 1) p_{T_b}(t - i T_b) = \sum_i d_i p_{T_b}(t - i T_b) \tag{3-2-1}$$

여기서 $p_{T_b}(t)$는 T_b 구간 동안 1의 값을 가지는 구형파이고, $b_i \in \{0,1\}$인 이진 데이터, 그리고 $d_i = 2b_i - 1 \in \{-1, 1\}$인 이진 레벨 신호이다. 이러한 펄스열을 양극성(polar) 기저대역 신호라고 한다. BPSK(Binary PSK) 방식에서는 비트 "1"일 때는 $s_1(t)$, 비트 "0"일 때는 $s_2(t)$를 전송한다고 가정한다. 이때 두 신호 $s_1(t)$와 $s_2(t)$는 각각 서로 다른 위상 θ_1과 θ_2를 가지는 전송신호로 표현된다.

$$s(t) = \begin{cases} s_1(t) = \sqrt{E_b}\, \sqrt{\dfrac{2}{T_b}}\, \cos(2\pi f_c t + \theta_1), & 0 \le t \le T_b \ (\text{binary}\,1) \\ s_2(t) = \sqrt{E_b}\, \sqrt{\dfrac{2}{T_b}}\, \cos(2\pi f_c t + \theta_2), & 0 \le t \le T_b \ (\text{binary}\,0) \end{cases} \qquad (3\text{-}2\text{-}2)$$

여기서 $E_b = PT_b$는 신호의 비트당 평균 에너지이고, P는 신호의 평균 전력을 의미한다. 식 (3-2-2)는 반송파 변조된 신호이므로 대역통과 신호라고 한다. 즉, 하나의 BPSK 대역통과 신호가 한 비트를 전송하게 된다. 두 신호 $s_1(t)$와 $s_2(t)$의 위상차가 최대가 되려면 $|\theta_1 - \theta_2| = \pi$가 되어야 한다. 일반적으로 아래와 같은 표현이 자주 사용되며, 이때 송신단 구조는 그림 3-2-1과 같다.

$$s(t) = \begin{cases} s_1(t) = \sqrt{E_b}\, \varphi_1(2\pi f_c t), & 0 \le t \le T_b \ (\text{binary}\,1) \\ s_2(t) = \sqrt{E_b}\, \varphi_1(2\pi f_c t + \pi), & 0 \le t \le T_b \ (\text{binary}\,0) \end{cases} \qquad (3\text{-}2\text{-}3)$$

여기서 $\varphi_1(2\pi f_c t) = \sqrt{2/T_b}\, \cos(2\pi f_c t)$이다. 송신단에서의 BPF는 신호의 대역을 전송 대역폭 $2B$로 제한하기 위해 사용된다. 그림 3-2-1에서와 같이 전송 가능한 두 신호에 상응하는 심벌들의 집합을 그림으로 나타낸 것을 성상도(constellation)라고 한다.

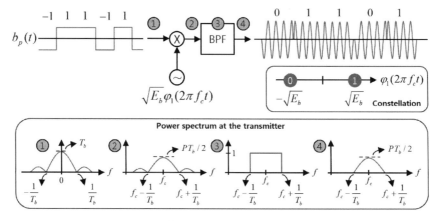

그림 3-2-1 BPSK 송신기 구조

그림 3-2-1에서는 전송단 전력스펙트럼을 같이 보여주고 있다. 식 (3-2-1)의 양극성 사각 펄스열 $b_p(t)$의 전력스펙트럼밀도는 다음과 같다(①번). [부록 A-3 참조]

$$S_{b_p}(f) = T_b \left[\frac{\sin(\pi f T_b)}{\pi f T_b} \right]^2 = T_b \text{sinc}^2(\pi f T_b) \tag{3-2-4}$$

여기서 기저대역 전송신호 $b_p(t)$의 영점대영점 대역폭은 $B = 1/T_b$이다(개념정리 3-2). 반송파 변조된 신호 $s(t) = \sqrt{E_b}\, b_p(t)\varphi_1(2\pi f_c t)$의 전력스펙트럼밀도는 식 (2-1-59)와 식 (3-2-4)를 이용하면 다음과 같이 표현된다(②번).

$$S_s(f) = \frac{2E_b}{T_b} \frac{1}{4} \left[S_{b_p}(f - f_c) + S_{b_p}(f + f_c) \right] = \frac{P}{2} \left[S_{b_p}(f - f_c) + S_{b_p}(f + f_c) \right] \tag{3-2-5}$$

$$= \frac{PT_b}{2} \left\{ \left[\frac{\sin(\pi(f - f_c)T_b)}{\pi(f - f_c)T_b} \right]^2 + \left[\frac{\sin(\pi(f + f_c)T_b)}{\pi(f + f_c)T_b} \right]^2 \right\}$$

따라서 식 (3-2-5)와 같이 전송되는 대역통과 신호의 영점대영점 대역폭은 $2B = 2/T_b$로 기저대역 신호 대역폭의 2배가 된다. 그림에서 ②~④번의 스펙트럼은 양의 주파수만 나타낸 것으로, 실제로는 $f = 0$를 기준으로 음의 주파수에서도 대칭으로 스펙트럼이 발생한다. 송신단에서는 신호의 대역 제한을 위해 ③번과 같이 $|f - f_c| < B = 1/T_b$의 주파수만 통과시키는 BPF가 사용되며, ④번과 같이 대역 제한된 통과대역 신호가 전송된다.

개념정리 3-2 **대역폭 정의**

다음은 식 (3-2-5)로 주어지는 전력스펙트럼밀도를 그린 것이다. ①번은 3dB 대역폭으로 전력스펙트럼밀도의 크기가 최대의 1/2 이상인 주파수 범위를 의미한다. ②번은 영점대영점(null-to-null) 대역폭으로 전력스펙트럼밀도가 처음으로 0이 되는 주파수 범위로 정의한다. ③번은 신호 총 전력의 99%를 포함하는 주파수 범위로 정의한다. ④번은 절대 대역폭으로 전력스펙트럼밀도가 0이 아닌 주파수 범위를 의미한다. 지금 이후로는 ②번의 대역폭 정의를 주로 사용한다.

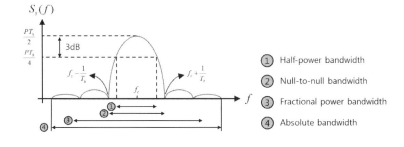

(2) PSK 신호 복조

그림 3-2-2는 통신 시스템에서 사용되는 수신기 구조를 보여준다. 여기서는 $s(t)$가 $0 \le t \le T_b$ 구간 동안 전송되어 잡음(noise) $n(t)$가 더해져 수신된다고 가정한다. $n(t)$는 평균이 $E[n(t)] = 0$이고, 분산이 $E[|n(t)|^2] = N_0/2$인 가산(additive) 잡음으로써, 자세한 특징은 3.4절에서 살펴본다. 그림에서 수신단 필터 출력 $z(t)$는 다음과 같이 표현된다(①번).

$$z(t) = r(t) \otimes h(t) = \int_{-\infty}^{\infty} [s(\tau) + n(\tau)] h(t - \tau) d\tau \qquad (3\text{-}2\text{-}6)$$
$$= s(t) \otimes h(t) + n(t) \otimes h(t) = s_o(t) + n_o(t)$$

여기서 $s_o(t)$와 $n_o(t)$는 각각 수신단 필터 통과 후 신호와 잡음이다. 수신단 필터 $h(t)$의 출력단 신호대잡음비(Signal-to-Noise Ratio, SNR)는 다음과 같이 정의된다.

$$\text{SNR}_o = \frac{|s_o(t)|^2}{E[|n_o(t)|^2]} \qquad (3\text{-}2\text{-}7)$$

위의 식에서 보듯이 SNR은 정확하게는 신호전력과 잡음전력의 비를 의미한다. 이때 신호대잡음비가 최대가 되도록 설계된 수신단 필터 $h(t)$를 정합필터(Matched Filter, MF)라 하며, 정합필터의 임펄스 응답은 다음과 같다. [부록 A-4 참조]

$$h(t) = \frac{2K}{N_0} s(T_b - t) \qquad (3\text{-}2\text{-}8)$$

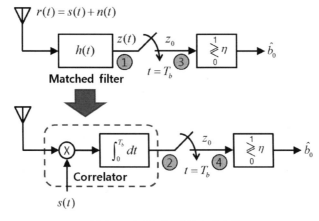

그림 3-2-2 통신 시스템의 수신기 구조

여기서 K은 비례상수이고, N_0는 잡음의 전력스펙트럼밀도를 의미하는 상수이다. 정합
필터의 출력은 수신신호와 필터 임펄스 응답의 컨벌루션으로 정의되며, 최댓값은 $t = T_b$
에 발생한다. 수식 전개의 편의를 위해 $h(t) = s(T_b - t)$로 놓으면, 다음과 같이 정합필
터의 최대 출력값을 구할 수 있다(③번).

$$z_0 = z(t)|_{t = T_b} = r(t) \otimes h(t)|_{t = T_b} = \int_{-\infty}^{\infty} r(\tau)h(t-\tau)d\tau \bigg|_{t = T_b} \tag{3-2-9}$$
$$= \int_0^t r(\tau)s(T_b - t + \tau)d\tau \bigg|_{t = T_b} = \int_0^{T_b} r(\tau)s(\tau)d\tau$$

위의 식에서 마지막 연산을 상관기(correlator)라고 한다. 즉, 정합필터와 상관기는 샘플
링 시점 $t = T_b$에서 동일한 출력값을 가진다(③④번). 앞으로 사용되는 수신기 구조에서
는 상관기를 주로 사용하기로 한다.

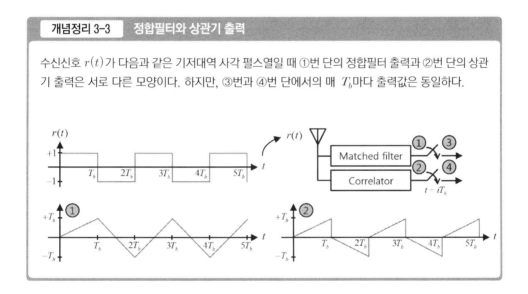

개념정리 3-3   정합필터와 상관기 출력

수신신호 $r(t)$가 다음과 같은 기저대역 사각 펄스열일 때 ①번 단의 정합필터 출력과 ②번 단의 상관
기 출력은 서로 다른 모양이다. 하지만, ③번과 ④번 단에서의 매 T_b마다 출력값은 동일하다.

그림 3-2-3은 동기식 BPSK 수신기 구조이다. 그림에서의 BPSK 수신기 구조는 반송파와
수신단 국부 발진기 신호의 위상차 θ를 추적하며 보상한 동기 검파 방식이다. 디지털 변
조 방식의 경우에도 Costa PLL 구조를 적용하면 반송파의 위상 추적이 가능하다. 비트 "1"
에 해당하는 $\sqrt{E_b}\,\varphi_1(2\pi f_c t)$가 전송된 경우, 잡음 $n(t)$가 없다고 가정하면 수신단에서
국부 발진기 신호 $\varphi_1(2\pi f_c t)$를 곱한 후의 신호는 다음과 같이 표현된다.

$$y(t) = \sqrt{E_b}\, \varphi_1^2(2\pi f_c t) = \sqrt{E_b}\, \frac{2}{T_b} \cos^2(2\pi f_c t) \tag{3-2-10}$$

$$= \frac{\sqrt{E_b}}{T_b}\left[1 + \cos(4\pi f_c t)\right], \quad 0 \le t \le T_b$$

따라서 $y(t)$가 적분기를 통과한 후의 신호는 다음과 같다.

$$z_i = \frac{\sqrt{E_b}}{T_b} \int_{iT_b}^{(i+1)T_b} \left[1 + \cos(4\pi f_c t)\right] dt = \sqrt{E_b} \tag{3-2-11}$$

위의 식에서 $\cos(4\pi f_c t)$에 대한 T_b 구간 동안의 적분값이 0이 되는 이유는 [부록 A-5]를 참고한다.

반면에 비트 "0"에 해당하는 $\sqrt{E_b}\, \varphi_1(2\pi f_c t + \pi) = -\sqrt{E_b}\, \varphi_1(2\pi f_c t)$가 전송되었다면, 적분기 통과 후 신호는 다음과 같다.

$$z_i = -\frac{\sqrt{E_b}}{T_b} \int_{iT_b}^{(i+1)T_b} \left[1 + \cos(4\pi f_c t)\right] dt = -\sqrt{E_b} \tag{3-2-12}$$

따라서 비트 판정기는 결정변수 z_i의 값이 비트 결정 임계치 η보다 크면 비트 "1", 작으면 비트 "0"으로 판정하게 된다.

$$z_i = z(iT_b) \underset{0}{\overset{1}{\gtrless}} \eta \tag{3-2-13}$$

여기서 임계값 η은 식 (3-2-11)과 식 (3-2-12)의 중간값인 $\eta = 0$이 된다. 그림 3-2-3에서 n_0는 잡음 $n(t)$가 상관기를 통과한 후의 값으로 다음과 같다.

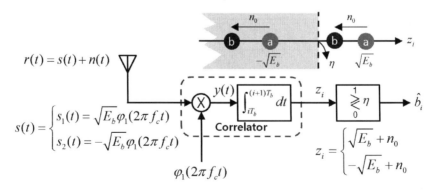

그림 3-2-3 BPSK 동기 수신기 구조

$$n_0 = \sqrt{\frac{2}{T_b}} \int_{iT_b}^{(i+1)T_b} n(t) \cos(2\pi f_c t) dt \qquad (3\text{-}2\text{-}14)$$

그림 3-2-3에서 ⓐ번은 잡음 $n(t)$가 없는 경우의 수신 성상도이며, ⓑ번은 잡음이 섞여 수신된 신호의 성상도를 나타낸다. 잡음이 없는 경우의 성상도를 기준으로 잡음의 크기 n_0 만큼 좌우로 움직이게 된다.

개념정리 3-4 **기저대역과 대역통과 송수신 모델**

①번에서와 같이 반송파 변복조 과정을 포함하는 송수신 모델을 대역통과 모델이라 하다. 수신단에서 반송파 복원이 완벽하다면, ②번과 같이 송수신단에서 반송파 변복조 부분을 생략할 수 있다. 이를 기저대역 송수신 모델이라고 한다. 두 모델에서 ③번과 ④번 단의 결정변수가 동일하게 식 (3-2-11)에서와 같이 $z_i = \sqrt{E_b}$ 가 되려면, 기저대역 송수신 모델에서의 전송신호는 $\sqrt{E_b}\, b(t) / T_b$ 가 된다.

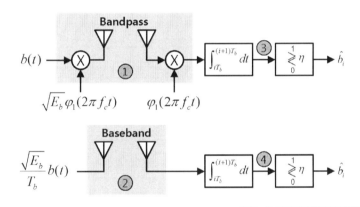

3.2.2 Binary ASK

(1) ASK 신호 생성

BASK(Binary ASK) 방식에서는 비트 "1"일 때는 $s_1(t)$, 비트 "0"일 때는 $s_2(t)$를 전송한다고 가정한다. 두 신호 $s_1(t)$와 $s_2(t)$는 아래와 같이 서로 다른 크기를 가지는 전송신호로 표현된다.

$$s(t) = \begin{cases} s_1(t) = \sqrt{E_1}\, \varphi_1(2\pi f_c t), & 0 \le t \le T_b \ (\text{binary } 1) \\ s_2(t) = \sqrt{E_2}\, \varphi_1(2\pi f_c t), & 0 \le t \le T_b \ (\text{binary } 0) \end{cases} \qquad (3\text{-}2\text{-}15)$$

여기서 E_1과 E_2는 각 신호의 비트당 에너지를 의미한다. 일반적으로 $E_1 = 2E_b$와 $E_2 = 0$의 경우가 사용되며, 이때 송신단 구조는 그림 3-2-4와 같다.

$$s(t) = \begin{cases} s_1(t) = \sqrt{2E_b}\,\varphi_1(2\pi f_c t), & 0 \leq t \leq T_b \ (\text{binary } 1) \\ s_2(t) = 0, & 0 \leq t \leq T_b \ (\text{binary } 0) \end{cases} \tag{3-2-16}$$

BASK의 경우 기저대역 사각 펄스열 $b_u(t)$는 식 (3-2-1)의 $b_p(t)$와 다음과 같은 관계를 가진다.

$$b_u(t) = \sum_i b_i p_{T_b}(t - iT_b) = \sum_i \frac{(d_i + 1)}{2} p_{T_b}(t - iT_b) = \frac{1}{2} b_p(t) + \frac{1}{2} \tag{3-2-17}$$

여기서 $b_i \in \{0,1\}$이고 $d_i = 2b_i - 1 \in \{-1,1\}$이다. 위에 보듯이 BASK의 사각 펄스열 $b_u(t)$는 BPSK의 사각 펄스열 $b_p(t)$와 DC 성분의 합으로 표현된다. 이와 같이 1과 0의 레벨만 가지는 신호를 단극성(unipolar) 신호라고 한다. 식 (2-1-54)에서와 같이 $b_u(t)$의 전력스펙트럼밀도는 자기상관 함수 $R_{b_u}(\tau)$의 푸리에 변환과 같다. 따라서 식 (3-2-17)의 전력스펙트럼밀도는 식 (3-2-4)의 BPSK 전력스펙트럼밀도와 $\delta(f)$의 합으로 표현된다(①번).

$$S_{b_u}(f) = F\left[R_{b_u}(\tau)\right] = F\left[\frac{1}{4} R_{b_p}(\tau) + \frac{1}{4}\right] = \frac{1}{4} S_{b_p}(f) + \frac{1}{4}\delta(f) \tag{3-2-18}$$
$$= \frac{T_b}{4}\left[\frac{\sin(\pi f T_b)}{\pi f T_b}\right]^2 + \frac{1}{4}\delta(f) = \frac{T_b}{4}\text{sinc}^2(\pi f T_b) + \frac{1}{4}\delta(f)$$

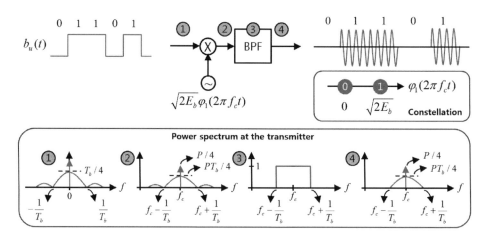

그림 3-2-4 BASK 송신기 구조

여기서 $R_{b_p}(\tau)$는 $b_p(t)$의 자기상관 함수이다. 기저대역 신호 $b_u(t)$의 대역폭은 $B = 1/T_b$로 BPSK와 동일하다. 반송파 변조된 신호 $s(t) = \sqrt{2E_b}\,b_u(t)\varphi_1(2\pi f_c t)$의 전력스펙트럼 밀도는 식 (2-1-59)와 식 (3-2-18)을 이용하면 다음과 같이 얻어진다(②번).

$$S_s(f) = \frac{4E_b}{T_b}\frac{1}{4}\left[S_{b_u}(f-f_c) + S_{b_u}(f+f_c)\right] = P\left[S_{b_u}(f-f_c) + S_{b_u}(f+f_c)\right] \quad (3\text{-}2\text{-}19)$$

$$= \frac{PT_b}{4}\left\{\left[\frac{\sin(\pi(f-f_c)T_b)}{\pi(f-f_c)T_b}\right]^2 + \left[\frac{\sin(\pi(f+f_c)T_b)}{\pi(f+f_c)T_b}\right]^2\right\}$$

$$+ \frac{P}{4}\delta(f-f_c) + \frac{P}{4}\delta(f+f_c)$$

따라서 식 (3-2-19)와 같이 전송되는 대역통과 신호의 대역폭은 $2B = 2/T_b$로 BPSK와 동일하다. 송신단에서는 신호의 대역 제한을 위해 ③번과 같이 $|f-f_c| < B = 1/T_b$의 주파수만 통과시키는 BPF가 사용되며, ④번과 같이 대역 제한된 통과대역 신호가 전송된다.

(2) ASK 신호 복조

그림 3-2-5는 BASK 수신기 구조를 나타낸다. 식 (3-2-16)에서와 같이 $s_2(t) = 0$인 경우에는 신호의 비트당 에너지가 0이므로, $s_1(t)$의 비트당 에너지가 $E_1 = 2E_b$가 되어야 평균 비트 에너지가 E_b로 주어진다. 우선 $s_1(t) = \sqrt{2E_b}\,\varphi_1(2\pi f_c t)$가 전송되고 잡음 $n(t)$가 없다고 가정하면, 수신단에서 국부 발진기 신호 $\varphi_1(2\pi f_c t)$를 곱한 후의 신호는 다음과 같이 표현된다.

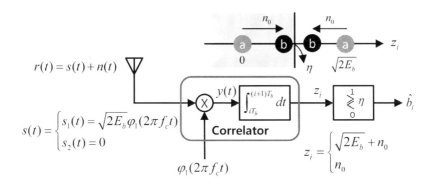

그림 3-2-5 BASK 동기 수신기 구조

$$y(t) = \sqrt{2E_b}\,\varphi_1^2(2\pi f_c t) = \sqrt{2E_b}\,\frac{2}{T_b}\cos^2(2\pi f_c t) \qquad (3\text{-}2\text{-}20)$$

$$= \frac{\sqrt{2E_b}}{T_b}\left[1 + \cos(4\pi f_c t)\right], \quad 0 \le t \le T_b$$

따라서 $y(t)$가 적분기를 통과한 후의 신호는 다음과 주어진다.

$$z_i = \frac{\sqrt{2E_b}}{T_b}\int_{iT_b}^{(i+1)T_b}\left[1 + \cos(4\pi f_c t)\right]dt \qquad (3\text{-}2\text{-}21)$$

$$= \frac{\sqrt{2E_b}}{T_b}\int_{iT_b}^{(i+1)T_b}1\,dt + \frac{\sqrt{2E_b}}{T_b}\int_{iT_b}^{(i+1)T_b}\cos(4\pi f_c t)dt = \sqrt{2E_b}$$

반면에 비트 "0"에 해당하는 $s_2(t) = 0$가 전송되었다면, 적분기 통과 후 신호는 $z_i = 0$ 이 된다. 따라서 식 (3-2-13)과 마찬가지로 비트 판정기는 결정변수 z_i가 임계치 η보다 크면 비트 "1", 작으면 비트 "0"으로 판정하게 된다. BASK의 경우, 임계치 값은 두 결정변수 z_i값의 중간인 $\sqrt{2E_b}/2$가 된다. 그림 3-2-5에서 ⓐ번은 잡음 $n(t)$가 없는 경우의 수신 성상도이 며, 그림 3-2-4의 송신 성상도와 동일하다. ⓑ번은 잡음이 섞여 수신된 신호의 성상도를 나타낸다. 잡음이 없는 경우의 성상도를 기준으로 잡음의 크기 n_0만큼 좌우로 움직이게 된다. 그림 3-2-6은 비동기식 BASK 수신기 구조를 나타낸다. 송신단에서 비트 "1"에 해당하는 $s_1(t) = \sqrt{2E_b}\,\varphi_1(2\pi f_c t)$가 전송되었다면, 반송파와 수신단 국부 발진기 신호의 위상차 θ가 보상되지 않기 때문에 $r(t) = \sqrt{2E_b}\,\varphi_1(2\pi f_c t + \theta) + n(t)$로 표현된다. 잡음 $n(t)$가 없다고 가정하면, y_c와 y_s는 각각 다음과 같이 구해진다.

$$y_c = \sqrt{2E_b}\int_{iT_b}^{(i+1)T_b}\varphi_1(2\pi f_c t + \theta)\varphi_1(2\pi f_c t)dt \qquad (3\text{-}2\text{-}22)$$

$$= \frac{2\sqrt{2E_b}}{T_b}\int_{iT_b}^{(i+1)T_b}\cos(2\pi f_c t + \theta)\cos(2\pi f_c t)dt$$

$$= \frac{\sqrt{2E_b}}{T_b}\int_{iT_b}^{(i+1)T_b}\left[\cos\theta + \cos(4\pi f_c t + \theta)\right]dt = \sqrt{2E_b}\cos\theta$$

$$y_s = \sqrt{2E_b}\int_{iT_b}^{(i+1)T_b}\varphi_1(2\pi f_c t + \theta)\varphi_2(2\pi f_c t)dt \qquad (3\text{-}2\text{-}23)$$

$$= \frac{2\sqrt{2E_b}}{T_b}\int_{iT_b}^{(i+1)T_b}\cos(2\pi f_c t + \theta)\sin(2\pi f_c t)dt$$

$$= \frac{\sqrt{2E_b}}{T_b}\int_{iT_b}^{(i+1)T_b}\left[-\sin\theta + \sin(4\pi f_c t + \theta)\right]dt = -\sqrt{2E_b}\sin\theta$$

반면에 비트 "0"에 해당하는 $s_2(t) = 0$가 전송되었다면, $r(t) = n(t)$가 된다. 따라서 잡음이 없는 경우에는 $y_c = y_s = 0$이 됨을 알 수 있다. 따라서 전송된 비트에 따라서 결정변수 z_i는 다음과 같이 주어진다.

$$z_i = y_c^2 + y_s^2 = \begin{cases} 2E_b(\cos^2\theta + \sin^2\theta), & (\text{binary }1) \\ 0, & (\text{binary }0) \end{cases} \tag{3-2-24}$$

수신단에 발생하는 위상차 θ에 무관하게 항상 $\cos^2\theta + \sin^2\theta = 1$이므로, 그림 3-2-6에서 임계치 η은 식 (3-2-24)에 정의된 두 결정변수의 중간값인 E_b가 된다. 그림 3-2-6에서 ⓐ번은 잡음 $n(t)$가 없는 경우의 수신 성상도이며, ⓑ번은 잡음이 섞여 수신된 신호의 성상도를 나타낸다.

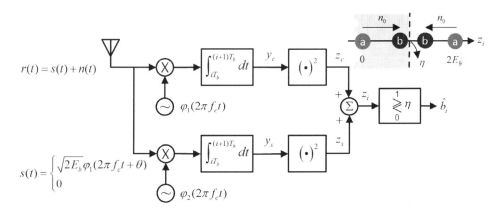

그림 3-2-6 BASK 비동기 수신기 구조

3.2.3 Binary FSK

(1) FSK 신호 생성

BFSK(Binary FSK) 방식에서는 비트 "1"일 때는 $s_1(t)$, 비트 "0"일 때는 $s_2(t)$를 전송하게 된다. 이때 두 신호 $s_1(t)$와 $s_2(t)$는 각각 서로 다른 주파수 f_1과 f_2를 가지는 전송신호로 표현된다. (그림 3-2-7)

$$s(t) = \begin{cases} s_1(t) = \sqrt{E_b}\,\varphi_1(2\pi f_1 t), & 0 \le t \le T_b \ (\text{binary }1) \\ s_2(t) = \sqrt{E_b}\,\varphi_1(2\pi f_2 t), & 0 \le t \le T_b \ (\text{binary }0) \end{cases} \tag{3-2-25}$$

여기서는 $f_2 > f_1$을 가정한다. 송신단에서는 기저대역 전송신호 $b_u(t)$와 $b_u(t)$의 반전

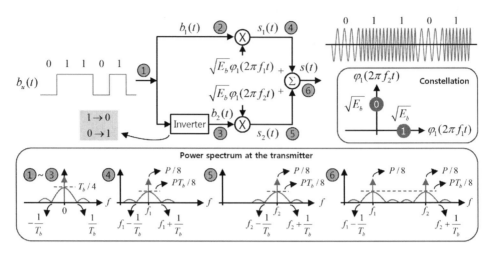

그림 3-2-7 BFSK 송신기 구조

신호가 각각 반송파 $\varphi_1(2\pi f_1 t)$와 $\varphi_1(2\pi f_2 t)$로 변조되어 전송된다. 따라서 BFSK 대역 통과 신호는 다음과 같이 표현이 가능하다.

$$s(t) = \sqrt{E_b}\, b_1(t)\varphi_1(2\pi f_1 t) + \sqrt{E_b}\, b_2(t)\varphi_1(2\pi f_2 t), \quad 0 \le t \le T_b \tag{3-2-26}$$

위에서 $b_1(t) = b_u(t)$로써 식 (3-2-17)과 동일하며, $b_2(t)$는 $b_1(t)$의 반전 신호로써 다음과 같이 정의된다.

$$b_2(t) = \sum_i \overline{b}_i p_{T_b}(t - i T_b) \tag{3-2-27}$$

여기서 $\overline{b}_i$는 b_i의 보수이다. 위에 보듯이 BFSK의 사각 펄스열 $b_m(t)$는 BASK의 사각 펄스열과 같은 단극성 신호이므로, ①~③번 단에서의 기저대역 사각 펄스열의 전력스펙트럼밀도는 모두 식 (3-2-18)과 동일하다.

$$S_{b_m}(f) = \frac{T_b}{4}\left[\frac{\sin(\pi f T_b)}{\pi f T_b}\right]^2 + \frac{1}{4}\delta(f) = \frac{T_b}{4}\mathrm{sinc}^2(\pi f T_b) + \frac{1}{4}\delta(f), \; m = 1,2 \tag{3-2-28}$$

여기서 기저대역 신호 $b_m(t)$의 대역폭은 $1/T_b$이다. 반송파 $\varphi_1(2\pi f_1 t)$와 $\varphi_1(2\pi f_2 t)$로 변조된 ④번과 ⑤번 단에서의 전력스펙트럼밀도는 다음과 같이 구해진다.

$$S_{s_m}(f) = \frac{2E_b}{T_b}\frac{1}{4}\left[S_{b_m}(f-f_m) + S_{b_m}(f+f_m)\right] \tag{3-2-29}$$

$$= \frac{P}{2}\left[S_{b_m}(f-f_m) + S_{b_m}(f+f_m)\right]$$

$$= \frac{PT_b}{8}\left\{\left[\frac{\sin(\pi(f-f_m)T_b)}{\pi(f-f_m)T_b}\right]^2 + \left[\frac{\sin(\pi(f+f_m)T_b)}{\pi(f+f_m)T_b}\right]^2\right\}$$

$$+ \frac{P}{8}\delta(f-f_m) + \frac{P}{8}\delta(f+f_m), \quad m=1,2$$

최종적으로 BFSK 신호 $s(t)$의 전력스펙트럼밀도는 ④번과 ⑤번에서 구한 전력스펙트럼밀도의 합으로 표현된다. (⑥번)

$$S_s(f) = S_{s_1}(f) + S_{s_2}(f) \tag{3-2-30}$$

⑥번에서 보듯이 식 (3-2-30)과 같이 전송되는 대역통과 신호의 대역폭은 $f_2 - f_1 + 2/T_b$가 된다. 즉, BFSK 대역통과 신호의 대역폭은 BASK와 BPSK에 비하여 $f_2 - f_1$만큼 넓어진다. 그림에서는 생략되었지만, 최종적으로 $f_1 - 1/T_b < f < f_2 + 1/T_b$만 통과시키는 송신단 BPF를 사용하여 신호의 대역을 제한한다.

(2) FSK 신호 복조

비트 "1"에 해당하는 $\sqrt{E_b}\,\varphi_1(2\pi f_1 t)$가 전송된 경우, 잡음 $n(t)$가 없다고 가정하면 적분기 통과 후 z_c와 z_s는 각각 다음과 같다. (그림 3-2-8)

$$z_c = \frac{2\sqrt{E_b}}{T_b}\int_{iT_b}^{(i+1)T_b}\cos^2(2\pi f_1 t)dt \tag{3-2-31}$$

$$= \frac{\sqrt{E_b}}{T_b}\int_{iT_b}^{(i+1)T_b}\left[1+\cos(4\pi f_1 t)\right]dt = \sqrt{E_b}$$

$$z_s = \frac{2\sqrt{E_b}}{T_b}\int_{iT_b}^{(i+1)T_b}\cos(2\pi f_1 t)\cos(2\pi f_2 t)dt \tag{3-2-32}$$

반면에 비트 "0"에 해당하는 $\sqrt{E_b}\,\varphi_1(2\pi f_2 t)$가 전송되었다면, z_c와 z_s는 각각 다음과 같다.

$$z_c = \frac{2\sqrt{E_b}}{T_b}\int_{iT_b}^{(i+1)T_b}\cos(2\pi f_2 t)\cos(2\pi f_1 t)dt \tag{3-2-33}$$

$$z_s = \frac{2\sqrt{E_b}}{T_b} \int_{iT_b}^{(i+1)T_b} \cos^2(2\pi f_2 t) dt \tag{3-2-34}$$

$$= \frac{\sqrt{E_b}}{T_b} \int_{iT_b}^{(i+1)T_b} \left[1 + \cos(4\pi f_2 t)\right] dt = \sqrt{E_b}$$

BFSK에서는 식 (3-2-32)와 식 (3-2-33)의 값이 0이 되도록 주파수 f_1과 f_2를 결정하게 된다. 동기 수신 방식의 경우에는 주파수 f_1과 f_2가 다음을 만족해야 한다. [부록 A-6 참조]

$$f_2 - f_1 = \frac{n}{2T_b}, \quad n = 1, 2, \cdots \tag{3-2-35}$$

따라서, 식 (3-2-31)~(3-2-34)로부터 결정변수 z_i는 전송된 비트에 따라서 다음과 같이 구해진다.

$$z_i = z_c - z_s = \begin{cases} \sqrt{E_b}, & (\text{binary } 1) \\ -\sqrt{E_b}, & (\text{binary } 0) \end{cases} \tag{3-2-36}$$

최종적으로 비트 판정기는 식 (3-2-13)과 마찬가지로 결정변수 z_i의 값이 임계치 η보다 크면 비트 "1", 작으면 비트 "0"으로 판정하게 된다. BFSK의 경우, 임계값 η는 식 (3-2-36)에 주어진 두 출력의 중간값인 0이 된다. 그림 3-2-8에서 ⓐ번은 잡음 $n(t)$가 없는 경우의 수신 성상도이며, ⓑ번은 잡음이 섞여 수신된 신호의 성상도를 나타낸다.

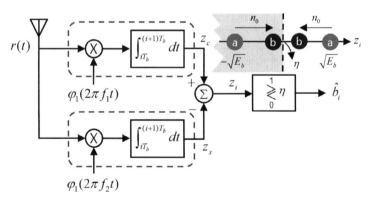

그림 3-2-8 BFSK 동기 수신기 구조

그림 3-2-9는 BFSK 비동기 수신기 구조를 보여준다. 비트 "1"에 해당하는 $\sqrt{E_b}\,\varphi_1(2\pi f_1 t)$ 가 전송된 경우, 송수신단 반송파의 위상차 θ가 추적되지 않는 비동기 수신기를 고려한다면 $r(t) = \sqrt{E_b}\,\varphi_1(2\pi f_1 t + \theta) + n(t)$로 표현된다. 잡음 $n(t)$가 없다고 가정하면 윗단의 적분기 통과 후 y_{1c}와 y_{1s}는 각각 다음과 같이 구해진다. (①번)

$$y_{1c} = \frac{2\sqrt{E_b}}{T_b} \int_{iT_b}^{(i+1)T_b} \cos(2\pi f_1 t + \theta)\cos(2\pi f_1 t)dt \qquad (3\text{-}2\text{-}37)$$

$$= \frac{\sqrt{E_b}}{T_b} \int_{iT_b}^{(i+1)T_b} \left[\cos\theta + \cos(4\pi f_1 t + \theta)\right]dt = \sqrt{E_b}\cos\theta$$

$$y_{1s} = \frac{2\sqrt{E_b}}{T_b} \int_{iT_b}^{(i+1)T_b} \cos(2\pi f_1 t + \theta)\sin(2\pi f_1 t)dt \qquad (3\text{-}2\text{-}38)$$

$$= \frac{\sqrt{E_b}}{T_b} \int_{iT_b}^{(i+1)T_b} \left[-\sin\theta + \sin(4\pi f_1 t + \theta)\right]dt = -\sqrt{E_b}\sin\theta$$

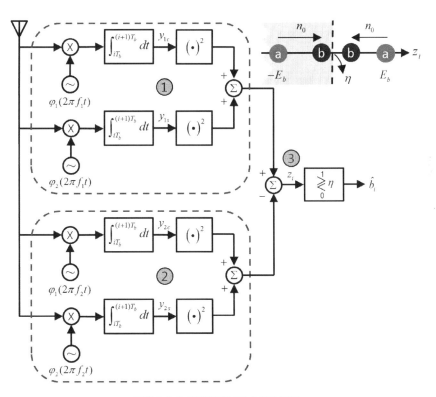

그림 3-2-9 BFSK 비동기 수신기 구조

아랫단의 적분기 통과 후 y_{2c}와 y_{2s}는 각각 다음과 같이 구해진다. (②번)

$$y_{2c} = \frac{2\sqrt{E_b}}{T_b} \int_{iT_b}^{(i+1)T_b} \cos(2\pi f_1 t + \theta)\cos(2\pi f_2 t)dt \tag{3-2-39}$$

$$y_{2s} = \frac{2\sqrt{E_b}}{T_b} \int_{iT_b}^{(i+1)T_b} \cos(2\pi f_1 t + \theta)\sin(2\pi f_2 t)dt \tag{3-2-40}$$

이 방식에서도 식 (3-2-39)와 식 (3-2-40)의 값이 0이 되도록 주파수 f_1과 f_2를 결정하게 된다. 비동기 수신 방식의 경우에는 주파수 f_1과 f_2가 다음을 만족해야 한다. [부록 A-7 참조]

$$f_2 - f_1 = \frac{n}{T_b}, \quad n = 1, 2, \cdots \tag{3-2-41}$$

따라서 식 (3-2-41)에 정의된 조건을 만족하는 주파수를 사용한다면, 식 (3-2-39)와 식 (3-2-40)에서 $y_{2c} = y_{2s} = 0$이 된다. 따라서 비트 "1"이 전송된 경우에 z_i는 다음과 같이 표현된다. (③번)

$$z_i = \left(y_{1c}^2 + y_{1s}^2\right) - \left(y_{2c}^2 + y_{2s}^2\right) = E_b(\cos^2\theta + \sin^2\theta) = E_b \tag{3-2-42}$$

반면에 비트 "0"에 해당하는 $\sqrt{E_b}\,\varphi_1(2\pi f_2 t)$가 전송되었다면, 송수신단 반송파의 위상차 θ를 고려한 수신신호는 $r(t) = \sqrt{E_b}\,\varphi_1(2\pi f_2 t + \theta) + n(t)$로 표현된다. 마찬가지로 잡음 $n(t)$는 없다고 가정하면 윗단의 적분기 통과 후 y_{1c}와 y_{1s}는 각각 다음과 같이 구해진다. (①번)

$$y_{1c} = \frac{2\sqrt{E_b}}{T_b} \int_{iT_b}^{(i+1)T_b} \cos(2\pi f_2 t + \theta)\cos(2\pi f_1 t)dt = 0 \tag{3-2-43}$$

$$y_{1s} = \frac{2\sqrt{E_b}}{T_b} \int_{iT_b}^{(i+1)T_b} \cos(2\pi f_2 t + \theta)\sin(2\pi f_1 t)dt = 0 \tag{3-2-44}$$

아랫단의 적분기 통과 후 y_{2c}와 y_{2s}는 각각 다음과 같이 구해진다. (②번)

$$y_{2c} = \frac{2\sqrt{E_b}}{T_b} \int_{iT_b}^{(i+1)T_b} \cos(2\pi f_2 t + \theta)\cos(2\pi f_2 t)dt \tag{3-2-45}$$
$$= \frac{\sqrt{E_b}}{T_b} \int_{iT_b}^{(i+1)T_b} \left[\cos\theta + \cos(4\pi f_2 t + \theta)\right]dt = \sqrt{E_b}\cos\theta$$

$$y_{2s} = \frac{2\sqrt{E_b}}{T_b} \int_{iT_b}^{(i+1)T_b} \cos(2\pi f_2 t + \theta)\sin(2\pi f_2 t)dt \tag{3-2-46}$$

$$= \frac{\sqrt{E_b}}{T_b} \int_{iT_b}^{(i+1)T_b} \left[-\sin\theta + \sin(4\pi f_2 t + \theta)\right]dt = -\sqrt{E_b}\sin\theta$$

따라서 비트 "0"이 전송된 경우에 결정변수 z_i는 아래와 같다. (③번)

$$z_i = \left(y_{1c}^2 + y_{1s}^2\right) - \left(y_{2c}^2 + y_{2s}^2\right) = -E_b(\cos^2\theta + \sin^2\theta) = -E_b \tag{3-2-47}$$

식 (3-2-42)와 식 (3-2-47)로부터 그림 3-2-9에서 결정변수 z_i는 전송된 비트에 따라서 아래와 같이 두 가지 값을 가지게 된다.

$$z_i = \begin{cases} E_b, & (\text{binary } 1) \\ -E_b, & (\text{binary } 0) \end{cases} \tag{3-2-48}$$

그림 3-2-9에서 임계값 η는 식 (3-2-48)에서 주어진 두 출력의 중간값인 0이 된다. ⓐ번은 잡음 $n(t)$가 없는 경우의 수신 성상도이며, ⓑ번은 잡음이 섞여 수신된 신호의 성상도를 나타낸다.

그림 3-2-10은 미분기를 사용한 BFSK 비동기 수신기 구조를 보여준다. 수신신호는 전송된 비트에 따라 $r(t) = \sqrt{E_b}\,\varphi_1(2\pi f_m t)$이므로, ②번 단에서의 출력값은 다음과 같다.

$$\frac{dr(t)}{dt} = -2\pi f_m \sqrt{2P}\sin(2\pi f_m t) \tag{3-2-49}$$

$$= 2\pi f_m \sqrt{2P}\cos(2\pi f_m t + \pi/2), \ \ m = 1, 2$$

따라서 미분기 출력 신호가 포락선 검파기를 통과하면 ③번 단에서 $z_i = 2\pi f_m\sqrt{2P}$가 얻어진다. 그림 3-2-10에서 ⓐ번은 잡음 $n(t)$가 없는 경우의 수신 성상도이며, ⓑ번은 잡음이 섞여 수신된 신호의 성상도를 나타낸다. 그림 3-2-11은 각 단에서의 신호 파형을 도시한 것이다.

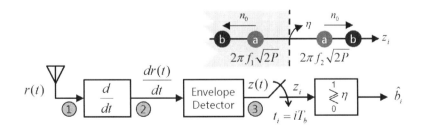

그림 3-2-10 미분기를 사용한 BFSK 비동기 수신기 구조

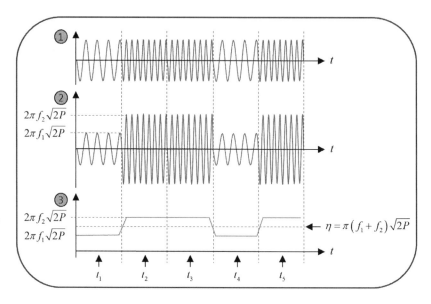

그림 3-2-11 BFSK 비동기 수신기 각단의 파형

3.3 M-ary 디지털 변조

M-ary 변조는 그림 3-3-1에서와 같이 하나의 전송 심벌(리프트)에 2개 이상의 비트(사람)를 실어 전송하는 방식이다. 즉, k개의 비트가 $M = 2^k$개의 서로 구별되는 독립적인 심벌로 변환되어 전송된다. 따라서 64QAM의 경우는 $2^6 = 64$이므로, 한 심벌이 6비트의 정보를 실어 나르게 된다.

3.3.1 M-ary PSK

(1) QPSK 신호 생성

우선 $M = 4$인 경우에 해당하는 QPSK(Quadrature PSK)를 살펴본다. QPSK의 경우는 서로 다른 2비트가 위상이 서로 다른 $M = 4$개의 심벌로 변환된다. 그림 3-3-2는 비트 정보가 심벌로 변환되는 개념을 보여준다. 두 비트로 구성된 4개의 조합 00, 01, 10, 11이 서로 구별되듯이 전송되는 심벌도 다른 형태로 서로 구별이 가능해야 한다. QPSK 심벌은 다음과 같이 서로 다른 위상을 가지는 전송신호로 표현된다.

그림 3-3-1 M-ary 변조 개념

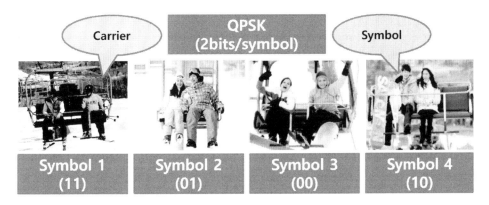

그림 3-3-2 심벌 변환 개념

$$s(t) = \sqrt{2P} \cos(2\pi f_c t + \theta_m) \qquad (3\text{-}3\text{-}1)$$
$$= \sqrt{E_s}\, \varphi_1(2\pi f_c t + \theta_m),\ 0 \le t \le T_s,\ m = 1,2,\cdots,M$$

여기서 $M = 4$, T_s는 한 심벌의 시간구간, $\varphi_1(2\pi f_c t) = \sqrt{2/T_s} \cos(2\pi f_c t)$이다. QPSK 경우 θ_m을 정하는 여러 방식이 있는데, 일반적으로 다음을 주로 사용한다.

$$\theta_m = \frac{\pi(2m-1)}{4},\ m = 1,2,3,4 \qquad (3\text{-}3\text{-}2)$$

식 (3-3-2)의 θ_m을 사용하면 식 (3-3-1)은 다음과 같이 표현된다.

$$s(t) = \sqrt{E_s} \cos\theta_m\, \varphi_1(2\pi f_c t) - \sqrt{E_s} \sin\theta_m\, \varphi_2(2\pi f_c t),\ m = 1,2,\cdots,M \qquad (3\text{-}3\text{-}3)$$

여기서 $E_s = PT_s$는 심벌당 신호 에너지이며, $\varphi_2(2\pi f_c t) = \sqrt{2/T_s} \sin(2\pi f_c t)$이다. 그림 3-3-3은 QPSK 송신기 구조를 보여준다. 그림에서 보듯이 QPSK는 독립된 2개의 반송파인 동위상(in-phase) 반송파 $\varphi_1(2\pi f_c t)$와 직교위상(quadrature) 반송파 $-\varphi_2(2\pi f_c t)$

의 위상을 조정하여 데이터를 전송하는 변조 방식이다. 그림에서 양극성 전송 데이터 $b_p(t)$는 직병렬(S/P) 변환기를 통해 홀수 번째 데이터는 $b_1(t)$, 짝수 번째 데이터는 $b_2(t)$ 가 된다(②③번). $b_1(t)$와 $b_2(t)$는 각각 동위상 반송파 $\varphi_1(2\pi f_c t)$와 직교위상 반송파 $-\varphi_2(2\pi f_c t)$에 실려 전송된다(④⑤번). 식 (3-3-2)에 정의된 θ_m를 사용하면, 다음과 같이 4개의 전송신호를 얻는다(⑥번).

$$s_{QPSK}(t) = \begin{cases} \sqrt{\dfrac{E_s}{2}}\,\varphi_1(2\pi f_c t) - \sqrt{\dfrac{E_s}{2}}\,\varphi_2(2\pi f_c t), & \theta_1 = \dfrac{\pi}{4} \\[2mm] -\sqrt{\dfrac{E_s}{2}}\,\varphi_1(2\pi f_c t) - \sqrt{\dfrac{E_s}{2}}\,\varphi_2(2\pi f_c t), & \theta_2 = \dfrac{3\pi}{4} \\[2mm] -\sqrt{\dfrac{E_s}{2}}\,\varphi_1(2\pi f_c t) + \sqrt{\dfrac{E_s}{2}}\,\varphi_2(2\pi f_c t), & \theta_3 = \dfrac{5\pi}{4} \\[2mm] \sqrt{\dfrac{E_s}{2}}\,\varphi_1(2\pi f_c t) + \sqrt{\dfrac{E_s}{2}}\,\varphi_2(2\pi f_c t), & \theta_4 = \dfrac{7\pi}{4} \end{cases}$$

$$(3\text{-}3\text{-}4)$$

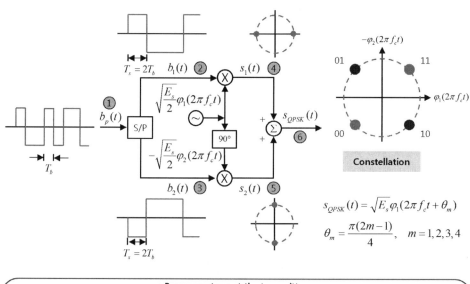

$$s_{QPSK}(t) = \sqrt{E_s}\,\varphi_1(2\pi f_c t + \theta_m)$$
$$\theta_m = \frac{\pi(2m-1)}{4}, \quad m = 1, 2, 3, 4$$

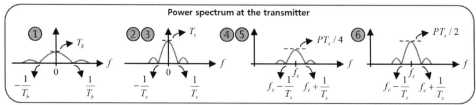

그림 3-3-3 QPSK 송신기 구조

QPSK에서는 기저대역 펄스폭(또는 심벌 구간)이 $2T_b$로 2배 증가하여 결과적으로 전송 대역폭이 반으로 줄어든다. 반대로 전송 대역폭을 BPSK와 동일하게 유지한다면, 2배 빠른 전송률을 얻을 수 있다. 이러한 대역폭 효율성을 확인하게 위하여 그림 3-3-3에 도시된 전송단 전력스펙트럼 밀도를 살펴본다. ①번의 기저대역 사각 펄스열 $b_p(t)$의 전력스펙트럼밀도는 식 (3-2-4)와 동일하다. S/P 변환기 통과 후 기저대역 사각 펄스열 $b_1(t)$와 $b_2(t)$의 전력스펙트럼밀도는 다음과 같다(②③번). [부록 A-3 참조]

$$S_{b_m}(f) = T_s \left[\frac{\sin(\pi f T_s)}{\pi f T_s} \right]^2 = T_s \mathrm{sinc}^2(\pi f T_s), \quad m = 1,2 \tag{3-3-5}$$

여기서 기저대역 신호 $b_m(t)$의 대역폭은 $1/T_s$이다. 따라서 동위상 반송파와 직교위상 반송파로 변조된 ④번과 ⑤번 신호의 전력스펙트럼밀도도 다음과 같이 동일한 형태가 된다.

$$S_{s_m}(f) = \frac{E_s}{T_s} \frac{1}{4} \left[S_{b_m}(f - f_c) + S_{b_m}(f + f_c) \right] = \frac{P}{4} \left[S_{b_m}(f - f_c) + S_{b_m}(f + f_c) \right] \tag{3-3-6}$$
$$= \frac{PT_s}{4} \left\{ \left[\frac{\sin(\pi(f - f_c)T_s)}{\pi(f - f_c)T_s} \right]^2 + \left[\frac{\sin(\pi(f + f_c)T_s)}{\pi(f + f_c)T_s} \right]^2 \right\}, \quad m = 1,2$$

개념정리 3-5 · **직병렬 변환**

송신단에서 전송하고자 하는 직렬 비트열은 심벌 생성을 위해 S/P 변환기를 거치게 되는데, 그림에서 보듯이 한 심벌을 구성하는 비트 수가 많을수록 심벌 구간이 길어지게 된다. 따라서 $6T_1 = 3T_2 = T_3$가 되어서 64QAM의 대역폭이 BPSK의 1/6로 줄어드는 효과가 있다. 반대로 전송 대역폭을 BPSK와 동일하게 유지한다면, QPSK는 2배, 64QAM은 6배 빠른 전송률을 얻는다.

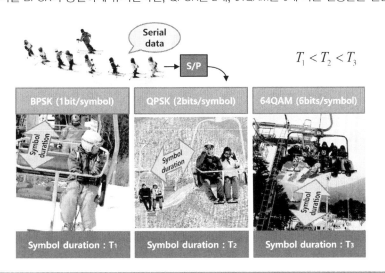

CHAPTER 3 디지털 통신 시스템　83

최종적으로 QPSK 신호의 전력스펙트럼밀도는 ④번과 ⑤번에서 구한 전력스펙트럼밀도
의 합으로 표현된다. (⑥번)

$$S_{s_{QPSK}}(f) = S_{s_1}(f) + S_{s_2}(f) = \frac{PT_s}{2}\left\{\left[\frac{\sin(\pi(f-f_c)T_s)}{\pi(f-f_c)T_s}\right]^2 + \left[\frac{\sin(\pi(f+f_c)T_s)}{\pi(f+f_c)T_s}\right]^2\right\}$$

(3-3-7)

위에서 대역통과 QPSK 신호의 대역폭은 $2/T_s = 1/T_b$가 된다. 즉, QPSK 대역통과 신호
의 대역폭은 BPSK의 1/2이 된다. 그림에서는 생략되었지만, 최종적으로 $|f - f_c| < 2/T_s$
만 통과시키는 송신단 BPF를 사용하여 신호의 대역을 제한한다.

⑵ QPSK 신호 복조

수신단에서 $r(t) = s_{QPSK}(t)$와 같이 잡음이 없는 경우를 고려한다. 그림 3-3-4와 같은 동
기 검파 수신기를 사용한다면, 적분기 통과 후 결정변수 z_c와 z_s는 각각 다음과 같이 구해
진다.

$$z_c = \sqrt{E_s}\int_{iT_s}^{(i+1)T_s}\left[\cos\theta_m\,\varphi_1(2\pi f_c t) - \sin\theta_m\,\varphi_2(2\pi f_c t)\right]\varphi_1(2\pi f_c t)dt \qquad (3\text{-}3\text{-}8)$$
$$= \frac{\sqrt{E_s}}{T_s}\cos\theta_m\int_{iT_s}^{(i+1)T_s}\left[1 + \cos(4\pi f_c t)\right]dt - \frac{\sqrt{E_s}}{T_s}\sin\theta_m\int_{iT_s}^{(i+1)T_s}\sin(4\pi f_c t)dt$$
$$= \sqrt{E_s}\cos\theta_m$$

$$z_s = -\sqrt{E_s}\int_{iT_s}^{(i+1)T_s}\left[\cos\theta_m\,\varphi_1(2\pi f_c t) - \sin\theta_m\,\varphi_2(2\pi f_c t)\right]\varphi_2(2\pi f_c t)dt \qquad (3\text{-}3\text{-}9)$$
$$= -\frac{\sqrt{E_s}}{T_s}\cos\theta_m\int_{iT_s}^{(i+1)T_s}\sin(4\pi f_c t)dt + \frac{\sqrt{E_s}}{T_s}\sin\theta_m\int_{iT_s}^{(i+1)T_s}\left[1 - \cos(4\pi f_c t)\right]dt$$
$$= \sqrt{E_s}\sin\theta_m$$

표 3-3-1은 잡음이 없는 경우 전송 심벌의 위상에 따른 수신단 결정변수와 비트열의 관계
를 보여준다. 이 표를 참고하여 그림 3-3-4에서와 같이 각 가지별로 BPSK와 동일한 방법
으로 복조를 수행한다.

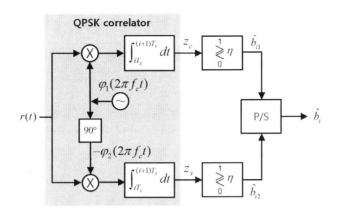

그림 3-3-4 QPSK 수신기 구조

표 3-3-1 QPSK 결정변수와 비트열의 관계

심벌	θ_m	(z_c, z_s)	비트열
1	$\dfrac{\pi}{4}$	$\left(\sqrt{\dfrac{E_s}{2}},\ \sqrt{\dfrac{E_s}{2}} \right)$	11
2	$\dfrac{3\pi}{4}$	$\left(-\sqrt{\dfrac{E_s}{2}},\ \sqrt{\dfrac{E_s}{2}} \right)$	01
3	$\dfrac{5\pi}{4}$	$\left(-\sqrt{\dfrac{E_s}{2}},\ -\sqrt{\dfrac{E_s}{2}} \right)$	00
4	$\dfrac{7\pi}{4}$	$\left(\sqrt{\dfrac{E_s}{2}},\ -\sqrt{\dfrac{E_s}{2}} \right)$	10

그림 3-3-5는 QPSK 송수신 성상도를 비교한 것이다. ①번과 ③번은 각각 심벌 1과 심벌 3 이 잡음이 없는 환경에서 송수신될 때의 성상도를 보여준다. 그림에서 보듯이 잡음이 없는 경우의 송수신 성상도는 동일하다.

그림 3-3-6은 QPSK 심벌 결정 영역을 보여준다. 심벌 1이 전송된 경우 ①번을 기준으로 잡음이 섞여 수신단 성상도가 모든 영역에서 발생하게 된다. 1사분면이 심벌 1에 대한 결정 영역이 된다. 이 중에서 ②번과 ③번은 잡음이 발생했지만, 가장 가까운 심벌이 여전히 ①번인 경우로 에러 없이 심벌 결정이 가능하다. 반면에 ④번은 심벌 2로, ⑤번 심벌 3으로 판단하여 에러가 발생한다.

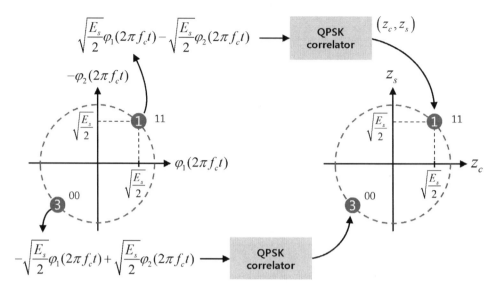

그림 3-3-5 QPSK 송수신 성상도 비교

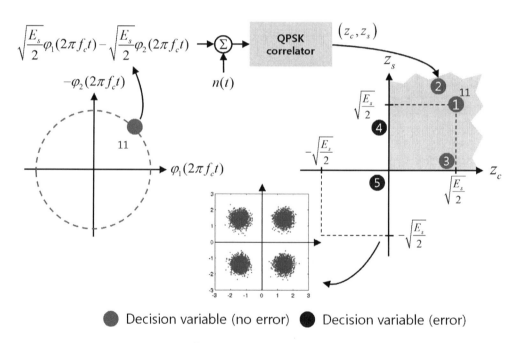

● Decision variable (no error) ● Decision variable (error)

그림 3-3-6 QPSK 심벌 결정 영역

⑶ M-ary PSK

M-ary PSK 방식에서는 k개의 비트가 위상이 서로 다른 $M = 2^k$개의 심벌로 변환된다. 서로 다른 M개의 비트열은 맵핑 규칙에 따라 M개의 서로 다른 위상에 대응시켜 심벌 단위로 전송하게 된다. 전송되는 신호는 식 (3-3-3)과 동일하며, 위상 θ_m를 표현하는 방법은 일반적으로 다음을 사용한다.

$$\theta_m = \frac{2\pi(m-1)}{M}, \ m = 1, 2, \cdots, M \tag{3-3-10}$$

그림 3-3-7은 M-ary PSK 수신기 구조를 보여준다. 결정변수 z_c와 z_s는 QPSK 수신기와 동일하게 출력되며, 심벌 결정 부분만 차이가 있다. 따라서 M-ary PSK 수신기에서 결정변수 z_c와 z_s는 각각 식 (3-3-8), 식 (3-3-9)와 동일하며, 다음을 만족한다.

$$z_c^2 + z_s^2 = E_s\left(\cos^2\theta_m + \sin^2\theta_m\right), \ m = 1, 2, \cdots, M \tag{3-3-11}$$

즉, 잡음이 없는 경우의 두 결정변수를 좌표로 나타내면, 좌표 (z_c, z_s)는 각도가 θ_m이면서 반지름이 $\sqrt{E_s}$인 원 위에 존재하는 M개의 점들이 된다.

그림 3-3-8은 8-ary PSK의 송수신 성상도를 비교한 것이다. 그림에서 ①번에 해당되는 점은 잡음이 없는 경우의 수신 성상도로써 송신 성상도와 동일하며, ②~④번은 잡음의 영향을 받은 수신 성상도를 의미한다. 이 중에서 ②번은 잡음이 발생했지만, 가장 가까운 심벌이 여전히 ①번인 경우이며, ③번과 ④번은 잡음으로 인해 ①번이 아닌 다른 심벌에 가까워져서 에러가 발생하는 경우이다.

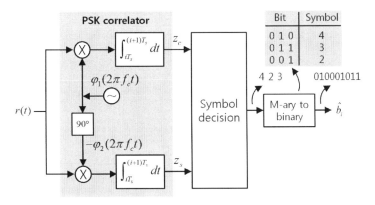

그림 3-3-7 M-ary PSK 수신기 구조

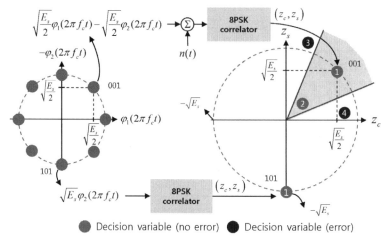

그림 3-3-8 8-ary PSK 송수신 성상도 비교

3.3.2 M-ary ASK

M-ary ASK 방식에서는 k개의 비트가 크기가 서로 다른 $M = 2^k$개의 심벌로 변환된다. 서로 다른 M개의 비트열은 맵핑 규칙에 따라 M개의 서로 다른 크기로 변환된다. 이때 M개의 심벌은 서로 다른 크기를 가지는 전송신호로 표현된다. 그림 3-3-9는 M-ary ASK 송신기 구조를 나타낸다. 전송되는 M-ary ASK 신호는 다음과 같다.

$$s_{MASK}(t) = A_m \sqrt{E_s/N_P}\, \varphi_1(2\pi f_c t), \quad 0 \le t \le T_s, \ m = 1, 2, \cdots, M \qquad (3\text{-}3\text{-}12)$$

여기서 N_P는 심벌당 평균 전력을 정규화하기 위한 상수이다. k개의 비트가 한 개의 심벌로 변환되기 때문에, $T_s = kT_b$가 된다. A_m는 m번째 심벌의 크기를 의미하며, $A_m \in \{\pm 1, \pm 3, \pm 5, \cdots, \pm(M-1)\}$의 크기를 갖는다. 이때 M에 상관없이 심벌당 평균

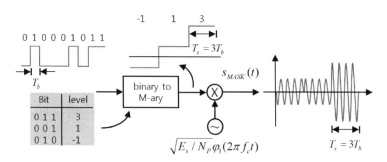

그림 3-3-9 M-ary ASK 송신기 구조

전력이 항상 일정한 값을 갖기 위한 N_P의 값은 다음과 같다.

$$N_P = \frac{2\left[1^2 + 3^2 + \cdots + (M-1)^2\right]}{M} = \frac{M^2 - 1}{3} \qquad (3\text{-}3\text{-}13)$$

그림 3-3-9에서 보듯이 M-ary ASK에서는 k에 비례하여 기지대역 펄스폭이 증가하여 결과적으로 전송 대역폭이 감소한다. 반대로 전송 대역폭을 BASK와 동일하게 유지한다면, k배 빠른 전송률을 얻을 수 있다. 수신신호가 $r(t) = s_{MASK}(t)$와 같이 잡음이 없는 경우를 고려한다. 그림 3-3-10과 같은 동기 검파 수신기를 사용한다면, 적분기 통과 후 결정변수 z_i는 다음과 같다.

$$z_i = A_m \sqrt{E_s/N_P} \int_{iT_s}^{(i+1)T_s} \varphi_1^2 (2\pi f_c t) dt \qquad (3\text{-}3\text{-}14)$$

$$= \frac{2A_m \sqrt{E_s/N_P}}{T_s} \int_{iT_s}^{(i+1)T_s} \cos^2 (2\pi f_c t) dt$$

$$= \frac{A_m \sqrt{E_s/N_P}}{T_s} \int_{iT_s}^{(i+1)T_s} \left[1 + \cos(4\pi f_c t)\right] dt$$

$$= A_m \sqrt{E_s/N_P}, \quad m = 1, 2, \cdots, M$$

잡음이 없는 경우 식 (3-3-12)와 같이 전송된 심벌에 따라서 전체 M개의 결정변수가 발생한다. 그림 3-3-10에서 보듯이 잡음이 섞여 수신된 결정변수 z_i는 정해진 심벌 결정 영역에 따라 가장 가까운 해당 심벌 번호 m으로 판단된다. 이후에 맵핑 규칙에 따라서 k개의 비트가 출력된다.

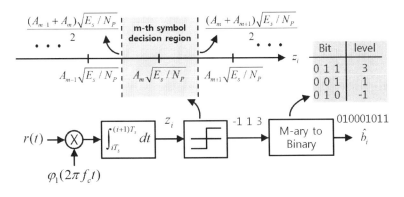

그림 3-3-10 M-ary ASK 수신기 구조

3.3.3 M-ary FSK

M-ary FSK 방식에서는 k개의 비트가 맵핑 규칙에 따라 주파수가 서로 다른 $M = 2^k$개의 심벌로 변환된다. 이때 M개의 심벌은 서로 다른 주파수를 가지는 직교 반송파로 표현된다.

$$s_{MFSK}(t) = \sqrt{E_s}\, \varphi_1(2\pi f_m t),\ 0 \le t \le T_s,\ m = 1,2,\cdots,M \tag{3-3-15}$$

M-ary FSK에서는 k가 커지면 할당되는 주파수 개수 $M = 2^k$가 지수적으로 증가하여 전송 대역폭이 지수적으로 증가하게 된다. 수신신호가 $r(t) = s_{MFSK}(t)$와 같이 잡음이 없는 경우를 고려한다. 그림 3-3-11과 같은 동기 검파 수신기를 사용한다면, 적분기 통과 후 n번째 가지에서의 결정변수 z_n은 다음과 같이 구해진다.

$$z_n = \sqrt{E_s} \int_{iT_s}^{(i+1)T_s} \varphi_1(2\pi f_m t)\varphi_1(2\pi f_n t)dt \tag{3-3-16}$$

$$= \frac{2\sqrt{E_s}}{T_s} \int_{iT_s}^{(i+1)T_s} \cos(2\pi f_m t)\cos(2\pi f_n t)dt$$

전송된 반송파의 주파수와 수신단 국부 반송파의 주파수가 일치하면, 결정변수 z_n은 다음과 같다. ($m = n$)

$$z_n = \frac{2\sqrt{E_s}}{T_s} \int_{iT_s}^{(i+1)T_s} \cos^2(2\pi f_n t)dt$$

$$= \frac{\sqrt{E_s}}{T_s} \int_{iT_s}^{(i+1)T_s} \left[1 + \cos(4\pi f_n t)\right]dt = \sqrt{E_s} \tag{3-3-17}$$

BFSK와 마찬가지로 전송된 반송파의 주파수와 수신단 국부 반송파의 주파수가 다른 경우 ($m \ne n$)에는 식 (3-3-16)의 값이 0이 되도록 주파수 f_m를 결정하게 된다. 이때 인접한 두 개의 서로 다른 반송파의 주파수는 다음을 만족해야 한다.

$$f_{m+1} - f_m = \frac{l}{T_s},\quad l = 1,2,\cdots \tag{3-3-18}$$

즉, M-ary FSK의 반송파 주파수가 식 (3-3-18)을 만족한다면, 식 (3-3-16)은 다음과 같이 정리된다. (①번)

$$z_n = \sqrt{E_s} \int_{iT_s}^{(i+1)T_s} \varphi_1(2\pi f_m t)\varphi_1(2\pi f_n t)dt = \begin{cases} \sqrt{E_s}, & m = n \\ 0, & m \ne n \end{cases} \tag{3-3-19}$$

그림 3-3-11에서 보듯이 전체 M개의 결정변수가 발생하며, 이중 최댓값이 발생하는 가지의 번호가 전송된 주파수(또는 심벌) 번호에 해당된다(②번). 즉, 잡음이 없다면 $m = n$인 가지에서 최댓값이 발생한다. 이를 식으로 표현하면, 다음과 같다.

$$\hat{m} = \underset{1 \leq n \leq M}{\arg \max} \{z_n\} \tag{3-3-20}$$

위와 같이 해당 심벌 번호가 결정되면 맵핑 규칙에 따라서 k개의 비트가 출력된다.

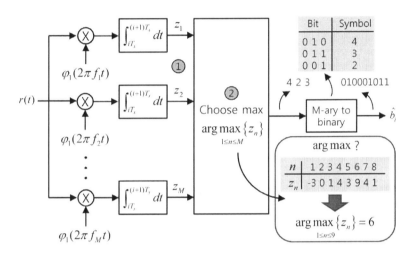

그림 3-3-11 M-ary FSK 수신기 구조

3.3.4 QAM

QAM(Quadrature Amplitude Modulation)은 독립된 2개의 반송파인 동위상 반송파와 직교위상 반송파의 크기와 위상을 동시에 조정하여 데이터를 전송하는 변조 방식으로 ASK와 PSK를 혼합한 형태이다. 전송신호는 다음과 같다.

$$s_{QAM}(t) = \sqrt{E_s/N_P}\, A_m \varphi_1(2\pi f_c t) \tag{3-3-21}$$
$$- \sqrt{E_s/N_P}\, B_m \varphi_2(2\pi f_c t), \ m = 1,2,\cdots,\sqrt{M}$$

여기서 A_m와 B_m는 각각 심벌의 동위상 및 직교위상 반송파의 크기를 의미하며, $A_m, B_m \in \{\pm 1, \pm 3, \pm 5, \cdots, \pm(\sqrt{M}-1)\}$의 값을 갖는다. QAM의 경우 전력 정규화 상수 N_P는 다음의 값을 갖는다.

$$N_P = \frac{4[1^2 + 3^2 + \cdots + (\sqrt{M}-1)^2]}{\sqrt{M}} = \frac{2(M-1)}{3} \tag{3-3-22}$$

위에서 보듯이 동위상 및 직교위상 각각 $\sqrt{M}$ 개의 크기가 존재하므로, 식 (3-3-21)로 표현되는 QAM 전송신호의 개수는 $\sqrt{M} \times \sqrt{M} = M$임을 알 수 있다. 그림 3-3-12는 16QAM 송신기 구조를 보여준다. 16QAM의 경우 식 (3-3-22)로부터 $N_P = 10$이 된다. 그림에서 전송 데이터 $b_p(t)$는 S/P 변환을 통해 홀수 번째 데이터는 $b_1(t)$, 짝수 번째 데이터는 $b_2(t)$가 된다. $b_1(t)$와 $b_2(t)$의 연속된 두 비트는 ①번의 규칙에 따라 4개의 레벨 중 하나로 맵핑되어 각각 동위상 반송파와 직교위상 반송파에 실려 전송된다. 따라서 최종 전송되는 심벌 한 개가 만들어지려면 $b_p(t)$에서 연속된 4개 비트가 필요하다. 대역폭을 2QAM(BPSK)과 동일하게 유지한다면, 4배 빠른 전송률을 얻을 수 있다. 또한 동위상 반송파와 직교위상 반송파의 크기를 독립적으로 조정하기 때문에, 그림 3-3-12에서와 같이 QAM의 성상도는 바둑판 모양이 된다.

QAM 수신기는 그림 3-3-7의 M-ary PSK와 동일한 구조를 갖는다. 수신단에서 $r(t) = s_{QAM}(t)$와 같이 잡음이 없는 경우를 고려한다. 그림 3-3-7의 구조를 참고하면, QAM 수신기의 결정변수 z_c와 z_s는 다음과 같이 구해진다.

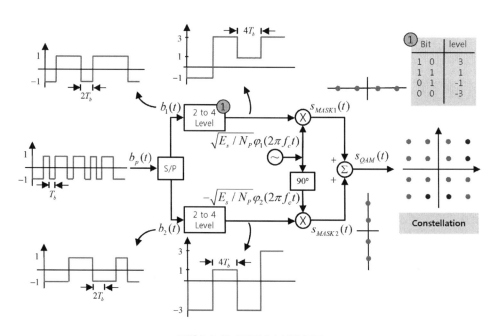

그림 3-3-12 16QAM 송신기 구조

$$z_c = \sqrt{E_s/N_P} \int_{iT_s}^{(i+1)T_s} \left[A_m \varphi_1(2\pi f_c t) - B_m \varphi_2(2\pi f_c t) \right] \varphi_1(2\pi f_c t) dt \qquad (3\text{-}3\text{-}23)$$

$$= \frac{\sqrt{E_s/N_P}}{T_s} A_m \int_{iT_s}^{(i+1)T_s} \left[1 + \cos(4\pi f_c t) \right] dt - \frac{\sqrt{E_s/N_P}}{T_s} B_m \int_{iT_s}^{(i+1)T_s} \sin(4\pi f_c t) dt$$

$$= A_m \sqrt{E_s/N_P}, \ \ m = 1, 2, \cdots, \sqrt{M}$$

$$z_s = -\sqrt{E_s/N_P} \int_{iT_s}^{(i+1)T_s} \left[A_m \varphi_1(2\pi f_c t) - B_m \varphi_2(2\pi f_c t) \right] \varphi_2(2\pi f_c t) dt \qquad (3\text{-}3\text{-}24)$$

$$= -\frac{\sqrt{E_s/N_P}}{T_s} A_m \int_{iT_s}^{(i+1)T_s} \sin(4\pi f_c t) dt + \frac{\sqrt{E_s/N_P}}{T_s} B_m \int_{iT_s}^{(i+1)T_s} \left[1 - \cos(4\pi f_c t) \right] dt$$

$$= B_m \sqrt{E_s/N_P}, \ \ m = 1, 2, \cdots, \sqrt{M}$$

즉, 잡음이 없는 경우 두 결정변수의 좌표는 바둑판 모양의 M개의 점들이 되며, 송신 성상도와 동일하다.

그림 3-3-13에서 ①번은 잡음이 없는 경우의 수신 성상도이며, ②~④번이 잡음이 섞여 수신된 신호의 성상도이다. 이 중에서 ②번은 잡음이 발생했지만, 가장 가까운 심벌이 여전히 ①번인 경우이며, ③번과 ④번은 잡음으로 인해 ①번이 아닌 다른 심벌에 가까워져서 에러가 발생하는 경우이다.

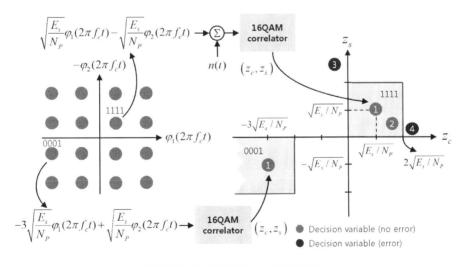

그림 3-3-13 16QAM 송수신 성상도 비교

①번은 가산 잡음 $n(t)$가 없는 경우 16QAM 방식의 수신 성상도를 보여준다. ②번과 같이 가산 잡음
이 발생하면 ①번을 기준으로 성상도가 퍼지는 현상이 발생한다. ③번과 같이 잡음이 크기가 커지게
되면 수신된 결정변수들이 서로의 심벌 결정영역을 넘어가는 경우가 발생한다.

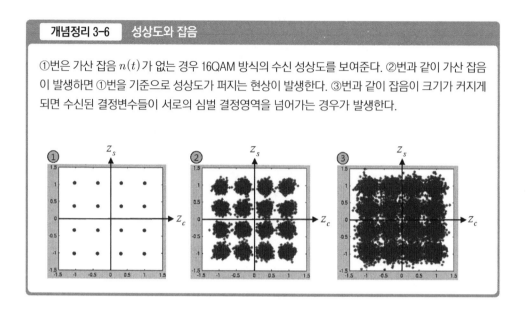

3.4 AWGN 환경에서 디지털 변조 비트 에러율

통신 시스템에서 수신신호 $r(t)$는 송신신호 $s(t)$와 수신기에서 발생하는 원치 않는 잡음
$n(t)$로 구성된다. 이절에서 고려하는 가산 잡음은 신호에 더해져 수신단 결정변수의 크
기와 부호까지 변화시키며, 이로 인해 비트 에러를 발생시킨다. 전송된 총 비트 수에 대한
에러가 발생한 비트 수의 비율을 비트 에러율(Bit Error Rate, BER)이라고 한다. 비트 에러
율은 디지털 통신 시스템의 품질 평가에 주로 사용되는 중요한 방법 중 하나이다.

3.4.1 AWGN

열 잡음(thermal noise)은 통신 시스템에서 기본적으로 발생하여 수신신호에 영향을 주는
잡음으로 제거가 불가능하다. 열 잡음은 AWGN(Additive White Gaussian Noise)이라는
특징을 가진다. AWGN은 신호에 더해지는(additive) 형태로 $10^{12}\,\mathrm{Hz}$ 주파수 대역까지 동
일한(white) 전력스펙트럼밀도를 가지며, 확률밀도함수(Probability Density Function,
PDF)가 가우시안(Gaussian) 분포인 잡음을 의미한다. AWGN을 백색(white) 잡음이라고
도 하는데, 이는 AWGN에 모든 주파수 성분이 다 포함되어 있음을 뜻한다.

①번과 같이 정상적인 주사위를 던져서 눈의 수 X가 발생할 확률 $\Pr[X=x]$을 그림으로 나타내면 ②번과 같이 모든 눈의 수에 대하여 1/6이 된다. 이때 X를 확률변수 또는 랜덤변수(random variable) 라 하고, ②번의 $f(x)=\Pr[X=x]$를 X의 확률밀도함수라 한다. 주로 저항성 소자에서 발생되는 열 잡음 $n(t)$는 ③번과 같이 예측이 불가능한 불규칙 신호로 표현된다. 이를 확률변수 N으로 표현할 때, N의 확률밀도함수 $f(n)=\Pr[N=n]$은 ④번과 같이 0을 중심으로 양의 잡음과 음의 잡음이 동일한 확률로 발생하는 가우시안 분포를 가진다.

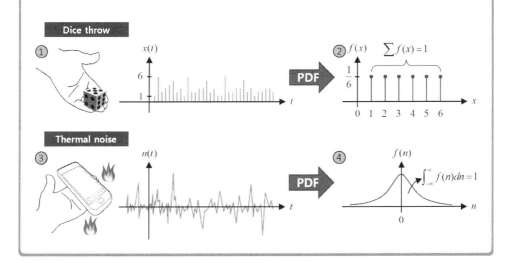

그림 3-4-1은 AWGN의 확률밀도함수를 개념적으로 설명한 것이다. 열 잡음은 대표적인 AWGN으로써 온도상승에 비례하여 동작전원 $\pm5\,V$를 기준으로 신호 크기를 랜덤하게 변화시킨다. 통신 시스템의 수신단에서는 이러한 AWGN $n(t)$가 반드시 더해지며, $x(t)=\pm5+n(t)$의 형태가 된다. AWGN $n(t)$는 평균이 $E[n(t)]=0$이고 분산이 $E[|n(t)|^2]=N_0/2$인 가우시안 분포를 가진다. 따라서 잡음이 더해진 신호 $x(t)$는 평균이 $E[x(t)]=\pm5$이고 분산이 $E[|x(t)|^2]=E[|n(t)|^2]=N_0/2$인 가우시안 분포가 된다.

그림 3-4-2는 AWGN의 전력스펙트럼밀도를 보여준다. 우선 아래와 같이 정의되는 잡음 $n(t)$의 자기상관을 살펴본다.

$$R_n(\tau)=E[n(t)n(t+\tau)]=\frac{N_0}{2}\delta(\tau)=\begin{cases}\dfrac{N_0}{2}, & \tau=0 \\ 0, & \tau\neq0\end{cases} \tag{3-4-1}$$

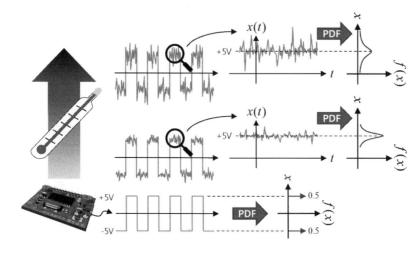

그림 3-4-1 AWGN의 확률밀도함수

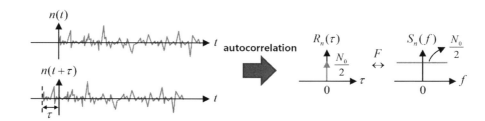

그림 3-4-2 AWGN의 전력스펙트럼밀도

여기서 N_0는 온도에 따라 변하는 상수값이다. 따라서 잡음의 전력스펙트럼밀도는 모든 주파수에서 다음과 같이 정의된다.

$$S_n(f) = F[R_n(\tau)] = \int_{-\infty}^{\infty} \frac{N_0}{2}\delta(t)e^{-j2\pi ft}dt = \frac{N_0}{2}\int_{-\infty}^{\infty}\delta(t)e^{-j2\pi ft}dt = \frac{N_0}{2} \quad (3\text{-}4\text{-}2)$$

여기서 전력스펙트럼밀도의 단위는 주파수당 전력이므로 $N_0/2$[W/Hz]로 정의되며, 이를 양측 전력스펙트럼밀도라고 한다.

그림 3-4-3은 BPSK 신호와 AWGN이 더해진 수신신호 $r(t) = s(t) + n(t)$의 전력스펙트럼 밀도를 보여준다. 그림 3-4-3의 수신기 구조는 그림 3-2-3의 BPSK 수신기 구조에서 ③번과 같이 원하는 주파수 대역 $|f - f_c| \leq B$만 통과시키는 BPF가 추가된 것이다. ②③번의 스펙트럼은 양의 주파수만 나타낸 것으로, 실제로는 $f = 0$를 기준으로 음의 주파수에서도 대칭으로 발생한다. ④번은 수신신호의 전력스펙트럼밀도로써 ②번이 송신단 BPF(③번)

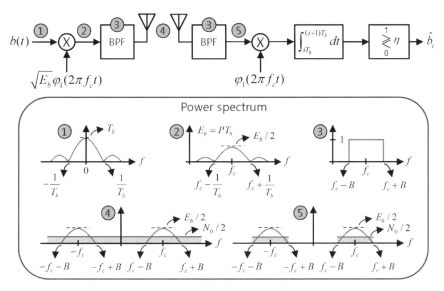

그림 3-4-3 수신단에서의 비트에너지대잡음비

를 통과한 후의 전력스펙트럼밀도와 식 (3-4-2)의 잡음 전력스펙트럼밀도의 합으로 표현된다. 수신단 BPF 통과 후에는 ⑤번과 같이 대역이 제한되며, 반송파 복원 후에는 기저대역 신호가 복원된다. 이 신호가 적분기 또는 LPF를 통과하면 $|f| \leq B$내의 주파수 성분만 추출된다. ⑤번에서 잡음의 경우도 통신 주파수 대역으로 제한되는데, 이를 대역통과 AWGN 이라고 한다. 그림에서 신호의 비트 에너지 $E_b = PT_b$와 잡음의 전력 N_0의 비인 E_b/N_0를 비트에너지대잡음비라고 하며, E_b/N_0 값에 따라 수신기의 성능이 결정된다.

3.4.2 ASK 비트 에러율

BASK 방식에서는 식 (3-2-16)으로 표현되는 전송신호에 AWGN $n(t)$가 더해져서 수신된다고 가정한다. 전송된 비트 정보에 따라 수신신호는 다음과 같이 표현된다.

$$r(t) = \begin{cases} \sqrt{2E_b}\,\varphi_1(2\pi f_c t) + n(t), & 0 \leq t \leq T_b \ (\text{binary}\,1) \\ n(t), & 0 \leq t \leq T_b \ (\text{binary}\,0) \end{cases} \tag{3-4-3}$$

식 (3-4-3)에서 정의된 두 수신신호의 상관기 출력값 z_i는 다음과 같다. (3.2.2절 참조)

$$z_i = \begin{cases} \sqrt{2E_b} + n_0, & (\text{binary}\,1) \\ n_0, & (\text{binary}\,0) \end{cases} \tag{3-4-4}$$

여기서 n_0는 식 (3-2-14)와 동일하다. 잡음 $n(t)$의 평균 $E[n(t)] = 0$임을 이용하면, n_0의 평균은 다음과 같다.

$$E[n_0] = E\left[\sqrt{\frac{2}{T_b}} \int_{iT_b}^{(i+1)T_b} n(t)\cos(2\pi f_c t)dt\right] \tag{3-4-5}$$

$$= \sqrt{\frac{2}{T_b}} \int_{iT_b}^{(i+1)T_b} E[n(t)]\cos(2\pi f_c t)dt = 0$$

위에서 $E[n_0] = 0$이므로, 분산은 다음과 같다.

$$\sigma^2 = E[|n_0|^2] = E\left[\left|\sqrt{\frac{2}{T_b}} \int_{iT_b}^{(i+1)T_b} n(t)\cos(2\pi f_c t)dt\right|^2\right] \tag{3-4-6}$$

$$= E\left[\frac{2}{T_b} \int_{iT_b}^{(i+1)T_b}\int_{iT_b}^{(i+1)T_b} n(t)n(\tau)\cos(2\pi f_c t)\cos(2\pi f_c \tau)dtd\tau\right]$$

잡음 $n(t)$의 분산 $E[|n(t)|^2] = N_0/2$을 이용하면, n_0의 분산은 다음이 같이 구해진다.

$$\sigma^2 = \frac{2}{T_b} \int_{iT_b}^{(i+1)T_b}\int_{iT_b}^{(i+1)T_b} E[n(t)n(\tau)]\cos(2\pi f_c t)\cos(2\pi f_c \tau)dtd\tau \tag{3-4-7}$$

$$= \frac{2}{T_b} \int_{iT_b}^{(i+1)T_b}\int_{iT_b}^{(i+1)T_b} \frac{N_0}{2}\delta(t-\tau)\cos(2\pi f_c t)\cos(2\pi f_c \tau)dtd\tau$$

$$= \frac{N_0}{T_b} \int_{iT_b}^{(i+1)T_b} \cos^2(2\pi f_c t)dt = \frac{N_0}{2T_b} \int_{iT_b}^{(i+1)T_b} [1+\cos(4\pi f_c t)]dt = \frac{N_0}{2}$$

그림 3-4-4는 잡음이 없는 경우 상관기 출력값의 확률밀도함수를 나타낸 것이다. 그림에서 보듯이 두 개의 상관기 출력값이 각각 1/2의 확률로 발생한다. 그림 3-4-5는 잡음 $n(t)$만 수신되는 경우 상관기 출력값의 확률밀도함수를 나타낸 것이다. 이러한 수신기 구조에서는 식 (3-4-6)에서 살펴보았듯이, 잡음 $n(t)$는 상관기 통과 후에도 마찬가지로 평균이 0이고, 분산이 σ^2인 확률밀도함수를 가진다. 이 경우 상관기 출력값은 $z_i = n_0$가 되며, 다음의 확률밀도함수를 가진다.

$$f_0(z) = \frac{1}{\sqrt{2\pi\sigma^2}} e^{-\frac{z^2}{2\sigma^2}} \tag{3-4-8}$$

그림 3-4-6은 전송신호에 잡음 $n(t)$가 더해져 수신되는 경우 상관기 출력값의 확률밀도함수를 나타낸 것이다. 이 경우 상관기 출력값은 $z_i = \sqrt{2E_b} + n_0 = m_1 + n_0$가 되며, 확률

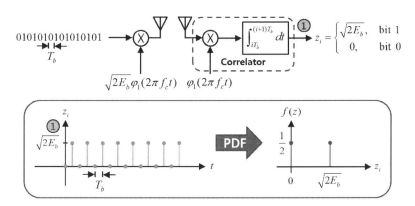

그림 3-4-4 잡음이 없는 경우 BASK 상관기 출력의 확률밀도함수

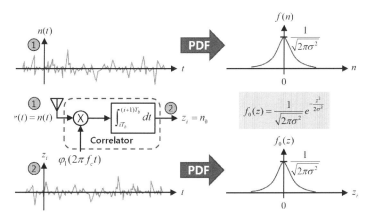

그림 3-4-5 잡음만 수신될 경우 BASK 상관기 출력의 확률밀도함수

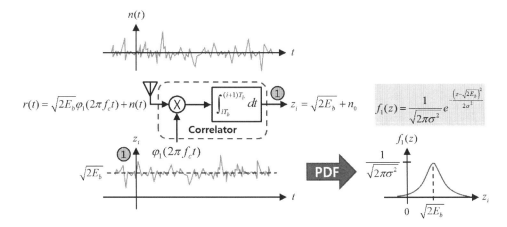

그림 3-4-6 신호에 잡음 더해져 수신될 경우 BASK 상관기 출력의 확률밀도함수

밀도함수는 다음과 같다.

$$f_1(z) = \frac{1}{\sqrt{2\pi\sigma^2}} e^{-\frac{(z-m_1)^2}{2\sigma^2}} \tag{3-4-9}$$

이 분포의 의미는 잡음이 없다면 상관기 출력값은 항상 양의 값이 되지만, 부호와 크기를 알 수 없는 잡음 n_0가 더해지면 상관기 출력값이 그림 3-4-6에 주어진 확률밀도함수에 따라 음의 값으로 발생될 수 있음을 뜻한다.

그림 3-4-7은 그림 3-4-5와 그림 3-4-6의 두 분포를 함께 도시한 것이다. 두 확률밀도함수 값이 같아지는 z_i가 전송 비트를 결정하는 임계치 η가 된다. BASK의 전송 비트 결정 임계치는 그림 3-4-4의 두 결정변수의 중간값인 $\eta = \sqrt{2E_b}/2$가 된다. 따라서 전송된 비트에 대하여 에러가 발생할 확률은 다음과 같이 두 가지 경우가 존재한다. 첫 번째는 송신단에서 "1"을 전송하였는데, 수신단에서 "0"으로 판단하는 경우로써 비트 에러율은 다음과 같이 표현된다. (①번 면적)

$$\Pr[1 \rightarrow 0] = \int_{-\infty}^{\eta} f_1(z) dz \tag{3-4-10}$$

두 번째로는 송신단에서 "0"을 전송하였는데, 수신단에서 "1"로 판단하는 경우로써 비트 에러율은 다음과 같다. (②번 면적)

$$\Pr[0 \rightarrow 1] = \int_{\eta}^{\infty} f_0(z) dz \tag{3-4-11}$$

그림 3-4-4에서 보듯이 비트 "0"과 "1"이 전송될 확률이 각각 1/2이므로, 전체 비트 에러율

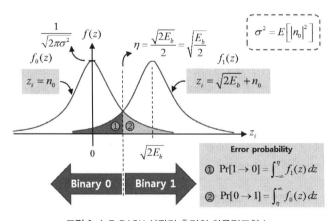

그림 3-4-7 BASK 상관기 출력의 확률밀도함수

은 다음과 같이 구해진다.

$$P_e = \frac{1}{2}\Pr[1\to 0] + \frac{1}{2}\Pr[0\to 1] = \frac{1}{2}\int_{-\infty}^{\eta} f_1(z)dz + \frac{1}{2}\int_{\eta}^{\infty} f_0(z)dz \qquad (3\text{-}4\text{-}12)$$

여기서 $\Pr[1\to 0]$ 은 다음과 같이 표현된다.

$$\Pr[1\to 0] = \int_{-\infty}^{\sqrt{E_b/2}} \frac{1}{\sqrt{2\pi\sigma^2}} e^{-\frac{(z-\sqrt{2E_b})^2}{2\sigma^2}} dz \qquad (3\text{-}4\text{-}13)$$

위의 식에서 $v = (z - \sqrt{2E_b})/\sigma$로 변수 치환하여 정리하면 다음을 얻는다.

$$\Pr[1\to 0] = \int_{-\infty}^{-\sqrt{E_b}/(\sqrt{2}\,\sigma)} \frac{1}{\sqrt{2\pi\sigma^2}} e^{-\frac{v^2}{2}} \sigma dv \qquad (3\text{-}4\text{-}14)$$

$$= \int_{-\infty}^{-\sqrt{E_b}/(\sqrt{2}\,\sigma)} \frac{1}{\sqrt{2\pi}} e^{-\frac{v^2}{2}} dv = \int_{\sqrt{E_b}/(\sqrt{2}\,\sigma)}^{\infty} \frac{1}{\sqrt{2\pi}} e^{-\frac{v^2}{2}} dv = Q\left(\frac{\sqrt{E_b}}{\sqrt{2}\,\sigma}\right)$$

여기서 $Q(x)$는 다음과 같이 정의되는 Q 함수이다.

$$Q(x) = \int_x^{\infty} \frac{1}{\sqrt{2\pi}} e^{-\frac{v^2}{2}} dv = \frac{1}{2}\left(\frac{2}{\sqrt{\pi}}\int_{x/\sqrt{2}}^{\infty} e^{-v^2} dv\right) = \frac{1}{2}\,\mathrm{erfc}\left(\frac{x}{\sqrt{2}}\right) \qquad (3\text{-}4\text{-}15)$$

식 (3-4-7)에서 $\sigma^2 = N_0/2$이므로 다음을 얻는다.

$$\Pr[1\to 0] = Q\left(\frac{\sqrt{E_b}}{\sqrt{2}\,\sigma}\right) = Q\left(\sqrt{\frac{E_b}{N_0}}\right) = \frac{1}{2}\,\mathrm{erfc}\left(\sqrt{\frac{E_b}{2N_0}}\right) \qquad (3\text{-}4\text{-}16)$$

개념정리 3-8   Q 함수

①번은 평균이 0이고 분산이 1인 가우시안 확률분포밀도이다. Q 함수는 ②번의 면적에 해당하는 확률 값으로 정의된다. ②번과 ③번의 면적이 같으므로, $1 - Q(-x) = Q(x)$를 얻는다. ④번에서 정의된 에러 함수(error function)와 ⑤번과 같은 관계를 가진다.

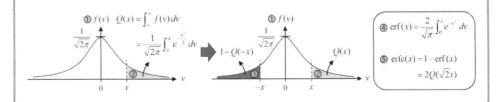

여기서 E_b/N_0는 비트에너지대잡음비이다. 그림 3-4-7에서 보듯이 두 확률밀도함수 $f_0(z)$와 $f_1(z)$는 $\eta = \sqrt{E_b/2}$을 기준으로 대칭이므로 $\Pr[1\rightarrow0]$과 $\Pr[0\rightarrow1]$은 같다. 따라서 전체 비트 에러율 P_e는 식 (3-4-16)과 동일하다.

3.4.3 PSK 비트 에러율

(1) BPSK

BPSK 방식에서는 식 (3-2-3)으로 표현되는 전송신호에 $n(t)$가 더해져서 수신된다고 가정한다. 전송된 비트 정보에 따라 다음과 같은 수신신호를 얻는다.

$$r(t) = \begin{cases} \sqrt{E_b}\,\varphi_1(2\pi f_c t) + n(t), & 0 \le t \le T_b \ (\text{binary}\,1) \\ -\sqrt{E_b}\,\varphi_1(2\pi f_c t) + n(t), & 0 \le t \le T_b \ (\text{binary}\,0) \end{cases} \tag{3-4-17}$$

식 (3-4-17)에서 정의된 두 신호의 상관기 출력값 z_i는 다음과 같다. (3.2.1절 참조)

$$z_i = \begin{cases} \sqrt{E_b} + n_0, & (\text{binary}\,1) \\ -\sqrt{E_b} + n_0, & (\text{binary}\,0) \end{cases} \tag{3-4-18}$$

그림 3-4-8은 잡음이 없는 경우 BPSK 상관기 출력값의 확률밀도함수를 나타낸 것이다. 그림에서 보듯이 두 가지 상관기 출력값이 각각 1/2의 확률로 발생한다.

비트 "0"이 전송된 경우 수신단 상관기 출력값은 $z_i = -\sqrt{E_b} + n_0 = m_2 + n_0$가 되며, 다

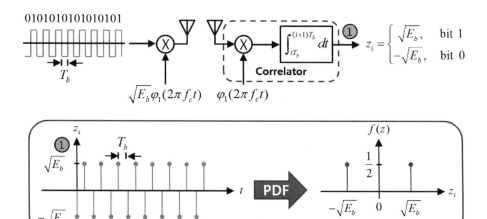

그림 3-4-8 잡음이 없는 경우 BPSK 상관기 출력의 확률밀도함수

음의 확률밀도함수를 가진다.

$$f_0(z) = \frac{1}{\sqrt{2\pi\sigma^2}} e^{-\frac{(z-m_2)^2}{2\sigma^2}} \tag{3-4-19}$$

송신단에서 비트 "1"이 전송된 경우 수신단 상관기 출력값은 $z_i = \sqrt{E_b} + n_0 = m_3 + n_0$ 가 되며, 식 (3-4-19)의 확률밀도함수와 동일하다.

그림 3-4-9는 BPSK의 두 분포를 함께 도시한 것이다. 그림에서 보듯이 두 확률밀도함수 값이 같아지는 비트 결정 임계치는 그림 3-4-8의 두 결정변수의 중간값인 $\eta = 0$가 된다. 따라서 ①번 면적에 해당하는 비트 에러가 발생할 확률은 다음과 같이 표현된다.

$$\Pr[1 \to 0] = \int_{-\infty}^{0} \frac{1}{\sqrt{2\pi\sigma^2}} e^{-\frac{(z-\sqrt{E_b})^2}{2\sigma^2}} dz \tag{3-4-20}$$

위의 식에서 $v = \left(z - \sqrt{E_b}\right)/\sigma$로 변수 치환하여 정리하면 다음을 얻는다.

$$\Pr[1 \to 0] = \int_{-\infty}^{-\sqrt{E_b}/\sigma} \frac{1}{\sqrt{2\pi\sigma^2}} e^{-\frac{v^2}{2}} \sigma dv = \int_{-\infty}^{-\sqrt{E_b}/\sigma} \frac{1}{\sqrt{2\pi}} e^{-\frac{v^2}{2}} dv \tag{3-4-21}$$

$$= \int_{\sqrt{E_b}/\sigma}^{\infty} \frac{1}{\sqrt{2\pi}} e^{-\frac{v^2}{2}} dv = Q\left(\frac{\sqrt{E_b}}{\sigma}\right) = Q\left(\sqrt{\frac{2E_b}{N_0}}\right) = \frac{1}{2} \text{erf c}\left(\sqrt{\frac{E_b}{N_0}}\right)$$

마찬가지로 ②번 면적에 해당하는 비트 에러가 발생할 확률은 다음과 같다.

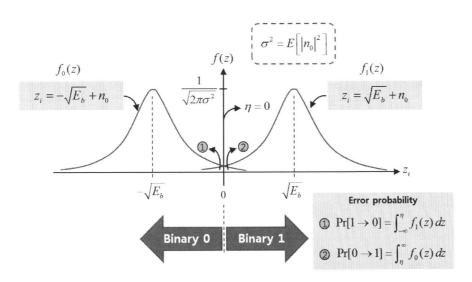

그림 3-4-9 BPSK 상관기 출력의 확률밀도함수

$$\Pr[0 \to 1] = \int_0^\infty \frac{1}{\sqrt{2\pi\sigma^2}} e^{-\frac{(z+\sqrt{E_b})^2}{2\sigma^2}} dz = Q\left(\sqrt{\frac{2E_b}{N_0}}\right) \tag{3-4-22}$$

그림 3-4-9에서 보듯이 두 확률밀도함수 $f_0(z)$와 $f_1(z)$는 $\eta = 0$을 기준으로 대칭이므로 $\Pr[1 \to 0]$과 $\Pr[0 \to 1]$은 같다. 따라서 전체 비트 에러율 P_e는 식 (3-4-21)과 동일하다. 동기식 BASK 방식을 설명한 그림 3-4-7과 비교하였을 때 ①②번에 해당하는 면적이 작아짐을 알 수 있으며, 이는 비트 에러율이 낮아짐을 의미한다. 그 이유는 잡음이 없을 경우 두 상관기 출력값 사이의 거리가 BPSK 방식이 더 멀리 떨어져 있기 때문이다. 즉, 동일한 잡음 환경에서 영향을 덜 받게 된다.

(2) QPSK

QPSK 방식에서는 식 (3-3-3)으로 표현되는 전송신호에 $n(t)$가 다음과 같이 더해진다.

$$\begin{aligned}
r(t) = &\sqrt{E_s} \cos\theta_m \varphi_1(2\pi f_c t) \\
&- \sqrt{E_s} \sin\theta_m \varphi_2(2\pi f_c t) + n(t), \ m = 1,2,3,4
\end{aligned} \tag{3-4-23}$$

그림 3-3-4와 같은 동기 검파 수신기를 사용한다면, 적분기 통과 후 결정변수 z_c와 z_s는 각각 다음과 같다. (3.3.1절 참조)

$$\begin{aligned}
z_c = &\int_{iT_s}^{(i+1)T_s} \left[\sqrt{E_s} \cos\theta_m \varphi_1(2\pi f_c t) \right. \\
&\left. - \sqrt{E_s} \sin\theta_m \varphi_2(2\pi f_c t) + n(t) \right] \varphi_1(2\pi f_c t) dt \\
= &\sqrt{E_s} \cos\theta_m + \sqrt{\frac{2}{T_s}} \int_{iT_s}^{(i+1)T_s} n(t)\cos(2\pi f_c t) dt = \pm\sqrt{\frac{E_s}{2}} + n_{i1}
\end{aligned} \tag{3-4-24}$$

$$\begin{aligned}
z_s = &-\int_{iT_s}^{(i+1)T_s} \left[\sqrt{E_s} \cos\theta_m \varphi_1(2\pi f_c t) \right. \\
&\left. - \sqrt{E_s} \sin\theta_m \varphi_2(2\pi f_c t) + n(t) \right] \varphi_2(2\pi f_c t) dt \\
= &\sqrt{E_s} \sin\theta_m + \sqrt{\frac{2}{T_s}} \int_{iT_s}^{(i+1)T_s} n(t)\sin(2\pi f_c t) dt = \pm\sqrt{\frac{E_s}{2}} + n_{i2}
\end{aligned} \tag{3-4-25}$$

먼저 홀수 번째 비트에 대한 결정변수 z_c를 살펴본다. 잡음 $n(t)$의 평균이 $E[n(t)] = 0$이므로 $E[n_{i1}] = 0$이 된다. 반면에 n_{i1}의 분산은 식 (3-4-7)을 참고하면 다음과 같이 구해진다.

$$E\left[\,|n_{i1}|^2\,\right] = E\left[\,\left|\,\sqrt{\frac{2}{T_s}}\int_{iT_s}^{(i+1)T_s} n(t)\cos\left(2\pi f_c t\right)dt\,\right|^2\,\right] \tag{3-4-26}$$

$$= \frac{2}{T_s}\int_{iT_s}^{(i+1)T_s}\int_{iT_s}^{(i+1)T_s} E\left[n(t)n(\tau)\right]\cos\left(2\pi f_c t\right)\cos\left(2\pi f_c \tau\right)dtd\tau$$

$$= \frac{2}{T_s}\int_{iT_s}^{(i+1)T_s}\int_{iT_s}^{(i+1)T_s}\frac{N_0}{2}\delta(t-\tau)\cos\left(2\pi f_c t\right)\cos\left(2\pi f_c \tau\right)dtd\tau$$

$$= \frac{N_0}{T_s}\int_{iT_s}^{(i+1)T_s}\cos^2\left(2\pi f_c t\right)dt = \frac{N_0}{2T_s}\int_{iT_s}^{(i+1)T_s}\left[1+\cos\left(4\pi f_c t\right)\right]dt = \frac{N_0}{2}$$

식 (3-4-26)에서 구한 QPSK의 잡음 분산값은 BPSK의 잡음 분산값인 $\sigma^2 = N_0/2$와 동일하다. 또한 QPSK 방식에서는 $E_b = 2E_b$이므로, 결정변수는 $z_c = \pm\sqrt{E_b} + n_{i1}$으로 표현된다. 즉, 결정변수 z_c의 확률밀도함수는 BPSK의 경우와 같게 된다. 짝수 번째 비트에 대한 결정변수 z_s에 대해서도 $z_s = \pm\sqrt{E_b} + n_{i2}$가 얻어지며, n_{i2}의 분산도 $\sigma^2 = N_0/2$가 된다. 결과적으로 홀수 번째와 짝수 번째 비트에 대한 비트 에러율은 모두 식 (3-4-21)과 동일하므로, QPSK의 비트 에러율은 BPSK와 같다.

개념정리 3-9 **대역통과 AWGN**

대역통과 AWGN은 $n(t) = \sqrt{2}\,n_c(t)\cos\left(2\pi f_c t\right) - \sqrt{2}\,n_s(t)\sin\left(2\pi f_c t\right)$와 같이 기저대역 AWGN $n_c(t)$와 $n_s(t)$를 QPSK 변조한 형태로 표현된다. ①번에서와 같이 기저대역 AWGN $n_c(t)$와 $n_s(t)$는 평균이 0이고 전력스펙트럼밀도가 $N_0/2$이다. 통과대역 AWGN이 더해진 QPSK 수신신호는 다음과 같이 표현된다.

$$r(t) = \left[\,\sqrt{2P}\cos\theta_m + \sqrt{2}\,n_c(t)\,\right]\cos\left(2\pi f_c t\right) - \left[\,\sqrt{2P}\sin\theta_m + \sqrt{2}\,n_s(t)\,\right]\sin\left(2\pi f_c t\right)$$

대역통과 AWGN $n(t)$는 통신 주파수 대역인 $|f-f_c| \leq B$에서만 수신기에 영향을 주므로, ②번과 같은 양측 전력스펙트럼밀도를 갖는다.

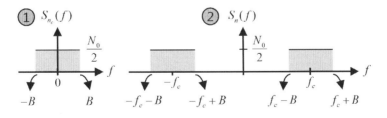

3.4.4 FSK 비트 에러율

BFSK 방식에서는 식 (3-2-25)로 표현되는 전송신호에 잡음 $n(t)$가 다음과 같이 더해진다.

$$r(t) = \begin{cases} \sqrt{E_b}\, \varphi_1(2\pi f_1 t) + n(t), & 0 \leq t \leq T_b \text{ (binary 1)} \\ \sqrt{E_b}\, \varphi_1(2\pi f_2 t) + n(t), & 0 \leq t \leq T_b \text{ (binary 0)} \end{cases} \tag{3-4-27}$$

따라서, 결정변수 z_i는 전송된 비트에 따라서 아래와 같이 두 가지 값을 가지게 된다. (3.2.3절 참조)

$$z_i = \begin{cases} \sqrt{E_b} + n_1, & \text{(binary 1)} \\ -\sqrt{E_b} + n_1, & \text{(binary 0)} \end{cases} \tag{3-4-28}$$

그림 3-2-8의 BFSK 동기 수신기 구조로부터 잡음 n_1은 다음과 같은 형태로 표현된다.

$$n_1 = \int_{iT_b}^{(i+1)T_b} n(t)\, \varphi_1(2\pi f_1 t) dt - \int_{iT_b}^{(i+1)T_b} n(t)\, \varphi_1(2\pi f_2 t) dt \tag{3-4-29}$$

여기서 n_1의 평균은 다음과 같다

$$E[n_1] = \int_{iT_b}^{(i+1)T_b} E[n(t)]\, \varphi_1(2\pi f_1 t) dt$$
$$- \int_{iT_b}^{(i+1)T_b} E[n(t)]\, \varphi_1(2\pi f_2 t) dt = 0 \tag{3-4-30}$$

그리고 n_1의 분산은 식 (3-4-7)의 두 배인 $E\big[|n_1|^2\big] = 2\sigma^2 = N_0$가 된다. [부록 A-8 참조]

송신단에서 비트 "0"이 전송된 경우 수신단 상관기 출력값의 확률밀도함수는 다음과 같다.

$$f_0(z) = \frac{1}{\sqrt{4\pi\sigma^2}} e^{-\frac{(z-m_2)^2}{4\sigma^2}} \tag{3-4-31}$$

여기서 $m_2 = -\sqrt{E_b}$ 이다. 반면에 송신단에서 비트 "1"이 전송된 경우 수신단 상관기 출력값의 확률밀도함수는 다음의 형태가 된다.

$$f_1(z) = \frac{1}{\sqrt{4\pi\sigma^2}} e^{-\frac{(z-m_3)^2}{4\sigma^2}} \tag{3-4-32}$$

여기서 $m_3 = \sqrt{E_b}$ 이다. 그림 3-4-10은 BFSK의 두 분포를 함께 나타낸 것이다. 그림에서와 같이 두 확률밀도함수값이 같아지는 비트 결정 임계치는 $\eta = 0$가 된다. 따라서 ①번 면적에 해당하는 비트 에러가 발생할 확률은 다음과 같이 표현된다.

$$\Pr[1 \to 0] = \int_{-\infty}^{0} \frac{1}{\sqrt{4\pi\sigma^2}} e^{-\frac{(z - \sqrt{E_b})^2}{4\sigma^2}} dz \tag{3-4-33}$$

위의 식에서 $v = (z - \sqrt{E_b})/(\sqrt{2}\,\sigma)$로 변수 치환하여 정리하면 다음을 얻는다.

$$\Pr[1 \to 0] = \int_{-\infty}^{-\sqrt{E_b}/(\sqrt{2}\sigma)} \frac{1}{\sqrt{4\pi\sigma^2}} e^{-\frac{v^2}{2}} \sqrt{2}\,\sigma dv \tag{3-4-34}$$

$$= \int_{-\infty}^{-\sqrt{E_b}/(\sqrt{2}\sigma)} \frac{1}{\sqrt{2\pi}} e^{-\frac{v^2}{2}} dv = \int_{\sqrt{E_b}/(\sqrt{2}\sigma)}^{\infty} \frac{1}{\sqrt{2\pi}} e^{-\frac{v^2}{2}} dv$$

$$= Q\left(\frac{\sqrt{E_b}}{\sqrt{2}\,\sigma}\right) = Q\left(\sqrt{\frac{E_b}{N_0}}\right) = \frac{1}{2} \operatorname{erf} c\left(\sqrt{\frac{E_b}{2N_0}}\right)$$

마찬가지로 ②번 면적에 해당하는 비트 에러가 발생할 확률은 다음과 같이 표현된다.

$$\Pr[0 \to 1] = \int_{0}^{\infty} \frac{1}{\sqrt{4\pi\sigma^2}} e^{-\frac{(z + \sqrt{E_b})^2}{4\sigma^2}} dz = Q\left(\sqrt{\frac{E_b}{N_0}}\right) \tag{3-4-35}$$

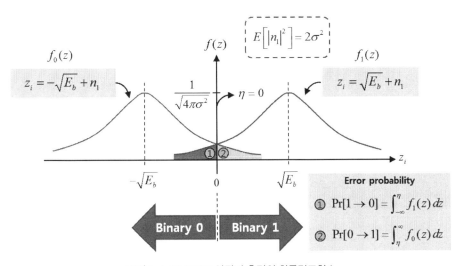

그림 3-4-10 BFSK 상관기 출력의 확률밀도함수

그림 3-4-10에서 보듯이 두 확률밀도함수 $f_0(z)$와 $f_1(z)$는 $\eta = 0$을 기준으로 대칭이므로 $\Pr[1 \rightarrow 0]$과 $\Pr[0 \rightarrow 1]$은 같다. 따라서 전체 비트 에러율 P_e는 식 (3-4-34)와 동일하다. 동기식 BFSK의 비트 에러율은 식 (3-4-16)의 동기식 BASK과 동일함을 알 수 있다. 동기식 BPSK 방식과 비교하였을 때 잡음이 없을 경우의 상관기 출력 z_i는 동일하며, 반면에 잡음의 분산이 2배가 된다. 즉, 그림 3-4-9와 비교하면 ①,②번에 해당하는 면적이 커짐을 알 수 있으며, 이는 비트 에러율이 증가함을 의미한다. 즉, 잡음이 없는 경우 두 상관기 출력값 사이의 거리는 두 방식 모두 동일하지만, BFSK 상관기 출력단에서의 잡음 분산이 더 커져서 성능이 저하된다.

개념정리 3-10 **BER 그래프**

지금까지 살펴본 BASK, BPSK, BFSK 변조 방식의 비트 에러율을 도시하면 아래와 같다. 가로축은 비트에너지대잡음비인 E_b/N_0를 dB로 나타낸 것이고, 세로축은 비트 에러율을 의미한다. 그림에서 보듯이 10^{-4}의 비트 에러율을 얻기 위해서 BPSK 방식이 BASK와 BFSK 방식보다 E_b/N_0가 대략 3[dB] 적게 필요함을 알 수 있다. $10\log_{10}2 \cong 3[dB]$이므로 10^{-4}의 비트 에러율을 얻기 위해서 BASK가 BPSK에 비해 2배의 비트 에너지가 필요하다.

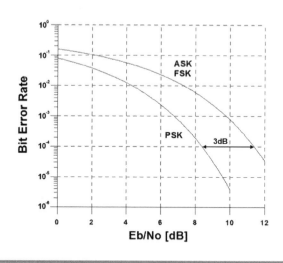

1. 아래 그림에서 ①번은 임펄스 샘플링된 신호이며, ②번은 flat-top 샘플링된 신호라고 한다. 다음에 답하시오.

    1) $T_p = 1/(3B)$이고 $\tau = 1/(2B)$일 때 $Y_1(f)$를 그리시오.

    2) $y_2(t) = x(t)$가 되기 위한 $H_2(f)$를 구하시오.

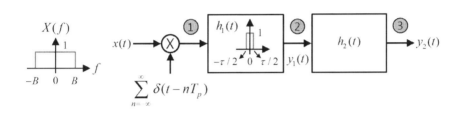

2. 수신 필터 $h(t)$를 갖는 수신기에 아래와 같은 기저대역 신호가 수신된다고 가정한다. $h(t)$를 정합필터와 상관기로 구현할 때, 각각 ①번과 ②번 단에서의 출력을 구하시오.

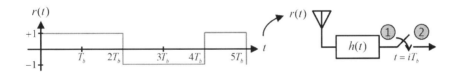

3. 식 (3-2-25)와 같이 전송되는 대역통과 BFSK 신호의 최소 대역폭을 구하고, 대역통과 BPSK/QPSK 신호의 대역폭과 비교하시오. (영점대영점 대역폭을 사용한다고 가정한다)

4. 802.11ac는 256QAM, MIMO, 그리고 160MHz 대역폭 확장을 통해 최대 6.933Gbps의 전송률을 지원하는 WLAN 표준이다. 아래의 표는 802.11ac 표준에서 사용되는 변조 방식별 전력 정규화 상수를 나타낸다. 다음에 답하시오.

1) 64QAM과 256QAM의 전력 정규화 상수 ①②를 구하시오.

2) 256QAM에서 전력이 제일 큰 대역통과 전송신호를 구하시오.

Modulation type	Power normalizing scale factor
BPSK	1
QPSK	$1/\sqrt{2}$
16QAM	$1/\sqrt{10}$
64QAM	①
256QAM	②

5. 아래 그림은 gray 코딩된 16QAM 성상도를 보여준다. 송신단에서 $E_s = N_P$와 $T_s = 1$을 가정할 때, 다음에 답하시오

1) 비트열 1111이 전송되고 통과대역 AWGN $n(t) = -1.5\sqrt{2}\cos(2\pi f_c t) + 2\sqrt{2}\sin(2\pi f_c t)$가 더해져서 수신될 때, 16QAM 상관기 출력단에서의 수신 성상도를 그리시오.

2) 위와 동일한 $n(t)$가 더해지는 환경에서 비트열 01010110을 전송할 때, 16QAM 대역통과 전송신호와 수신단에서 복원되는 비트열을 구하시오.

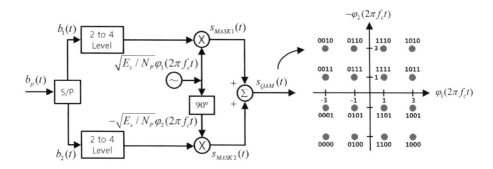

6. 문제 5번의 16QAM 송신기 구조에서 $b_1(t)$와 $b_2(t)$의 전력스펙트럼밀도는 식 (3-3-5)와 같다. 16QAM 전송신호 $s_{QAM}(t)$의 전력스펙트럼밀도를 구하시오.

7. 그림 3-3-4의 QPSK 수신기에 $r(t) = s(t) + n(t)$가 수신된다고 가정한다. $s(t)$는 식 (3-3-3) 과 같이 전송되는 QPSK 신호이고, $n(t) = \sqrt{2}\, n_c(t)\cos(2\pi f_c t) - \sqrt{2}\, n_s(t)\sin(2\pi f_c t)$ 는 대역통과 AWGN이다. 대역통과 AWGN 채널 모델에서 QPSK의 비트 에러율을 구하시오. ($n_c(t)$와 $n_s(t)$는 평균이 0이고 전력스펙트럼밀도가 $N_0/2$인 기저대역 AWGN이다)

대역확산 통신 시스템

4.1 다중접속

다중접속(multiple access)은 동일한 주파수 대역에 다수의 사용자가 동시에 기지국에 접속할 수 있도록 하는 기술이다. 다중접속 방식은 크게 FDMA(Frequency Division Multiple Access), TDMA(Time Division Multiple Access), 그리고 CDMA(Code Division Multiple Access) 방식으로 나눌 수 있다.

FDMA는 주어진 주파수 대역을 여러 개로 나누어서 각 부대역(subchannel)을 사용자에게 할당하여 통신하는 방식이다. 그림 4-1-1에서와 같이 매표소에서 각자 정해진 창구(부대역)를 통해 여러 사람이 동일한 시간에 대화하는 상황과 같다. 하지만 창구가 너무 가까울 경우에는 옆 사람의 대화 소리(혼선)가 들릴 수 있다. 이를 피하기 위해서는 창구와 창구 사이에 일정 공간(보호대역)을 두는 방법이 있다. 현재 LTE가 FDMA를 기반으로 하여 사용자별 다중접속을 지원하고 있다.

TDMA는 시간축을 여러 시간구간으로 나누어서, 각 사용자가 자기에게 할당된 시간구간을 다른 사용자의 시간구간과 겹치지 않게 사용하는 방식이다. 이는 그림 4-1-2에서와 같이 법정(셀) 내에서 변호인(사용자 1), 피고인(사용자 2), 증인(사용자 3) 등이 법관(기지국)이 정해준 시간 동안에만 말하는 상황과 같다. 이때 모든 사람은 동일한 공간(주파수)에서 동일한 언어를 사용하며, 한 번에 한 사람만 말할 수 있다. TDMA는 2세대 유럽 이동통신 기술인 GSM에 적용된 대표적인 기술이다.

CDMA는 각 사용자에게 고유의 코드를 할당하여 사용자를 구분하는 방식으로, 동일한 주파수로 같은 시간에 다중접속이 가능하다. 그림 4-1-3에서와 같이 연회장(셀)에서 서로 다른 언어(코드)를 사용하는 사람들이 동일한 시간에 동일한 공간(주파수)에서 대화하는 상황으로 비유된다. 자기가 사용하는 언어 이외의 다른 언어는 동시에 들리기는 하지만, 알 수 없는 소리(잡음)로 인식된다. 또한 정해진 연회장에서 동시에 사용하는 언어의 수가 증가하면, 소음(간섭)이 증가하여 대화(통신)가 불가능한 상황이 발생한다. 이러한 문제가 발생하면 다른 연회장(인접 셀)으로 이동하거나(핸드오버), 목소리를 작게 하는(전력제어) 방법으로 해결이 가능하다. CDMA 방식은 2세대 이동통신 시스템인 IS-95와 3세대 이동통신 시스템인 WCDMA에 적용된 기술이다.

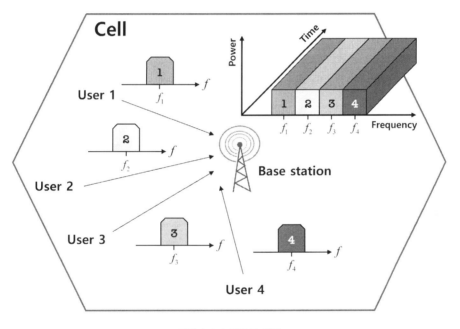

그림 4-1-1 FDMA 개념

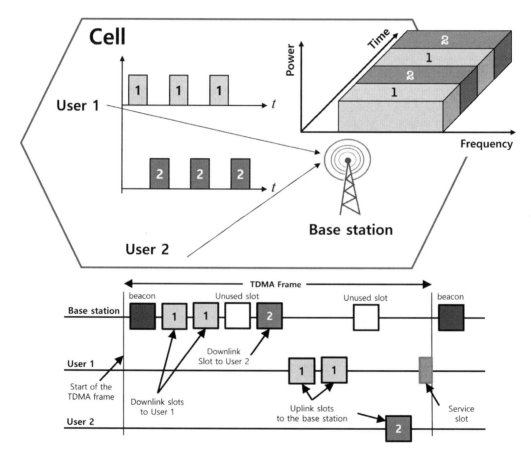

그림 4-1-2 TDMA 개념

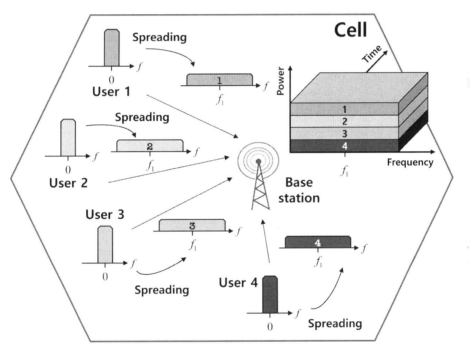

그림 4-1-3 CDMA 개념

4.2 DS/SS BPSK 시스템

대역확산(Spread Spectrum) 통신은 협대역의 메시지 신호를 광대역의 신호로 변환하여 전송하는 방식을 말한다. 이러한 대역확산 시스템에는 크게 직접수열(Direct Sequence), 주파수도약(Frequency Hopping), 그리고 시간도약(Time Hopping)을 사용하는 방식이 존재한다. 이러한 방식 중에서 메시지 신호보다 대역폭이 훨씬 큰 코드 신호를 이용하여 대역을 확산하는 기술을 DS/SS(Direct Sequence Spread Spectrum) 방식이라고 한다. 이 절에서는 DS/SS BPSK 시스템에서 대역확산의 개념과 송수신 과정을 자세히 살펴본다.

4.2.1 DS/SS BPSK

(1) DS/SS BPSK 신호 생성

그림 4-2-1은 BPSK를 사용하는 DS/SS 송신기의 구조를 나타낸다. 우선 전송하고자 하는 비트 "1"은 $b_i = +1$, 비트 "0"은 $b_i = -1$에 맵핑된다고 가정한다. 한 비트의 구간이 T_b인 i번째 이진 데이터 $b_i = \pm 1$를 전송하고자 할 때 메시지 신호 $b(t)$는 다음과 같이 표현된다.

$$b(t) = \sum_i b_i p_{T_b}(t - i T_b) \tag{4-2-1}$$

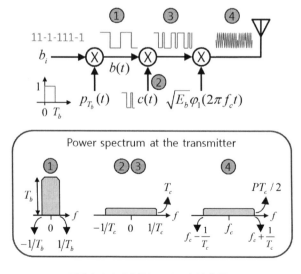

그림 4-2-1 DS/SS BPSK 송신기 구조

여기서 $p_{T_b}(t)$는 T_b 구간 동안 1의 값을 가지는 구형파이다. DS/SS 시스템에서 대역을 확산하기 위해 사용되는 신호를 PN(Pseudo-random Noise) 코드라고 한다. PN 코드 $c(t)$는 한 칩의 구간이 T_c이고 부호가 $c_m = \pm 1$인 N_c개의 칩으로 구성된다. 따라서 $c(t)$는 다음과 같이 표현된다.

$$c(t) = \sum_m c_m p_{T_c}(t - m T_c) \tag{4-2-2}$$

여기서 $p_{T_c}(t)$는 T_c 구간 동안 1의 값을 가지는 구형파이다. 식 (4-2-1)의 $b(t)$는 한 비트의 구간이 T_b인 양극성 사각 펄스열이므로, 전력스펙트럼밀도는 식 (3-2-4)와 동일하다 (①번). [부록 A-3 참조]

$$S_b(f) = T_b \left[\frac{\sin(\pi f T_b)}{\pi f T_b} \right]^2 = T_b \mathrm{sinc}^2(\pi f T_b) \tag{4-2-3}$$

여기서 기저대역 신호 $b(t)$의 대역폭은 $B = 1/T_b$이다. 동일한 방법으로 한 칩의 구간이 T_c인 양극성 사각 펄스열 $c(t)$의 전력스펙트럼밀도를 다음과 같이 구할 수 있다(②번).

$$S_c(f) = T_c \left[\frac{\sin(\pi f T_c)}{\pi f T_c} \right]^2 = T_c \mathrm{sinc}^2(\pi f T_c) \tag{4-2-4}$$

여기서 $c(t)$의 대역폭은 $W = 1/T_c$이다. DS/SS 방식에서는 대역확산을 위해 메시지 신호 $b(t)$와 PN 코드 $c(t)$를 곱하여 대역을 확산한다(③번). 이때, $b(t)$는 $c(t)$의 부호만 바꾸기 때문에 대역확산된 $b(t)c(t)$의 전력스펙트럼밀도는 식 (4-2-4)와 동일하다. 여기서는 한 비트에 N_c개의 칩이 곱해진다고 가정한다. 처리이득(또는 확산이득)은 메시지 신호의 대역이 PN 코드에 의해서 얼마나 넓게 확산되었는지를 나타내는 것으로 다음과 같이 정의된다.

$$P_G = \frac{W}{B} = \frac{T_b}{T_c} = N_c \tag{4-2-5}$$

PN 코드는 선형 궤환(feedback) 쉬프트 레지스터(shift register)와 XOR 게이트를 이용하여 생성이 가능하다(그림 4-2-2). 이러한 코드를 m-sequence라고도 한다. 그림 4-2-2의 $g(x)$는 생성 다항식으로 다음과 같은 일반항으로 표현된다.

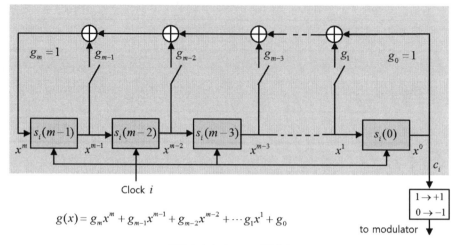

$$g(x) = g_m x^m + g_{m-1} x^{m-1} + g_{m-2} x^{m-2} + \cdots g_1 x^1 + g_0$$

그림 4-2-2 PN 코드 발생기

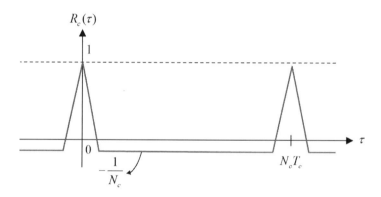

그림 4-2-3 PN 코드의 자기상관

$$g(x) = g_m x^m + g_{m-1} x^{m-1} + g_{m-2} x^{m-2} + \cdots + g_1 x^1 + g_0 x^0 \qquad (4\text{-}2\text{-}6)$$

여기서 최고차 항수 m은 레지스터의 개수를 의미하고, g_m은 0 또는 1의 값을 가지는 계수이다. 식 (4-2-6)의 생성 다항식으로 만들어지는 PN 코드의 주기는 $N_c = 2^m - 1$이 된다. PN 코드 $c(t)$의 정규화된 자기상관은 다음과 같이 정의된다(그림 4-2-3).

$$R_c(\tau) = \frac{1}{N_c T_c} \int_{iN_c T_c}^{(i+1)N_c T_c} c(t)c(t+\tau)dt = \frac{1}{T_b} \int_{iT_b}^{(i+1)T_b} c(t)c(t+\tau)dt \qquad (4\text{-}2\text{-}7)$$

그림 4-2-4는 생성 다항식 $g(x) = x^4 + x^1 + 1$을 사용하여 코드 길이가 $N_c = 2^4 - 1 = 15$인 PN 코드를 생성하는 과정을 보여준다.

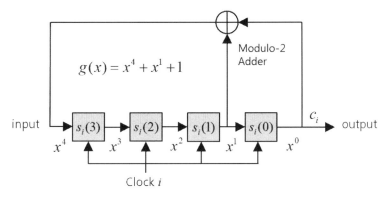

Clock Pulse i	Input	State				Output c_i
		$s_i(3)$	$s_i(2)$	$s_i(1)$	$s_i(0)$	
1	0	1	1	1	1	1
2	0	0	1	1	1	1
3	0	0	0	1	1	1
4	1	0	0	0	1	1
5	0	1	0	0	0	0
6	0	0	1	0	0	0
7	1	0	0	1	0	0
8	1	1	0	0	1	1
9	0	1	1	0	0	0
10	1	0	1	1	0	0
11	0	0	0	1	1	1
12	1	1	0	1	1	1
13	1	1	0	1	0	0
14	1	1	1	0	1	1
15	1	1	1	1	0	0
16	0	1	1	1	1	1
17	0	0	1	1	1	1

Repeats

그림 4-2-4 주기 $N_c = 15$인 PN 코드 생성

메시지 신호 $b(t)$는 PN 코드 $c(t)$로 확산된 후 $\cos(2\pi f_c t)$가 곱해져서 다음과 같은 DS/SS BPSK 전송신호가 생성된다.

$$s(t) = \sqrt{E_b}\, b(t) c(t) \varphi_1(2\pi f_c t) \tag{4-2-8}$$

여기서 $\varphi_1(2\pi f_c t) = \sqrt{2/T_b}\cos(2\pi f_c t)$이고, $E_b = PT_b$이다. 그림 4-2-5는 그림 4-2-1 의 ①~④번 단에서의 시간영역 파형을 자세하게 나타낸 것이다. 그림 4-2-5의 PN 코드 $c(t)$는 생성 다항식 $g(x) = x^3 + x + 1$을 사용하여 레지스터 초기값을 모두 1로 설정하여 만들어진 길이가 $N_c = 2^3 - 1$인 코드이다.

그림 4-2-6은 대역확산 신호의 전력스펙트럼밀도를 그린 것이다. 그림에서 PN 코드의 대역확산과정과 반송파 변조과정은 모두 곱하기 연산이므로 순서를 바꿔도 결과는 동일하다. ①번 단의 신호는 $s_{bpsk}(t) = \sqrt{E_b}\, b(t) \varphi_1(2\pi f_c t)$로써 BPSK 변조된 신호에 해당하므

로, 전력스펙트럼밀도는 식 (3-2-5)와 동일하게 표현된다.

$$S_{bpsk}(f) = \frac{E_b}{2T_b}\left[S_b(f-f_c)+S_b(f+f_c)\right] = \frac{P}{2}\left[S_b(f-f_c)+S_b(f+f_c)\right] \quad (4\text{-}2\text{-}9)$$

$$= \frac{PT_b}{2}\left\{\left[\frac{\sin(\pi(f-f_c)T_b)}{\pi(f-f_c)T_b}\right]^2 + \left[\frac{\sin(\pi(f+f_c)T_b)}{\pi(f+f_c)T_b}\right]^2\right\}$$

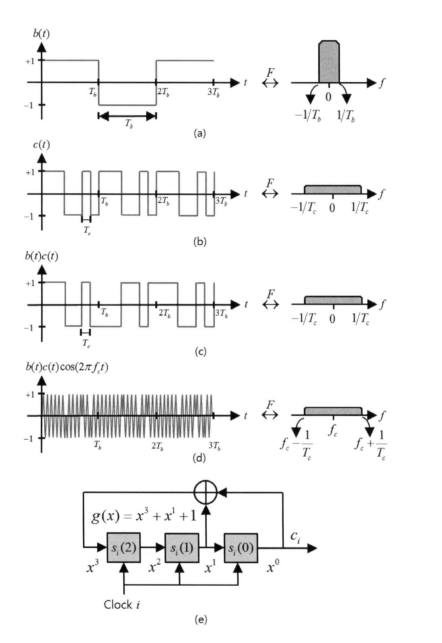

그림 4-2-5 DS/SS BPSK 송신기의 시간영역 파형
(a) 데이터 (b) PN 코드 (c) 대역확산된 데이터 (d) 반송파 변조된 대역확산 데이터 (e) PN 코드 생성

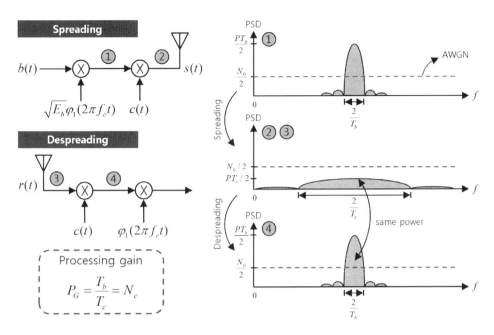

그림 4-2-6 대역확산 및 역확산 개념

여기서 BPSK 대역통과 신호의 대역폭은 $2B = 2/T_b$가 된다. 마찬가지로 ②번 단에서 전송되는 DS/SS BPSK 전송신호 $s(t)$의 전력스펙트럼밀도는 다음과 같다.

$$S_s(f) = \frac{PT_c}{2}\left\{ \left[\frac{\sin(\pi(f-f_c)T_c)}{\pi(f-f_c)T_c} \right]^2 + \left[\frac{\sin(\pi(f+f_c)T_c)}{\pi(f+f_c)T_c} \right]^2 \right\} \tag{4-2-10}$$

여기서 대역통과 신호 $s(t)$의 대역폭은 $2W = 2/T_c$가 된다. 그림에서 보듯이 대역확산 신호는 잡음보다 낮은 전력으로 전송되므로, 수신단에서 정확한 PN 코드로 역확산되기 전에는 검파가 불가능하며, 제3자에 의한 검파와 도청이 매우 어렵다.

(2) DS/SS BPSK 신호 복조

그림 4-2-7은 DS/SS BPSK 수신기의 구조를 나타낸다. 수신신호는 채널에서 전송 지연 τ가 발생하여 다음과 같이 수신된다고 가정한다.

$$r(t) = s(t-\tau) = \sqrt{E_b}\, b(t-\tau)c(t-\tau)\varphi_1(2\pi f_c t - 2\pi f_c \tau) \tag{4-2-11}$$

그림 4-2-7은 동기 검파 방식이므로, 반송파 복원을 위해 $\varphi_1(2\pi f_c t + \theta)$를 곱하게 된다.

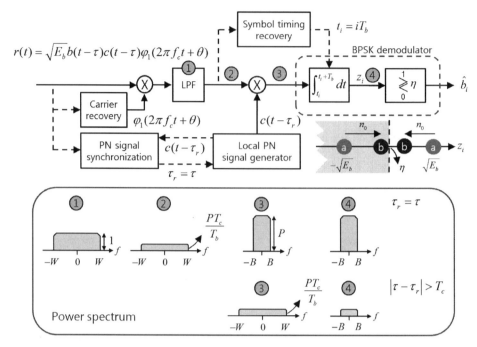

그림 4-2-7 DS/SS BPSK 수신기 구조

$$r(t)\varphi_1(2\pi f_c t + \theta) = \sqrt{E_b}\, b(t-\tau)c(t-\tau)\varphi_1^2(2\pi f_c t + \theta) \tag{4-2-12}$$

$$= \frac{2\sqrt{E_b}}{T_b} b(t-\tau)c(t-\tau)\cos^2(2\pi f_c t + \theta)$$

$$= \frac{\sqrt{E_b}}{T_b} b(t-\tau)c(t-\tau)\big[1 + \cos(4\pi f_c t + 2\theta)\big]$$

여기서 $\theta = -2\pi f_c \tau$이다. 위 신호에서 확산대역 $|f| \leq W = 1/T_c$외의 신호 제거를 위해 LPF를 통과하면 ②번 단의 신호는 다음과 같다. [부록 A-5 참조]

$$LPF\big[r(t)\varphi_1(2\pi f_c t + \theta)\big] = \frac{\sqrt{E_b}}{T_b} b(t-\tau)c(t-\tau) \tag{4-2-13}$$

즉, 반송파 복원 후 LPF를 통과하면, 수신된 대역통과 신호가 ②번 단에서와 같이 기저대역 신호로 변환된다. 그림 4-2-8에서는 식 (4-2-13)의 시간영역에서의 LPF 동작 과정을 주파수영역에서 설명한 것이다. 그림에서 $c'(t) = b(t-\tau)c(t-\tau)$이고, $C'(f)$는 $c'(t)$의 푸리에 변환이다. 식 (2-1-42)의 시간영역 컨벌루션을 참고하면 LPF 출력단 스펙트럼은 LPF 입력단 스펙트럼과 LPF 주파수 응답 $H(f)$의 곱으로 표현된다.

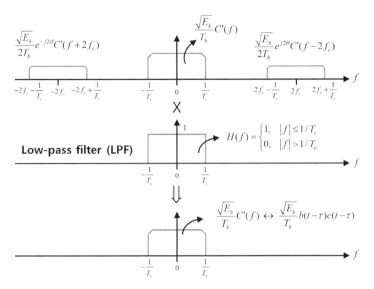

그림 4-2-8 주파수영역에서의 LPF 동작 원리

그림 4-2-9는 기저대역에서의 송수신 모델을 보여준다. 지금까지 사용해온 대역통과 송수신 모델에서 반송파 복원이 완벽하다고 가정하면, 송수신단에서 반송파 변조와 복조과정의 생략이 가능하다. ④번 단에서 ②번과 동일한 결정변수를 얻기 위해서는 송신단(③번)에서 $\sqrt{E_b}\,b(t)c(t)/T_b$을 전송하면 된다. 이 모델을 사용하면 식 (4-2-13)의 수신신호가 동일하게 얻어진다.

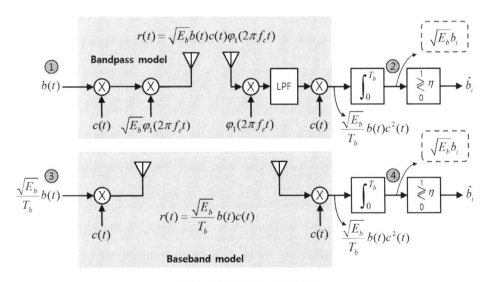

그림 4-2-9 기저대역 송수신 모델

정확한 PN 코드 동기와 반송파 복원이 이뤄졌다면($\tau_r = \tau$), 그림 4-2-7의 ④번 단에서의 BPSK 결정변수 z_i는 다음과 같다. 이때 i번째 비트의 시작 시간 $t_i = iT_b$를 찾는 심벌 시간 복원이 정확하게 수행되어야 한다.

$$z_i = \int_{iT_b}^{(i+1)T_b} \frac{\sqrt{E_b}}{T_b} b(t-\tau)c^2(t-\tau)dt = \frac{\sqrt{E_b}}{T_b}\int_{iT_b}^{(i+1)T_b} b(t-\tau)dt = \sqrt{E_b}\,b_i \quad (4\text{-}2\text{-}14)$$

여기서 $b_i = \pm 1$이므로 비트 판정기에서는 z_i의 값이 임계치 $\eta = 0$보다 크면 비트 "1", 작으면 비트 "0"으로 판정하게 된다. 그림 4-2-7에서 ⓐ번은 잡음이 없는 경우의 수신 성상도이며, ⓑ번은 잡음이 섞여 수신된 신호의 성상도를 나타낸다. 잡음이 없는 경우의 성상도를 기준으로 잡음의 크기 n_0만큼 좌우로 움직이게 된다. 반면에 PN 코드 동기 오차 ϵ_τ가 발생하면, $\tau_r = \tau - \epsilon_\tau$가 되어 PN 코드 동기가 완벽하지 않게 된다. 이 경우($\tau_r \neq \tau$)의 결정변수 z_i는 다음과 같다.

$$\begin{aligned} z_i &= \int_{iT_b}^{(i+1)T_b} \frac{\sqrt{E_b}}{T_b} b(t-\tau)c(t-\tau)c(t-\tau+\epsilon_\tau)dt \qquad\qquad (4\text{-}2\text{-}15) \\ &= \frac{\sqrt{E_b}}{T_b} b_i \int_{iT_b}^{(i+1)T_b} c(t-\tau)c(t-\tau+\epsilon_\tau)dt = \pm\sqrt{E_b}\,R_c(\epsilon_\tau) \end{aligned}$$

PN 코드 동기 오차가 $|\epsilon_\tau| > T_c$인 경우에는 $R_c(\epsilon_\tau) = -1/N_c$가 되어 결정변수 z_i의 크기가 작아지게 된다. 따라서 PN 코드 동기는 최소한 $|\epsilon_\tau| \le T_c$내에서 반드시 이루어져하는데, 이를 PN 코드 초기 동기(code acquisition) 과정이라고 한다. 그림 4-2-7에서 $\tau_r = \tau$인 경우와 $\tau_r \neq \tau$인 경우의 스펙트럼을 비교해 보면, $|\epsilon_\tau| = |\tau - \tau_r| > T_c$인 경우에는 복조가 불가능해진다.

4.2.2 DS/SS dual BPSK

(1) DS/SS dual BPSK 신호 생성

그림 4-2-10은 DS/SS dual BPSK 송신기 구조와 전력스펙트럼 밀도를 보여준다. 이 방식은 IS-95에 적용된 기법으로써 동위상/직교위상(I/Q) 가지에 동일한 메시지 신호 $b(t)$를 입력시키고 서로 다른 PN 코드 $c_1(t)$와 $c_2(t)$로 대역확산을 시킨다. 두 PN 코드 $c_1(t)$와 $c_2(t)$의 칩률은 동일하며, 전송신호는 다음과 같다.

$$s(t) = \sqrt{\frac{E_b}{2}}\, b(t) c_1(t) \varphi_1(2\pi f_c t) - \sqrt{\frac{E_b}{2}}\, b(t) c_2(t) \varphi_2(2\pi f_c t) \qquad (4\text{-}2\text{-}16)$$

여기서 $\varphi_2(2\pi f_c t) = \sqrt{2/T_b}\,\sin(2\pi f_c t)$이며, ①번 단에서 $b(t)$의 전력스펙트럼밀도는 식 (4-2-3)과 동일하다. I/Q 가지에 메시지 신호 $b(t)$가 동일하게 입력되므로 ④번과 ⑤번 단에서의 전력스펙트럼밀도 $S_{s_m}(f)$는 식 (4-2-10)에서 구한 DS/SS BPSK의 전력스펙트럼밀도의 1/2이 된다.

$$S_{s_m}(f) = \frac{PT_c}{4}\left\{ \left[\frac{\sin(\pi(f-f_c)T_c)}{\pi(f-f_c)T_c} \right]^2 + \left[\frac{\sin(\pi(f+f_c)T_c)}{\pi(f+f_c)T_c} \right]^2 \right\},\ m=1,2 \quad (4\text{-}2\text{-}17)$$

따라서 DS/SS dual BPSK 전송신호의 전력스펙트럼밀도는 다음과 같다. (⑥번)

$$\begin{aligned} S_s(f) &= S_{s_1}(f) + S_{s_2}(f) \\ &= \frac{PT_c}{2}\left\{ \left[\frac{\sin(\pi(f-f_c)T_c)}{\pi(f-f_c)T_c} \right]^2 + \left[\frac{\sin(\pi(f+f_c)T_c)}{\pi(f+f_c)T_c} \right]^2 \right\} \end{aligned} \qquad (4\text{-}2\text{-}18)$$

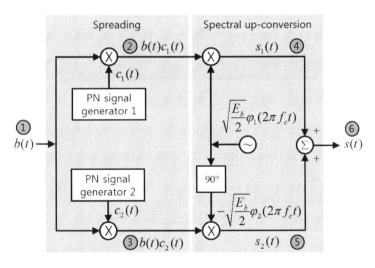

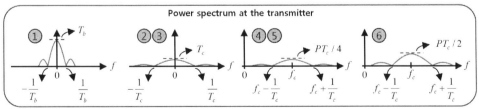

그림 4-2-10 DS/SS dual BPSK 송신기 구조

⑵ DS/SS dual BPSK 신호 복조

그림 4-2-11은 DS/SS dual BPSK 수신기 구조를 보여준다. 채널을 통과하여 τ의 전송 지연이 발생하는 경우를 고려하면, 수신신호 $r(t) = s(t-\tau)$는 다음과 같이 표현된다.

$$r(t) = \sqrt{\frac{E_b}{2}}\, b(t-\tau)c_1(t-\tau)\varphi_1(2\pi f_c t + \theta) \qquad (4\text{-}2\text{-}19)$$
$$- \sqrt{\frac{E_b}{2}}\, b(t-\tau)c_2(t-\tau)\varphi_2(2\pi f_c t + \theta)$$

수신단에서 정확한 PN 코드 동기와 반송파 복원이 이뤄졌다면, 그림 4-2-11에서와 같이 국부 PN 코드 $c(t-\tau)$와 국부 발진기가 곱해진다. 우선 국부 발진기 $\varphi_1(2\pi f_c t + \theta)$와 $\varphi_2(2\pi f_c t + \theta)$가 곱해진 신호는 각각 다음과 같다. (①②번)

$$r(t)\varphi_1(2\pi f_c t + \theta) = \sqrt{\frac{E_b}{2}}\, b(t-\tau)c_1(t-\tau)\varphi_1^2(2\pi f_c t + \theta) \qquad (4\text{-}2\text{-}20)$$
$$- \sqrt{\frac{E_b}{2}}\, b(t-\tau)c_2(t-\tau)\varphi_2(2\pi f_c t + \theta)\varphi_1(2\pi f_c t + \theta)$$
$$= \frac{\sqrt{E_b}}{\sqrt{2}\, T_b}b(t-\tau)c_1(t-\tau)\big[1 + \cos(4\pi f_c t + 2\theta)\big]$$
$$- \frac{\sqrt{E_b}}{\sqrt{2}\, T_b}b(t-\tau)c_2(t-\tau)\sin(4\pi f_c t + 2\theta)$$

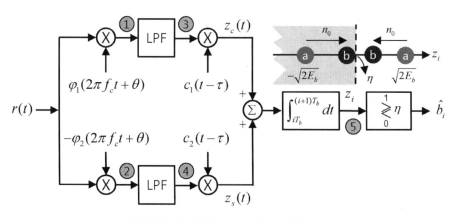

그림 4-2-11 DS/SS dual BPSK 수신기 구조

$$r(t)\varphi_2(2\pi f_c t + \theta) = \sqrt{\frac{E_b}{2}}\, b(t-\tau)c_1(t-\tau)\varphi_1(2\pi f_c t + \theta)\varphi_2(2\pi f_c t + \theta) \quad (4\text{-}2\text{-}21)$$

$$- \sqrt{\frac{E_b}{2}}\, b(t-\tau)c_2(t-\tau)\varphi_2^2(2\pi f_c t + \theta)$$

$$= \frac{\sqrt{E_b}}{\sqrt{2}\, T_b}\, b(t-\tau)c_1(t-\tau)\sin(4\pi f_c t + 2\theta)$$

$$- \frac{\sqrt{E_b}}{\sqrt{2}\, T_b}\, b(t-\tau)c_2(t-\tau)\big[1 - \cos(4\pi f_c t + 2\theta)\big]$$

위 신호가 LPF를 통과하면 다음의 출력을 얻는다. (③④번)

$$LPF\big[r(t)\varphi_1(2\pi f_c t + \theta)\big] = \frac{\sqrt{E_b}}{\sqrt{2}\, T_b}\, b(t-\tau)c_1(t-\tau) \qquad (4\text{-}2\text{-}22)$$

$$LPF\big[-r(t)\varphi_2(2\pi f_c t + \theta)\big] = \frac{\sqrt{E_b}}{\sqrt{2}\, T_b}\, b(t-\tau)c_2(t-\tau) \qquad (4\text{-}2\text{-}23)$$

Dual BPSK 결정변수 z_i는 다음과 같다. (⑤번)

$$z_i = \frac{\sqrt{E_b}}{\sqrt{2}\, T_b} \int_{iT_b}^{(i+1)T_b} b(t-\tau)c_1^2(t-\tau)dt \qquad (4\text{-}2\text{-}24)$$

$$+ \frac{\sqrt{E_b}}{\sqrt{2}\, T_b} \int_{iT_b}^{(i+1)T_b} b(t-\tau)c_2^2(t-\tau)dt$$

$$= \frac{\sqrt{2E_b}}{T_b} \int_{iT_b}^{(i+1)T_b} b(t-\tau)dt = \sqrt{2E_b}\, b_i$$

따라서 비트 판정기에서는 z_i의 값이 임계치 $\eta = 0$보다 크면 비트 "1", 작으면 비트 "0"으로 판정한다. 그림 4-2-11에서 ⓐ번은 잡음이 없는 경우의 수신 성상도이며, ⓑ번은 잡음이 섞여 수신된 신호의 성상도를 나타낸다.

4.3 DS/SS QPSK 시스템

이절에서는 DS/SS QPSK 시스템에서 대역확산의 개념과 송수신 과정을 살펴본다. 또한 WCDMA 시스템에서 적용하고 있는 DS/SS OCQPSK(Orthogonal Complex QPSK) 방식의 원리를 알아본다.

4.3.1 DS/SS QPSK

그림 4-3-1은 DS/SS QPSK 송신기 구조와 전력스펙트럼 밀도를 나타낸 것이다. DS/SS QPSK 시스템은 비트열 $b(t)$를 홀수 비트열 $b_1(t)$와 짝수 비트열 $b_2(t)$로 나눈 후 서로 다른 PN 코드를 곱하여 확산하는 방식으로써, 각 비트열은 다음과 같이 표현된다.

$$b_m(t) = \sum_i b_{im} p_{T_s}(t - i T_s), \qquad m = 1, 2 \tag{4-3-1}$$

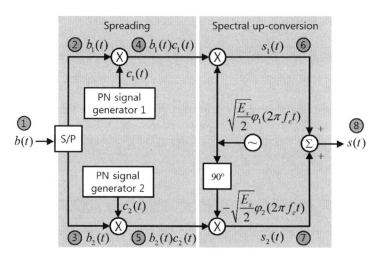

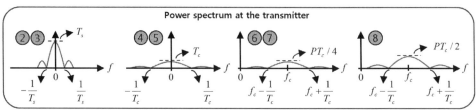

그림 4-3-1 DS/SS QPSK 송신기 구조

여기서 T_s는 심벌 구간, $p_{T_s}(t)$는 T_s 구간 동안 1의 값을 가지는 구형파, 그리고 $b_{im} = \pm 1$는 $b_m(t)$의 i번째 비트 정보를 의미한다. 그림 4-3-1에서 보듯이 S/P 변환기의 연산 특성 때문에 $T_s = 2T_b$가 된다. 전송신호는 다음과 같다.

$$s(t) = \sqrt{\frac{E_s}{2}}\, b_1(t)c_1(t)\varphi_1(2\pi f_c t) - \sqrt{\frac{E_s}{2}}\, b_2(t)c_2(t)\varphi_2(2\pi f_c t) \tag{4-3-2}$$

여기서 $\varphi_1(2\pi f_c t) = \sqrt{2/T_s}\,\cos(2\pi f_c t)$이고, $\varphi_2(2\pi f_c t) = \sqrt{2/T_s}\,\sin(2\pi f_c t)$이다. DS/SS QPSK의 대역폭은 $c_1(t)$와 $c_2(t)$에 따라 결정되므로, ⑧번 단에서의 전송신호의 전력스펙트럼밀도는 식 (4-2-18)과 동일하다.

그림 4-3-2는 DS/SS QPSK 수신기 구조를 보여준다. 수신신호 $r(t) = s(t-\tau)$는 다음과 같이 표현된다.

$$\begin{aligned} r(t) = {}& \sqrt{\frac{E_s}{2}}\, b_1(t-\tau)c_1(t-\tau)\varphi_1(2\pi f_c t + \theta) \\ & - \sqrt{\frac{E_s}{2}}\, b_2(t-\tau)c_2(t-\tau)\varphi_2(2\pi f_c t + \theta) \end{aligned} \tag{4-3-3}$$

수신단에서는 $b_1(t)$와 $b_2(t)$에 대한 검파가 독립적으로 수행되며, 반송파 복원 후 신호는 식 (4-2-20)과 식 (4-2-21)에서 $b(t)$를 각각 $b_1(t)$와 $b_2(t)$로 변경하면 된다(①②번). LPF 통과 후의 신호는 각각 다음과 같다. (③④번)

$$LPF\big[r(t)\varphi_1(2\pi f_c t + \theta)\big] = \frac{\sqrt{E_s}}{\sqrt{2}\,T_s}\, b_1(t-\tau)c_1(t-\tau) \tag{4-3-4}$$

$$LPF\big[-r(t)\varphi_2(2\pi f_c t + \theta)\big] = \frac{\sqrt{E_s}}{\sqrt{2}\,T_s}\, b_2(t-\tau)c_2(t-\tau) \tag{4-3-5}$$

따라서 결정변수 z_c와 z_s는 다음과 같이 구해진다. (⑤⑥번)

$$z_c = \int_{iT_s}^{(i+1)T_s} \frac{\sqrt{E_s}}{\sqrt{2}\,T_s}\, b_1(t-\tau)c_1^2(t-\tau)\,dt = \sqrt{\frac{E_s}{2}}\, b_{i1} \tag{4-3-6}$$

$$z_s = \int_{iT_s}^{(i+1)T_s} \frac{\sqrt{E_s}}{\sqrt{2}\,T_s}\, b_2(t-\tau)c_2^2(t-\tau)\,dt = \sqrt{\frac{E_s}{2}}\, b_{i2} \tag{4-3-7}$$

위 식에서 $b_{i1} = \pm 1$, $b_{i2} = \pm 1$이므로, 비트 판정기에서는 z_c와 z_s의 값이 임계치 $\eta = 0$보다 크면 비트 "1", 작으면 비트 "0"으로 판정하게 된다. 각각 판정된 비트는 병직렬(P/S) 변환 과정을 거쳐 최종 비트열로 변환된다.

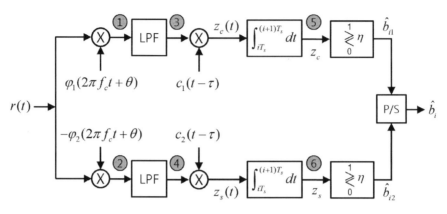

그림 4-3-2 DS/SS QPSK 수신기 구조

4.3.2 DS/SS orthogonal complex QPSK

DS/SS OCQPSK 시스템은 그림 4-3-1과 마찬가지로 비트열 $b(t)$를 홀수 비트열 $b_1(t)$와 짝수 비트열 $b_2(t)$로 나눈 후 각각 서로 다른 PN 코드 $c_1(t)$와 $c_2(t)$를 곱하여 확산하는 방식이다. 그림 4-3-3은 DS/SS OCQPSK 송신기 구조를 나타낸 것이다. 그림에서 보듯이 ④번과 ⑤번 단에서의 신호는 다음과 같다.

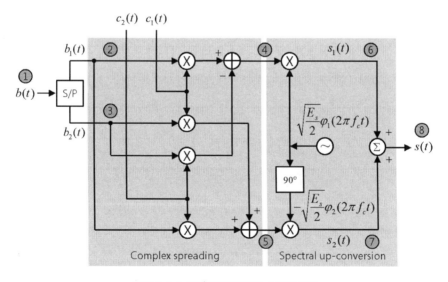

그림 4-3-3 DS/SS OCQPSK 송신기 구조

$$\overline{c}_1(t) = b_1(t)c_1(t) - b_2(t)c_2(t) \tag{4-3-8}$$

$$\overline{c}_2(t) = b_1(t)c_2(t) + b_2(t)c_1(t) \tag{4-3-9}$$

이 과정을 complex spreading이라고 한다. S/P 변환기의 연산 특성 때문에 $T_s = 2T_b$가 되며, 전송신호는 다음과 같다.

$$s(t) = \sqrt{\frac{E_s}{2}}\,\overline{c}_1(t)\varphi_1(2\pi f_c t) - \sqrt{\frac{E_s}{2}}\,\overline{c}_2(t)\varphi_2(2\pi f_c t) \tag{4-3-10}$$

두 비트열 $b_1(t)$와 $b_2(t)$는 서로 독립이므로, ⑥번과 ⑦번 단에서의 전력스펙트럼밀도는 식 (4-2-18)과 동일하다.

수신신호 $r(t) = s(t-\tau)$는 다음과 같이 표현된다.

$$r(t) = \sqrt{\frac{E_s}{2}}\,\overline{c}_1(t-\tau)\varphi_1(2\pi f_c t + \theta) - \sqrt{\frac{E_s}{2}}\,\overline{c}_2(t-\tau)\varphi_2(2\pi f_c t + \theta) \tag{4-3-11}$$

그림 4-3-4는 DS/SS OCQPSK 수신기 구조를 보여준다. 수신단에서는 $b_1(t)$와 $b_2(t)$에 대한 검파가 독립적으로 수행되며, 반송파 복원 후의 신호는 각각 다음과 같다. (①②번)

$$r(t)\varphi_1(2\pi f_c t + \theta) = \sqrt{\frac{E_s}{2}}\left[\overline{c}_1(t-\tau)\varphi_1(2\pi f_c t + \theta) - \overline{c}_2(t-\tau)\varphi_2(2\pi f_c t + \theta)\right]\varphi_1(2\pi f_c t + \theta) \tag{4-3-12}$$
$$= \frac{\sqrt{E_s}}{\sqrt{2}\,T_s}\overline{c}_1(t-\tau)\left[1 + \cos(4\pi f_c t + 2\theta)\right] - \frac{\sqrt{E_s}}{\sqrt{2}\,T_s}\overline{c}_2(t-\tau)\sin(4\pi f_c t + 2\theta)$$

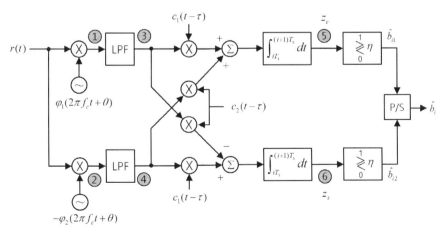

그림 4-3-4 DS/SS OCQPSK 수신기 구조

$$r(t)\varphi_2(2\pi f_c t+\theta)=\sqrt{\frac{E_s}{2}}\left[\bar{c}_1(t-\tau)\varphi_1(2\pi f_c t+\theta)-\bar{c}_2(t-\tau)\varphi_2(2\pi f_c t+\theta)\right]\varphi_2(2\pi f_c t+\theta) \quad\text{(4-3-13)}$$

$$=\frac{\sqrt{E_s}}{\sqrt{2}\,T_s}\bar{c}_1(t-\tau)\sin(4\pi f_c t+2\theta)-\frac{\sqrt{E_s}}{\sqrt{2}\,T_s}\bar{c}_2(t-\tau)\left[1-\cos(4\pi f_c t+2\theta)\right]$$

LPF 통과 후의 신호는 각각 다음과 같다. (③④번)

$$LPF[r(t)\varphi_1(2\pi f_c t+\theta)]=\frac{\sqrt{E_s}}{\sqrt{2}\,T_s}\bar{c}_1(t-\tau) \quad\text{(4-3-14)}$$

$$LPF[-r(t)\varphi_2(2\pi f_c t+\theta)]=\frac{\sqrt{E_s}}{\sqrt{2}\,T_s}\bar{c}_2(t-\tau) \quad\text{(4-3-15)}$$

식 (4-3-14)와 식 (4-3-15)에 각각 국부 PN 코드 $c_1(t-\tau)$과 $c_2(t-\tau)$를 곱하고 더한 후 적분기를 통과한 출력값 z_c는 다음과 같이 표현된다. (⑤번)

$$z_c=\frac{\sqrt{E_s}}{\sqrt{2}\,T_s}\int_{iT_s}^{(i+1)T_s}\bar{c}_1(t-\tau)c_1(t-\tau)dt+\frac{\sqrt{E_s}}{\sqrt{2}\,T_s}\int_{iT_s}^{(i+1)T_s}\bar{c}_2(t-\tau)c_2(t-\tau)dt \quad\text{(4-3-16)}$$

$$=\frac{\sqrt{E_s}}{\sqrt{2}\,T_s}\int_{iT_s}^{(i+1)T_s}\left[b_1(t-\tau)c_1^2(t-\tau)-b_2(t-\tau)c_2(t-\tau)c_1(t-\tau)\right]dt$$

$$+\frac{\sqrt{E_s}}{\sqrt{2}\,T_s}\int_{iT_s}^{(i+1)T_s}\left[b_1(t-\tau)c_2^2(t-\tau)+b_2(t-\tau)c_1(t-\tau)c_2(t-\tau)\right]dt$$

위 식은 다음과 같이 간략히 정리된다.

$$z_c=\frac{\sqrt{E_s}}{\sqrt{2}\,T_s}b_{i1}\int_{iT_s}^{(i+1)T_s}c_1^2(t-\tau)dt \quad\text{(4-3-17)}$$

$$+\frac{\sqrt{E_s}}{\sqrt{2}\,T_s}b_{i1}\int_{iT_s}^{(i+1)T_s}c_2^2(t-\tau)dt=\sqrt{2E_s}\,b_{i1}$$

마찬가지로 식 (4-3-14)와 식 (4-3-15)에 각각 국부 PN 코드 $c_2(t-\tau)$와 $c_1(t-\tau)$를 곱하고 뺀 후 적분기를 통과한 출력값 z_s는 다음과 같이 표현된다. (⑥번)

$$z_s=-\frac{\sqrt{E_s}}{\sqrt{2}\,T_s}\int_{iT_s}^{(i+1)T_s}\bar{c}_1(t-\tau)c_2(t-\tau)dt+\frac{\sqrt{E_s}}{\sqrt{2}\,T_s}\int_{iT_s}^{(i+1)T_s}\bar{c}_2(t-\tau)c_1(t-\tau)dt \quad\text{(4-3-18)}$$

$$=-\frac{\sqrt{E_s}}{\sqrt{2}\,T_s}\int_{iT_s}^{(i+1)T_s}\left[b_1(t-\tau)c_1(t-\tau)c_2(t-\tau)-b_2(t-\tau)c_2^2(t-\tau)\right]dt$$

$$+\frac{\sqrt{E_s}}{\sqrt{2}\,T_s}\int_{iT_s}^{(i+1)T_s}\left[b_1(t-\tau)c_2(t-\tau)c_1(t-\tau)+b_2(t-\tau)c_1^2(t-\tau)\right]dt$$

위 식을 정리하면 다음을 얻는다.

$$z_s = \frac{\sqrt{E_s}}{\sqrt{2}\,T_s} b_{i2} \int_{iT_s}^{(i+1)T_s} c_2^2(t-\tau)dt \qquad (4\text{-}3\text{-}19)$$

$$+ \frac{\sqrt{E_s}}{\sqrt{2}\,T_s} b_{i2} \int_{iT_s}^{(i+1)T_s} c_1^2(t-\tau)dt = \sqrt{2E_s}\,b_{i2}$$

식 (4-3-17)과 식 (4-3-19)에 대하여 비트 판정을 수행한 후 P/S 변환 과정을 거쳐 비트열이 복원된다.

4.4 DS/SS 간섭 영향

DS/SS 시스템에서는 AWGN, 재밍(jamming) 신호, 다중사용자 신호, 그리고 다중경로 신호 등 여러 가지 간섭 성분이 존재한다. 이절에서는 이러한 간섭 신호가 발생하는 원인과 수신기에 미치는 영향을 살펴본다.

4.4.1 AWGN의 영향

그림 4-4-1은 AWGN 채널에서 DS/SS BPSK 송수신 과정을 보여준다. 수신단에서 AWGN $n(t)$가 복조 과정에 미치는 영향을 살펴본다. 이때 수신신호는 다음과 같다. (①번)

$$r(t) = \sqrt{E_b}\,b_1(t)c_1(t)\varphi_1(2\pi f_1 t) + n(t) \qquad (4\text{-}4\text{-}1)$$

여기서 $b_1(t)$와 $c_1(t)$는 각각 사용자 1의 비트열과 PN 코드를 의미한다. ①번에서 보듯이 확산이득 P_G가 충분히 크다면 대역확산된 DS/SS 신호의 전력은 AWGN의 전력보다 낮게 수신된다. 수신단에서 반송파와 PN 코드 $c_1(t)$ 복원 후 ④번에서의 결정변수는 다음과 같다.

$$z_{i1} = \int_{iT_b}^{(i+1)T_b} \frac{\sqrt{E_b}}{T_b} b_1(t)c_1^2(t)\left[1 + \cos(4\pi f_1 t)\right]dt$$

$$+ \int_{iT_b}^{(i+1)T_b} n(t)c_1(t)\varphi_1(2\pi f_1 t)dt = \sqrt{E_b}\,b_{i1} + n_{i1} \qquad (4\text{-}4\text{-}2)$$

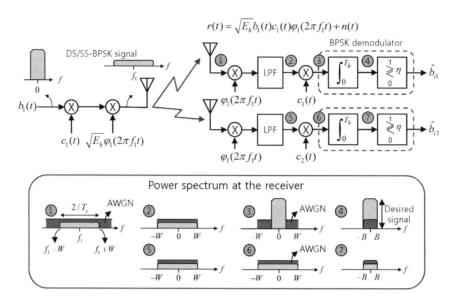

그림 4-4-1 AWGN의 영향

위의 식에서 $c_1^2(t) = 1$이므로, 수신단에서 $c_1(t)$를 곱한 후의 사용자 신호는 $|f| \leq B$이내의 신호로 역확산되지만 잡음 성분 $n(t)c_1(t)$의 경우는 통계적 특성이 변하지 않는다. 즉, 잡음 신호의 극성만 불규칙하게 반전될 뿐이며 가우시안 분포 특성에는 변화가 없다. 식 (4-4-2)에서는 3.4.3절과 동일한 수신기 구조로 성능을 비교하기 위하여, 수신단 LPF 과정을 생략한다. AWGN $n(t)$의 평균 $E[n(t)] = 0$과 분산 $E[|n(t)|^2] = N_0/2$을 이용하면, $E[n_{i1}] = 0$이고 n_{i1}의 분산은 다음과 같이 구해진다.

$$
\begin{aligned}
E[|n_{i1}|^2] &= E\left[\left|\sqrt{\frac{2}{T_b}} \int_{iT_b}^{(i+1)T_b} n(t)c_1(t)\cos(2\pi f_1 t)dt\right|^2\right] \\
&= E\left[\frac{2}{T_b} \int_{iT_b}^{(i+1)T_b} \int_{iT_b}^{(i+1)T_b} n(t)n(\tau)c_1(t)c_1(\tau)\cos(2\pi f_1 t)\cos(2\pi f_1 \tau)dtd\tau\right] \\
&= \frac{2}{T_b} \int_{iT_b}^{(i+1)T_b} \int_{iT_b}^{(i+1)T_b} \frac{N_0}{2}\delta(t-\tau)c_1(t)c_1(\tau)\cos(2\pi f_1 t)\cos(2\pi f_1 \tau)dtd\tau \\
&= \frac{N_0}{T_b} \int_{iT_b}^{(i+1)T_b} c_1^2(t)\cos^2(2\pi f_1 t)dt = \frac{N_0}{2T_b} \int_{iT_b}^{(i+1)T_b} [1 + \cos(4\pi f_1 t)]dt \\
&= \frac{N_0}{2}
\end{aligned}
\tag{4-4-3}
$$

식 (4-4-3)에서 구한 DS/SS BPSK 방식의 잡음 분산값은 BPSK 방식의 잡음 분산값인 σ^2과 동일함을 알 수 있다. 즉, 식 (4-4-2)와 같이 주어지는 결정변수의 확률밀도함수는

3.4.3절의 BPSK의 경우와 같다. 따라서 AWGN 채널에서의 DS/SS BPSK의 비트 에러율은 식 (3-4-21)과 동일하다.

반면에 PN 코드를 모르는 사용자 2의 경우 반송파 복원 후 $c_2(t)$를 곱하면, 결정변수는 다음과 같이 표현된다. (⑦번)

$$z_{i2} = \int_{iT_b}^{(i+1)T_b} \frac{\sqrt{E_b}}{T_b} b_1(t)c_1(t)c_2(t)dt + \int_{iT_b}^{(i+1)T_b} n(t)c_2(t)\varphi_1(2\pi f_1 t)dt \qquad (4\text{-}4\text{-}4)$$
$$= \frac{\sqrt{E_b}}{T_b} b_{i1} \int_{iT_b}^{(i+1)T_b} c_1(t)c_2(t)dt + n_{i2}$$

서로 다른 PN 코드의 곱 $c_1(t)c_2(t)$는 새로운 PN 코드가 되므로, 다른 PN 코드를 사용하는 사용자의 신호는 역확산되지 않으며, ⑥번에서 보듯이 여전히 AWGN의 전력보다 낮은 상태로 유지된다. 서로 다른 두 PN 코드 $c_n(t)$과 $c_m(t)$에 대한 상호상관(cross-correlation)은 다음과 같이 정의된다.

$$R_{c_n c_m}(\tau) = \frac{1}{N_c T_c} \int_{iN_c T_c}^{(i+1)N_c T_c} c_n(t)c_m(t+\tau)dt = \frac{1}{T_b} \int_{iT_b}^{(i+1)T_b} c_n(t)c_m(t+\tau)dt \quad (4\text{-}4\text{-}5)$$

개념정리 4-1 상호상관 특성

아래의 그림은 주기가 31인 PN 코드와 gold 코드의 자기상관(①번)과 상호상관(②번)을 보여준다. PN 코드는 동기식 IS-95 CDMA 방식에서 기지국/사용자 구별 용도로 주로 사용되며, 자기상관 특성이 우수하다. 반면에 gold 코드는 PN 코드에 비해 매우 많은 수의 코드 생성이 가능하다는 장점이 있다. 주로 비동기식 WCDMA 방식에서 서로 다른 전송단을 구별하기 위한 scrambling 코드로 사용된다.

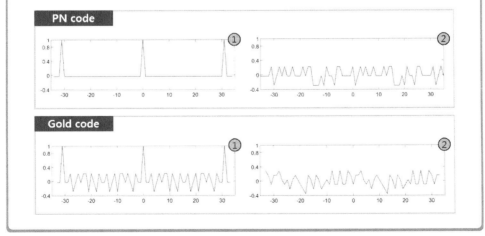

이를 이용하면, 식 (4-4-4)의 결정변수는 다음과 같이 표현된다.

$$z_{i2} = \sqrt{E_b}\, b_{i1} R_{c_1 c_2}(0) + n_{i2} \tag{4-4-6}$$

서로 다른 PN 코드 $c_n(t)$과 $c_m(t)$는 상호상관 값이 매우 작기 때문에, ⑦번 단에서와 같이 신호의 전력은 AWGN 전력보다 낮은 상태로 유지되어 검파가 불가능하다.

4.4.2 재밍 신호의 영향

그림 4-4-2에서는 의도적으로 통신을 방해하려는 재밍 신호 또는 비의도적인 간섭 신호 $J(t)$가 존재할 경우의 영향을 보여준다. 분석의 편의를 위해서 단일 주파수를 가지는 재밍 신호를 가정하며, 이때 재밍 신호는 다음과 같다.

$$J(t) = \sqrt{2P_J} \cos(2\pi f_1 t) \tag{4-4-7}$$

여기서 P_J와 f_1는 각각 재밍 신호의 송신 전력과 반송파 주파수이다. 대역확산 신호와 재밍 신호의 반송파 주파수가 동일하므로, 수신신호는 DS/SS BPSK 신호와 재밍 신호의 합으로 표현된다. (①번)

$$r(t) = \sqrt{E_b}\, b(t) c(t) \varphi(2\pi f_1 t) + \sqrt{2P_J} \cos(2\pi f_1 t) \tag{4-4-8}$$

우선 반송파 복원 후 신호는 다음과 같다. (②번)

$$r(t)\varphi_1(2\pi f_1 t) = \frac{\sqrt{E_b}}{T_b} b(t) c(t) \left[1 + \cos(4\pi f_1 t) \right]$$
$$+ \sqrt{\frac{P_J}{T_b}} \left[1 + \cos(4\pi f_1 t) \right] \tag{4-4-9}$$

따라서 다음과 같은 LPF 통과 후 신호를 얻는다. (③번)

$$\bar{r}(t) = LPF\left[r(t)\varphi_1(2\pi f_1 t) \right] = \frac{\sqrt{E_b}}{T_b} b(t) c(t) + \sqrt{\frac{P_J}{T_b}} \tag{4-4-10}$$

위 신호에 $c(t)$를 곱한 후 ④번에서의 신호는 다음과 같다.

$$\bar{r}(t) c(t) = \frac{\sqrt{E_b}}{T_b} b(t) c^2(t) + \sqrt{\frac{P_J}{T_b}} c(t) = \sqrt{\frac{P}{T_b}} b(t) c^2(t) + \sqrt{\frac{P_J}{T_b}} c(t) \tag{4-4-11}$$

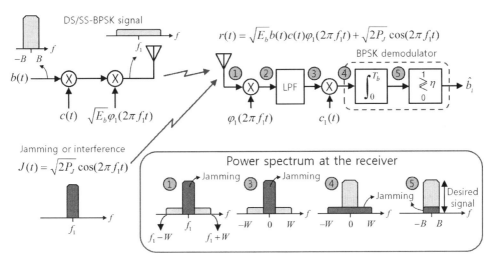

그림 4-4-2 재밍 신호의 영향

위의 식에서 $c^2(t) = 1$이므로, 수신단에서 $c(t)$를 곱한 후의 사용자 신호는 $|f| \leq B$이내의 신호로 역확산되지만 협대역의 재밍 신호 $J(t)$는 반대로 스펙트럼이 확산된다는 것을 알 수 있다. ④번 단에서 보듯이 $P_G \gg 1$를 가정하면 역확산된 재밍 신호 스펙트럼의 크기는 매우 작고 대역폭은 넓은 형태이므로, AWGN으로 근사화할 수 있다. ⑤번에서의 결정변수 z_i는 다음과 같다.

$$z_i = \int_{iT_b}^{(i+1)T_b} \sqrt{\frac{P}{T_b}} b(t)c^2(t)dt + \int_{iT_b}^{(i+1)T_b} \sqrt{\frac{P_J}{T_b}} c(t)dt \tag{4-4-12}$$
$$= \sqrt{PT_b}\, b_i + \sqrt{\frac{P_J}{T_b}} \int_{iT_b}^{(i+1)T_b} c(t)dt$$

그림 4-2-4에서 보듯이 PN 코드 $c(t)$는 1의 개수가 0의 개수보다 항상 1개 더 많으므로 다음을 얻는다.

$$\int_{iT_b}^{(i+1)T_b} c(t)dt = \int_{iT_b}^{(i+1)T_b} \sum_m c_m p_{T_c}(t - mT_c)dt \tag{4-4-13}$$
$$= \sum_m \int_{iT_b}^{(i+1)T_b} c_m p_{T_c}(t - mT_c)dt = \sum_m c_m T_c = T_c$$

따라서 결정변수 z_i는 다음과 같이 정리된다.

$$z_i = \sqrt{PT_b}\, b_i + \sqrt{\frac{P_J}{T_b}}\, T_c = \pm \sqrt{PT_b} + \frac{\sqrt{P_J T_b}}{N_c} \tag{4-4-14}$$

위의 식에서 P가 P_J와 비슷하다고 가정하면, DS/SS 신호의 전력이 $P_G = T_b/T_c = N_c$에 비례하여 재밍 신호의 전력보다 커진다(⑤번). 따라서 처리이득 P_G이 클수록 간섭의 영향을 적게 받게 된다.

4.4.3 DS/SS 다중사용자 신호의 영향

그림 4-4-3에서는 한 셀에서 N_u명의 DS/SS 사용자가 동시에 기지국에 접속할 경우의 영향을 보여준다. 이러한 방식을 DS-CDMA라고 한다. 이때 수신신호는 다음과 같다. (①번)

$$r(t) = \sum_{m=1}^{N_u} \sqrt{E_m}\, b_m(t-\tau_m) c_m(t-\tau_m) \varphi_1(2\pi f_c t + \theta_m) \tag{4-4-15}$$

여기서 $b_m(t)$는 m번째 DS/SS BPSK 사용자의 비트열, $\theta_m = -2\pi f_c \tau_m$, 그리고 E_m와 τ_m는 각각 m번째 사용자 신호의 비트당 에너지와 전송 지연을 의미한다. 수식 전개의 편의를 위하여 기지국에 도달하는 모든 DS/SS 사용자 신호의 시간 동기가 일치한다고 가정한다 ($\tau_1 = \tau_2 = \cdots = \tau_{N_u} = 0$). 이 경우 수신신호는 다음과 같이 간단하게 표현된다. (①번)

$$r(t) = \sum_{m=1}^{N_u} \sqrt{E_m}\, b_m(t) c_m(t) \varphi_1(2\pi f_c t) \tag{4-4-16}$$

기지국에서 첫 번째 사용자 신호에 대한 검파 과정을 살펴본다. 반송파 복원 후 신호는 다음과 같다. (②번)

$$\begin{aligned} r(t)\varphi_1(2\pi f_c t) &= \sum_{m=1}^{N_u} \sqrt{E_m}\, b_m(t) c_m(t) \varphi_1^2(2\pi f_c t) \\ &= \sum_{m=1}^{N_u} \frac{\sqrt{E_m}}{T_b} b_m(t) c_m(t) \left[1 + \cos(4\pi f_c t)\right] \end{aligned} \tag{4-4-17}$$

위 신호가 LPF를 통과하면 다음의 신호를 얻는다. (③번)

$$LPF\left[r(t)\varphi_1(2\pi f_c t)\right] = \frac{\sqrt{E_1}}{T_b} b_1(t) c_1(t) + \sum_{m=2}^{N_u} \frac{\sqrt{E_m}}{T_b} b_m(t) c_m(t) \tag{4-4-18}$$

위 신호에 $c_1(t)$를 곱한 후 ④번 단에서와 같이 역확산된 신호를 얻는다.

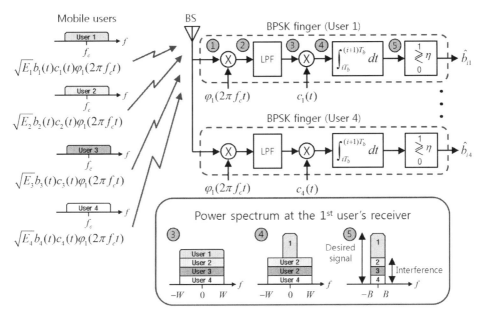

그림 4-4-3 DS/SS 다중사용자 간섭 신호의 영향 ($N_u = 4$)

$$z(t) = \frac{\sqrt{E_1}}{T_b} b_1(t) c_1^2(t) + \sum_{m=2}^{N_u} \frac{\sqrt{E_m}}{T_b} b_m(t) c_m(t) c_1(t) \tag{4-4-19}$$

여기서 두 번째 항은 다른 DS/SS 사용자로 인한 간섭 성분으로써, 이를 다중사용자 간섭 (Multi-user Interference, MUI)이라고 한다. 식 (4-4-19)에서 서로 다른 PN 코드의 곱은 새로운 PN 코드가 되므로, $P_G \gg 1$을 가정하면 ④번 단에서 보듯이 다중사용자 간섭의 스펙트럼은 크기가 매우 작고 대역폭은 넓은 형태가 된다. 따라서 근사적으로 AWGN과 유사한 영향을 주게 된다. ⑤번에서의 결정변수 z_{i1}은 다음과 같다.

$$\begin{aligned}
z_{i1} &= \int_{iT_b}^{(i+1)T_b} \frac{\sqrt{E_1}}{T_b} b_1(t) c_1^2(t) dt \tag{4-4-20} \\
&+ \sum_{m=2}^{N_u} \frac{\sqrt{E_m}}{T_b} \int_{iT_b}^{(i+1)T_b} b_m(t) c_m(t) c_1(t) dt \\
&= \sqrt{E_1}\, b_{i1} + \sum_{m=2}^{N_u} \frac{\sqrt{E_m}}{T_b} b_{im} \int_{iT_b}^{(i+1)T_b} c_m(t) c_1(t) dt
\end{aligned}$$

여기서 b_{im}은 $b_m(t)$의 i번째 비트 정보이다. 즉, 수신단에서 $c_1(t)$를 곱한 후에 첫 번째 DS/SS 사용자 신호는 $|f| \le B$이내의 신호로 역확산되지만 다른 PN 코드를 사용하는 다

중 사용자들의 신호는 역확산되지 않는다. 식 (4-4-5)에 정의된 상호상관 함수를 사용하면, z_{i1}은 다음과 같다.

$$z_{i1} = \sqrt{E_1}\, b_{i1} + \sum_{m=2}^{N_u} \sqrt{E_m}\, b_{im} R_{c_m c_1}(0) \tag{4-4-21}$$

위 식에서 첫 번째 항은 검파하려는 첫 번째 사용자 신호이고 두 번째 항은 나머지 $N_u - 1$ 명의 다중사용자 간섭 신호이다. 서로 다른 사용자간 상호상관 함수 $R_{c_m c_1}(0)$은 작지만 0이 아니기 때문에, ⑤번 스펙트럼에서 보듯이 첫 번째 사용자 신호 검파시에 간섭 성분으로 작용한다. 따라서 N_u가 증가할수록 간섭 전력이 증가하여, 원하는 사용자 검파가 어려워진다. 이를 해결하기 위해서는 $R_{c_m c_1}(0) \cong 0$를 만족하는 PN 코드를 사용하는 방법과 간섭 성분을 제거하는 IC(Interference Cancellation) 기법을 사용하는 방법이 있다.

4.4.4 다중경로 신호의 영향

무선통신 시스템에서 수신신호는 직접파 신호와 건물이나 산 등에 반사된 간접파 신호들로 구성되는데, 이와 같이 신호가 여러 개의 경로를 거쳐 전파되는 환경을 다중경로 (multi-path) 전파 환경이라 한다. 다중경로로 수신되는 신호는 각 경로별로 서로 다른 지연 시간과 크기를 겪게 된다(그림 4-4-4). 다중경로 채널의 임펄스 응답 $h(t)$는 다음과 같이 표현된다. (①번)

$$h(t) = \sum_{m=1}^{L} \alpha_m \delta(t - \tau_m) \tag{4-4-22}$$

여기서 L는 다중경로의 수이고, α_m과 τ_m는 각각 m번째 다중경로 채널의 계수와 시간 지연을 의미한다. ②번에서와 같이 다중경로별 시간 지연 대비 경로의 크기를 도시한 것을 MIP(Multipath Intensity Profile)라 하고, 마지막 반사 신호가 수신되는 τ_4를 최대지연확산(maximum delay spread)이라고 한다. ③번은 채널의 주파수 응답으로써 다음과 같이 표현된다.

$$H(f) = F[h(t)] = F\left[\sum_{m=1}^{L} \alpha_m \delta(t - \tau_m) \right] = \sum_{m=1}^{L} \alpha_m F[\delta(t - \tau_m)] \tag{4-4-23}$$

식 (2-1-27)에 정의된 $F[\delta(t-t_0)] = e^{-j2\pi ft_0}$을 이용하면 다음과 같이 구해진다.

$$H(f) = \sum_{m=1}^{L} \alpha_m e^{-j2\pi f\tau_m} \qquad (4\text{-}4\text{-}24)$$

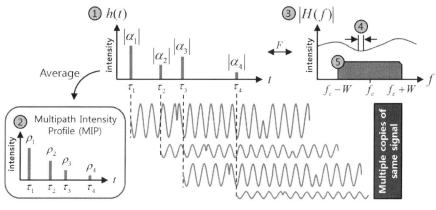

그림 4-4-4 다중경로 채널

채널의 임펄스 응답과 주파수 응답

①번은 $h(t) = \alpha\delta(t)$와 같이 다중경로가 하나인 경우이다. 이 채널에 대한 푸리에 변환은 모든 주파수 범위에서 $H(f) = F[h(t)] = \alpha$로 주어진다. 전송신호의 대역폭에 상관없이 채널의 주파수 응답이 일정한 경우로써, 이러한 채널을 flat 페이딩 채널이라고 한다. 반면에 ②번과 같이 다중경로 수가 증가하고 최대지연확산 τ_{max}가 커지면 주파수 응답 $H(f)$의 랜덤성이 증가한다. 이를 주파수 선택성 (frequency selectivity)이 증가한다고 한다. $1/\tau_{max}$에 비례하여 정의되는 채널 상관 대역폭과 신호 대역폭의 비에 따라서 주파수 선택성의 정도가 결정된다. ①번은 $\tau_{max} \to 0$인 경우이므로, 채널의 상관 대역폭은 무한대가 된다.

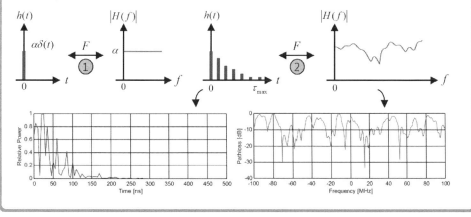

그림 4-4-4에서 ④번은 채널의 상관 대역폭(coherence bandwidth)으로써 채널의 주파수 응답이 일정하게(flat) 유지되는 주파수 범위로 정의된다. 채널의 상관 대역폭은 최대지연 확산 τ_4의 역수에 비례한다. ④번의 채널 상관 대역폭이 ⑤번의 신호 전송 대역폭과 비교하여 작은 경우를 주파수 선택적(frequency selective) 채널이라고 한다.

여기서는 그림 4-4-5에서와 같이 사용자가 전송한 DS/SS BPSK 신호가 반사되어 L개의 다중경로 신호가 동시에 기지국으로 도달하는 경우의 영향을 살펴본다. 이때 수신신호는 식 (4-2-8)의 DS/SS BPSK 전송신호와 식 (4-4-22)의 채널 임펄스 응답과의 시간영역에서의 컨벌루션으로 표현된다. (①번)

$$r(t) = s(t) \otimes h(t) = \sum_{m=1}^{L} \alpha_m s(t) \otimes \delta(t - \tau_m) = \sum_{m=1}^{L} \alpha_m s(t - \tau_m) \qquad (4\text{-}4\text{-}25)$$
$$= \sum_{m=1}^{L} \sqrt{E_b} \alpha_m b(t - \tau_m) c(t - \tau_m) \varphi_1(2\pi f_c t + \theta_m)$$

여기서 $\theta_m = -2\pi f_c \tau_m$ 이다. 식에서 보듯이 수신신호는 전송신호와 채널 계수 α_m 이 곱해진 형태가 된다. 일반적으로 α_m 은 복소수이므로, $|\alpha_m|$ 은 채널의 크기이고 $\angle \alpha_m$ 은 채널의 회전량(각도)을 의미한다. 따라서 $|\alpha_m|$ 이 작은 경로일수록 수신되는 신호의 세기가 작아진다. 첫 번째 경로로 수신되는 신호에 PN 코드 동기가 맞춰진 경우, $\varphi_1(2\pi f_c t + \theta_1)$ 를 곱한 후 신호는 다음과 같다. (②번)

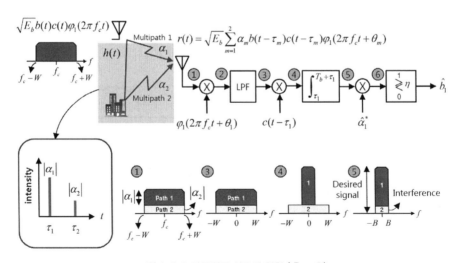

그림 4-4-5 다중경로 신호의 영향 $(L = 2)$

$$r(t)\varphi_1(2\pi f_c t + \theta_1) = \sqrt{E_b}\,\alpha_1 b(t-\tau_1)c(t-\tau_1)\varphi_1^2(2\pi f_c t + \theta_1) \tag{4-4-26}$$

$$+ \sum_{m=2}^{L} \sqrt{E_b}\,\alpha_m b(t-\tau_m)c(t-\tau_m)\varphi_1(2\pi f_c t + \theta_m)\varphi_1(2\pi f_c t + \theta_1)$$

$$= \frac{\sqrt{E_b}}{T_b}\alpha_1 b(t-\tau_1)c(t-\tau_1)\big[1 + \cos(4\pi f_c t + 2\theta_1)\big]$$

$$+ \sum_{m=2}^{L} \frac{\sqrt{E_b}}{T_b}\alpha_m b(t-\tau_m)c(t-\tau_m)\big[\cos(\theta_m - \theta_1) + \cos(4\pi f_c t + \theta_m + \theta_1)\big]$$

위 신호가 LPF를 통과하면 ③번 단에서의 출력 신호는 다음과 같다.

$$LPF\big[r(t)\varphi_1(2\pi f_c t + \theta_1)\big] = \frac{\sqrt{E_b}}{T_b}\alpha_1 b(t-\tau_1)c(t-\tau_1) \tag{4-4-27}$$

$$+ \sum_{m=2}^{L} \frac{\sqrt{E_b}}{T_b}\alpha_m b(t-\tau_m)c(t-\tau_m)\cos(\theta_m - \theta_1)$$

완벽한 PN 코드 동기와 반송파 복원을 가정하면, ⑤번 단에서의 상관기 출력은 다음과 같다.

$$y_{i1} = \int_{iT_b}^{(i+1)T_b} \frac{\sqrt{E_b}}{T_b}\alpha_1 b(t-\tau_1)c^2(t-\tau_1)dt \tag{4-4-28}$$

$$+ \int_{iT_b}^{(i+1)T_b} \sum_{m=2}^{L} \frac{\sqrt{E_b}}{T_b}\alpha_m b(t-\tau_m)c(t-\tau_m)c(t-\tau_1)\cos(\theta_m - \theta_1)dt$$

$$= \sqrt{E_b}\,\alpha_1 b_{i1} + \sum_{m=2}^{L} \frac{\sqrt{E_b}}{T_b}\alpha_m b_{im}\cos(\theta_m - \theta_1)\int_{iT_b}^{(i+1)T_b} c(t-\tau_m)c(t-\tau_1)dt$$

여기서 b_{im}는 m번째 경로로 전송된 i번째 비트 정보이다. 식 (4-4-28)에서 α_1으로 인한 위상 회전을 보상하기 위해서는 채널 계수의 추정치가 필요하다. 채널 계수를 추정하는 과정을 채널 추정(channel estimation)이라고 한다. 채널 추정 에러가 없다고 가정하면 $(\hat{\alpha}_1 = \alpha_1)$, 첫 번째 경로에 대한 결정변수 z_{i1}는 다음과 같이 구해진다. (⑥번)

$$z_{i1} = \alpha_1^* y_{i1} = \sqrt{E_b}\,|\alpha_1|^2 b_{i1} + \sum_{m=2}^{L} \sqrt{E_b}\,\alpha_m \alpha_1^* b_{im}\cos(\theta_m - \theta_1)R_c(\tau_m - \tau_1) \tag{4-4-29}$$

여기서 두 번째 항은 자기 자신의 신호가 다른 경로로 수신되어 간섭으로 작용하는 성분을 의미하며, 이러한 간섭을 자기간섭(self-interference)이라고 한다. 위의 식에서 $R_c(\tau_m - \tau_1)$는 PN 코드 $c(t)$의 자기상관 함수이므로, 경로 간 시간 지연 차이가 $|\tau_m - \tau_1| > T_c$이면 $R_c(\tau_m - \tau_1)$ 값은 $-1/N_c$가 된다. 따라서 확산이득 또는 PN 코드의 길이 N_c가 클수록

자기간섭의 영향이 적어진다. PN 코드의 자기상관 특성을 이용하면 자기간섭 신호를 분리하여 복조하는 것이 가능해지는데, 이를 RAKE 수신기라 한다.

개념정리 4-3　　다중경로 채널 계수

다음은 그림 4-4-5의 대역통과 송수신 모델을 기저대역 송수신 모델로 표현한 것이다. 다중경로 계수 α의 영향을 살펴보기 위해 $T_b = 1$과 $c(t) = 1$을 가정하면, ①번과 ②번의 송신 성상도는 동일하다. 다중경로 계수 α는 복소수로 ③번과 같이 세기는 $|\alpha|$이고 각도는 $\angle\alpha$로 표현된다. 채널 계수 α가 신호에 곱해져 수신되므로, 수신신호는 ④번과 같이 송신신호가 회전된 형태가 된다. 회전 영향을 없애기 위해서는 α^*가 곱해져야 한다. 이를 위해서는 α를 추정해야 하며, 이러한 과정을 채널 추정이라 한다. 채널 계수에 의한 회전 영향이 보상된 후의 수신 성상도는 ⑥번과 같이 송신 성상도에 $|\alpha|^2$이 곱해진 형태가 된다.

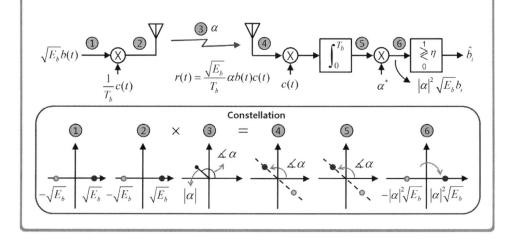

1. 그림 4-3-2의 DS/SS QPSK 수신기에 $r(t) = s(t) + n(t)$가 수신된다고 가정한다. $s(t)$는 식 (4-3-2)와 같은 전송신호이고, $n(t) = \sqrt{2}\, n_c(t)\cos(2\pi f_c t) - \sqrt{2}\, n_s(t)\sin(2\pi f_c t)$는 대역통과 AWGN이다. 대역통과 AWGN 채널 모델에서 DS/SS QPSK의 비트 에러율을 구하시오. ($n_c(t)$와 $n_s(t)$는 평균이 0이고 전력스펙트럼밀도가 $N_0/2$인 기저대역 AWGN이다)

2. 그림 4-3-3은 DS/SS OCQPSK 송신기 구조를 보여준다. $b(t)$가 식 (4-2-1)과 같이 한 비트의 구간이 T_b인 양극성 사각 펄스열일 때, ④~⑧단에서의 전력스펙트럼밀도를 구하시오.

3. 사용자 1과 2는 각각 PN 코드 $c_1(t)$와 $c_2(t)$로 대역확산된 DS/SS BPSK 신호 $s_m(t) = \sqrt{E_m}\, b_m(t) c_m(t) \varphi_1(2\pi f_c t)$를 전송한다. 이때 기지국에 수신된 신호의 전력스펙트럼밀도는 ①번과 같으며, 전송 지연 없이 수신된다고 가정한다. 수신단에서 사용되는 BPF는 $|f - f_c| \le 1/T_b$만 통과시킨다. 다음에 답하시오.

1) $\tau_r = 0$일 때 ②~⑤단에서의 전력스펙트럼밀도를 그리시오.

2) $|\tau_r| > T_c$일 때 ②~⑤단에서의 전력스펙트럼밀도를 그리시오.

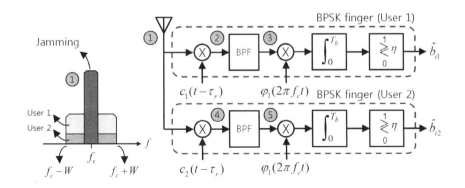

4. 아래의 수신기에 DS/SS BPSK 신호와 단일톤 재밍 신호가 동시에 수신된다고 가정한다. 이때 수신신호는 식 (4-4-8)에서와 같이 $r(t) = \sqrt{2P}b(t)c(t)\cos(2\pi f_c t) + \sqrt{2P_J}\cos(2\pi f_c t)$ 와 같다. 수신단에서 BPF는 $|f - f_c| \leq 1/T_b$만 통과시킨다. 다음에 답하시오.

   1) ①번과 ②번 단에서의 전력스펙트럼밀도를 구하시오.

   2) $P = P_J$일 때, ③번 단에서 DS/SS BPSK 신호와 재밍 신호의 전력비가 확산이득 P_G에 비례함을 보이시오.

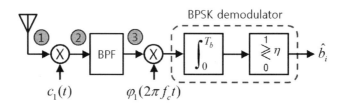

5. 그림 4-4-3은 CDMA 다중사용자 환경에서의 대역통과 송수신 모델이다. 수신단에 도달하는 모든 DS/SS BPSK 사용자 신호의 시간 동기가 일치한다고 가정한다. 다음에 답하시오.

   1) 그림 4-4-3에 대한 기저대역 송수신 모델을 그리시오.

   2) 첫 번째 사용자의 상관기 출력단에서의 결정변수를 구하시오.

CHAPTER 5

CDMA 통신 시스템

5.1 CDMA 기술 발전

1세대 이동통신은 음성통화만 가능한 아날로그 방식의 통신 기술이다. 우리나라는 1984
년에 아날로그 이동통신 서비스를 상용화했으며, 200~900MHz 주파수 대역에서 전송률
은 10kbps 수준이었다. 아날로그 방식은 통화에 혼선이 생기고 주파수 효율성이 떨어지
는 단점이 있었다. 아날로그 이동통신의 한계를 극복하며 디지털 방식의 2세대 이동통신
이 등장하게 된다. 유럽식의 GSM과 북미식의 CDMA가 대표적인 기술이다. 이후 90년대
중반부터 그림 5-1-1에서와 같이 CDMA 기술을 기반으로 하는 2G와 3G 이동통신 기술이
발전하게 된다.

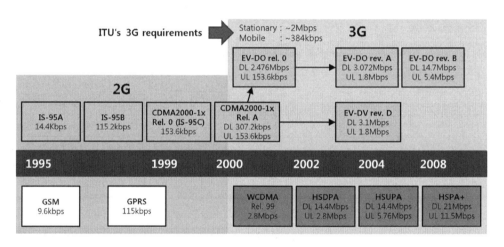

그림 5-1-1 CDMA 이동통신 기술 발전

5.1.1 2G CDMA

우리나라에서는 SK텔레콤이 1996년에 세계 최초로 800~900MHz대역에서 CDMA 방식의
디지털 이동통신 서비스를 시작하였다. 1997년 말부터는 폭증하는 가입자 수요를 충족하
기 위해 1.7~1.9GHz대역에서 동일한 디지털 방식의 서비스를 제공하는 PCS(Personal
Communication Service)가 도입되었다. 2세대 이동통신의 데이터 전송속도는 9.6kbps~
64kbps 정도로 음성통화 외에 문자메시지, e-메일 등의 데이터와 간단한 정지화상 전송이
가능해졌다.

2001년부터 국내 이동통신업체들이 전국적으로 서비스를 시작한 CDMA2000-1x는 동기식 2.5세대에 해당한다. CDMA2000-1x는 기존 이동통신이나 PCS용 주파수를 그대로 사용하지만 데이터 전송속도는 최대 153.6Kbps로써 2세대 이동통신보다 최대 10배 이상 빠르다. 국제통신연합(International Telecommunication Union, ITU)이 144Kbps~2Mbps의 속도와 동영상을 제공하는 서비스를 3세대로 규정했기 때문에, 이 기준의 하한선에 해당하는 CDMA2000-1x를 3세대로 분류하기도 한다. CDMA2000-1x는 2000년에 ITU로부터 IMT-2000(International Mobile Telecommunications-2000)의 5개 기술표준 중 하나로 공식 채택된 기술이다. 그림 5-1-2는 IS-95를 기반으로 발전한 동기식 2G CDMA 기술 표준별 전송속도의 발전 과정을 보여주고 있다. 1.25MHz의 대역폭과 1.2288Mcps의 칩률을 기반으로 주로 변조 방식 및 칩률과 비트율의 비로 정의되는 SF(Spreading Factor)를 조절하여 전송 속도를 향상시킨다. 3G CDMA의 기초가 되는 CDMA2000-1x의 경우 하향링크에서 최대 307.2kbps의 데이터 전송률을 지원한다. 자세한 전송속도 도출 과정은 5.8절에서 살펴본다.

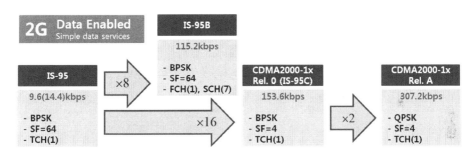

그림 5-1-2 동기식 2G CDMA 전송속도 발전

5.1.2 3G CDMA

3세대 이동통신에서는 각국의 다양한 2G 이동통신 표준을 국제 표준으로 통일하기 위해 IMT-2000이 등장하게 된다. 2000년에 ITU는 IMT-2000에 대한 다섯 가지 무선 규격을 승인하는데, 여기에 해당되는 무선통신 기술은 WCDMA(Wideband CDMA), CDMA2000, TD-SCDMA(Time Division-Synchronous CDMA), EDGE(Enhanced Data rates for GSM Evolution) 등이다. 2007년에는 Wibro(Wireless Broadband)가 여섯 번째 표준으로 승인되는데, 해외에서는 모바일 WiMAX(Worldwide Interoperability for Microwave Access)

라고도 불린다.

IS-95에서 발전한 CDMA2000-1x EV-DO(Evolution-Data Optimized)는 IMT-2000 수준인 최고 2.475Mbps로 멀티미디어 데이터를 전송할 수 있게 진화한다. 우리나라에서는 2002년에 CDMA2000-1x EV-DO 서비스를 시작하게 되는데, 덕분에 Nate와 June과 같은 동영상 서비스가 가능하게 된다. 그러나 유럽식 GSM이 발전한 WCDMA가 속도와 확장성 면에서 두각을 나타내면서 CDMA2000-1x EV-DO는 주력 네트워크 자리를 WCDMA에 내어주게 된다. 그림 5-1-3은 IS-95를 기반으로 발전한 동기식 3G CDMA 기술 표준별 전송속도의 발전 과정을 보여주고 있다. 3G CDMA 기술은 2G CDMA와 마찬가지로 1.25MHz의 대역폭과 1.2288Mcps의 칩률을 기반으로 주로 16QAM과 같은 고차 변조 방식을 사용하여 전송률을 증대시킨다. EV-DO Rev. A의 경우 하향링크에서 최대 3.072Mbps, 상향링크에서는 최대 1.8432Mbps의 전송률을 지원한다. EV-DO Rev. B에서 부터는 1.25MHz의 대역폭을 여러 개 사용하는 다중반송파(multicarrier, MC) 개념이 도입되었으며, 1.25MHz 대역 3개를 사용하는 경우 하향링크에서 최대 14.7Mbps의 전송률이 제공된다.

유럽의 비동기식 WCDMA는 미국의 동기식 CDMA2000-1x보다 수십배 빠른 2.8Mbps의 데이터 통신 규격을 시작으로 해서, 2002년에는 WCDMA 기술의 업그레이드 버전인 HSPA(High Speed Packet Access) 표준 기술이 등장한다. 이 규격 중에서 HSDPA(High Speed Downlink Packet Access)는 하향링크 진화를 위한 표준으로써, 그림 5-1-4에서 정리된 것과 같이 초기 WCDMA의 데이터 전송속도인 2.8Mbps를 이론상으로 14.4Mbps까지 높일 수 있는 기술이다. 2004년에는 상향링크 전송속도를 최대 5.76Mbps까지 지원하는 HSUPA(High Speed Uplink Packet Access) 표준이 등장하게 된다.

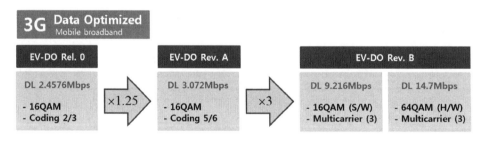

그림 5-1-3 동기식 3G CDMA 전송속도 발전

그림 5-1-4에서 정리된 바와 같이 비동기식 3G WCDMA는 5MHz의 대역폭과 3.84Mcps의

칩률을 기반으로 변조방식, SF, multicode 개수를 조절하여 전송률을 증대시킨다. 2008년에 발표된 HSPA의 업그레이드 버전인 HSPA+(Evolved HSPA)는 64QAM과 같은 고차 변조 방식과 multicode 기술을 도입하여 하향링크에서 최대 672Mbps의 속도를 지원한다. 지금까지 살펴본 바와 같이 1995년부터 시작된 IS-95의 최대 전송속도인 14.4kbps와 비교해볼 때, EV-DO Rev. B의 14.7Mbps와 HSPA+(rel.7)의 28.8Mbps는 10년에 걸쳐 1000배 이상의 전송률 향상을 보이고 있다. 자세한 전송속도 도출 과정은 5.8절에서 살펴본다.

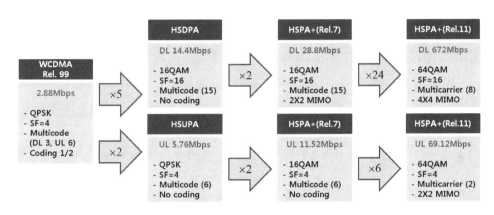

그림 5-1-4 비동기식 3G WCDMA 전송속도 발전

5.2 CDMA 코드

동기식 IS-95 CDMA 시스템에는 크게 Walsh 코드, short PN 코드, 그리고 long PN 코드가 사용되고 있다. 반면에 비동기식 WCDMA 시스템에는 크게 채널을 구별하기 위한 channelization 코드와 서로 다른 전송단을 구별하기 위한 scrambling 코드가 사용되고 있다. 이절에서는 CDMA 시스템에서 사용되는 코드의 종류와 역할을 살펴본다.

5.2.1 동기식 CDMA 코드

동기식 IS-95 CDMA 시스템에는 상향링크와 하향링크에 따라 Walsh 코드, short PN 코드, 그리고 long PN 코드의 용도가 결정된다. 그림 5-2-1은 IS-95 CDMA 기지국의 송신단 구조를 보여준다. 하향링크 채널에서는 단말기가 기지국이 송신하는 각 채널을 구분하기 위한 용도로 Walsh 코드를 사용한다. 그리고 short PN 코드는 단말기가 기지국을 구별하기 위한 용도로 사용되며, 하향링크에서의 long PN 코드는 데이터 암호화에 사용된다. 이 구조는 그림 4-2-10의 DS/SS dual BPSK 송신기 구조에 해당한다.

그림 5-2-2는 IS-95 CDMA 단말기의 송신단 구조를 보여준다. Walsh 코드는 상향링크에서는 M-ary 직교 변조의 코드로 사용된다. 그리고 long PN 코드는 상향링크 채널에서 기지국이 각 단말기를 구별하는데 사용되며, short PN 코드는 송신시점 결정 및 long PN 코드의 mask로 사용되고 있다.

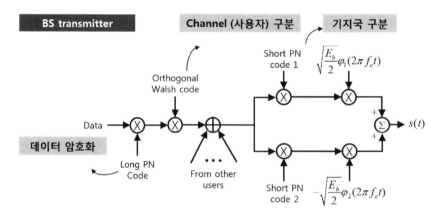

그림 5-2-1 IS-95 CDMA 기지국 송신단

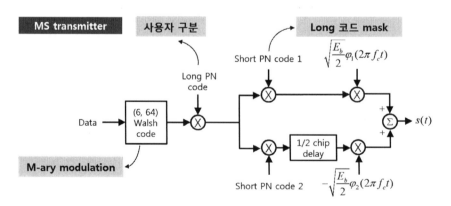

그림 5-2-2 IS-95 CDMA 단말기 송신단

⑴ Walsh 코드

Walsh 코드는 하향링크의 경우 단말기가 기지국이 송신하는 각 채널을 구분하기 위해 사용된다. 반면에 상향링크에서는 M-ary 직교 변조를 위한 코드로 사용되고 있다. 초기값을 1으로 하고 Hadamard 행렬(matrix)을 이용하여, $M \times M$ 행렬의 Walsh 코드를 얻을 때까지 아래와 같은 절차를 반복한다.

$$W_0 = 1, W_1 = \begin{bmatrix} 1 & 1 \\ 1 & -1 \end{bmatrix}, W_2 = \begin{bmatrix} 1 & 1 & 1 & 1 \\ 1 & -1 & 1 & -1 \\ 1 & 1 & -1 & -1 \\ 1 & -1 & -1 & 1 \end{bmatrix},$$

$$W_3 = \begin{bmatrix} W_2 & W_2 \\ W_2 & \overline{W_2} \end{bmatrix}, W_4 = \begin{bmatrix} W_3 & W_3 \\ W_3 & \overline{W_3} \end{bmatrix} \tag{5-2-1}$$

코드 길이가 $M = 2^k$인 Walsh 코드는 다음과 같이 정의된다.

$$W_k = \begin{bmatrix} W_{k-1} & W_{k-1} \\ W_{k-1} & \overline{W_{k-1}} \end{bmatrix} \tag{5-2-2}$$

여기서 $\overline{W_k}$는 W_k의 반전이다. 이와 같은 방법으로 IS-95에서는 64×64 행렬의 Walsh 코드을 사용하며, CDMA2000에서는 최대 128×128 행렬의 Walsh 코드를 생성시켜 사용한다.

⑵ Short PN 코드

Short PN 코드는 하향링크에서는 주로 대역을 확산시키고 기지국을 구분하는 용도로 사용되며, 상향링크에서는 long 코드 mask용으로 사용된다. 만일 기지국마다 다른 PN 코드를 사용한다면, 단말기가 기지국의 PN 코드를 재생하거나 기억하기가 어려우므로, 단말기가 기지국에 쉽게 접근할 수 있도록 기지국에서 사용하는 PN 코드는 모두 같은 코드를 사용한다. 동기식 CDMA 방식에서는 각 기지국마다 동일한 코드를 발생하여 사용하지만 서로를 구별하기 위해 기지국마다 일정한 간격으로 시간 옵셋(offset)을 두고 발생시킨다. 즉, 단말기에서는 각 기지국에서 오는 시간 옵셋을 가지고 각각의 기지국을 구별한다. 결과적으로 단말기는 모든 위상에 대해서 한 번의 검색으로 가장 유력한 기지국과 시스템 동기를 맞출 수 있다. 동기식 CDMA 방식에서 사용되고 있는 short PN 코드 $c_1(t)$와 $c_2(t)$의 생성 다항식은 각각 다음과 같다.

$$g_1(x) = x^{15} + x^{13} + x^9 + x^8 + x^7 + x^5 + 1 \qquad (5\text{-}2\text{-}3)$$

$$g_2(x) = x^{15} + x^{12} + x^{11} + x^{10} + x^6 + x^5 + x^4 + x^3 + 1 \qquad (5\text{-}2\text{-}4)$$

Short PN 코드는 15개의 쉬프트 레지스터에 의해 코드가 발생되며, 칩률은 1.2288Mcps이다. PN 코드의 주기는 $2^{15} - 1 = 32,767$이지만 코드 끝에 0을 강제로 추가시켜 주기는 32,768칩이 된다. Short PN 코드의 한 주기 시간은 26.666...msec이며, short PN 코드가 75번 반복하면 2초가 된다. 기지국은 모두 동일한 short PN 코드를 사용하지만 PN 코드의 시작점을 64칩 단위로 지연시켜 다른 코드처럼 사용한다. 코드를 얼마만큼 시간 지연시켰는가를 PN 옵셋이라고 한다. PN 옵셋은 $32,768/64 = 512$개가 존재한다.

(3) Long PN 코드

Long PN 코드는 하향링크에서는 기본적으로 음성 신호 또는 데이터를 암호화하는데 사용된다. 그리고 상향링크에서는 long PN 코드를 이용하여 서로 다른 단말기를 구분하는데 사용된다. IS-95 CDMA 방식에서 사용되고 있는 long PN 코드의 생성 다항식은 다음과 같다.

$$\begin{aligned} g(x) = {} & x^{42} + x^{35} + x^{31} + x^{27} + x^{26} + x^{25} + x^{22} + x^{21} + x^{19} + x^{18} + x^{16} \\ & + x^{10} + x^7 + x^6 + x^5 + x^3 + x^2 + x^1 + 1 \end{aligned} \qquad (5\text{-}2\text{-}5)$$

Long PN 코드의 주기는 4,398,046,511,104칩이며, PN 코드의 한 주기 시간은 41.4일이다. 따라서 코드의 동기를 맞추려면 많은 시간이 걸릴 수 있다. 이러한 어려움을 피하고 PN 코드 동기를 쉽게 맞추기 위해 기지국은 단말기에게 long PN 코드의 상태값을 미리 알려준다. 동기를 맞춘 단말기들은 모두 동일한 long PN 코드를 발생시킨 후에 단말기의 ESN(Electronic Serial Number) 번호에 따라서 masking을 하여 각각 다른 지연값을 갖는 long PN 코드를 발생시킨다.

5.2.2 비동기식 WCDMA 코드

그림 5-2-3은 WCDMA 기지국의 송신단 구조를 보여준다. 하향링크 채널에서는 단말기가 기지국이 송신하는 각 채널(또는 사용자 데이터)을 구분하기 위한 channelization 코드로

써 OVSF(Orthogonal Variable Spreading Factor) 직교 코드를 사용한다. 그림에서 DPDCH (Dedicated Physical Data Channel)는 SF가 4~512로 가변되는 데이터 전송 채널이고 DPCCH(Dedicated Physical Control Channel)는 SF가 고정인 제어 정보 전송 채널이다. 그림 5-2-4는 그림 5-2-3에 사용된 complex spreading 구조를 보여준다. 이 구조는 그림 4-3-3의 DS/SS OCQPSK에 해당한다. 그림 5-2-5는 WCDMA 단말기의 송신단 구조를 보여준다. 표 5-2-1은 IS-95와 WCDMA에서 사용되는 코드의 종류를 보여준다.

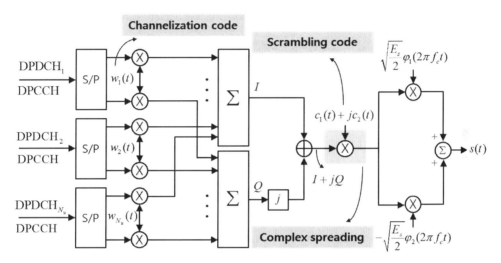

그림 5-2-3 WCDMA 기지국 송신단

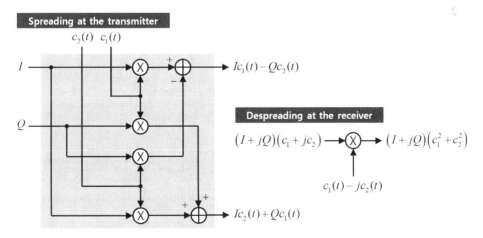

그림 5-2-4 Complex spreading 구조

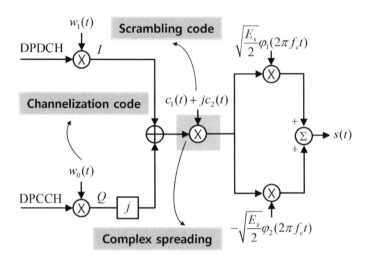

그림 5-2-5 WCDMA 단말기 송신단

표 5-2-1 IS-95와 WCDMA에서 사용되는 코드

링크	Channelization 코드	Scrambling 코드
IS-95 하향링크	Walsh 코드	m-sequence
IS-95 상향링크	N/A	m-sequence
WCDMA 하향링크	OVSF 코드	Gold 코드
WCDMA 상향링크	OVSF 코드	Kasami 코드

(1) Channelization 코드

WCDMA에서는 데이터 및 사용자 채널을 구별하기 위한 channelization 코드로 OVSF 코드를 사용한다. OVSF는 다양한 SF를 가지는 코드로써 그림 5-2-6과 같은 규칙으로 생성된다. 하향링크에서는 4~512의 코드 길이를 가지는 SF가 지원되며, 한 셀 내에서의 사용자 구분 또는 전송률 제어에 사용한다. 한 사용자의 DPDCH와 DPCCH에는 동일한 OVSF가 곱해지는데 이는 DPDCH와 DPCCH가 시간 다중화(time-multiplexing) 방식으로 전송되기 때문이다. 반면에 상향링크에서는 길이가 4~256인 SF가 지원되며, 한 단말기의 전송률을 제어하기 위한 multicode로 사용된다. 상향링크의 경우 한 사용자의 DPDCH와 DPCCH에는 서로 다른 OVSF가 곱해지며, SF에 상관없이 칩률은 3.84Mcps로 동일하게 유지된다.

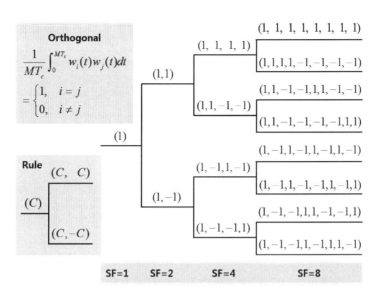

그림 5-2-6 OVSF 코드 생성 방법

(2) Scrambling 코드

WCDMA에서는 서로 다른 전송단을 구별하기 위하여 scrambling 코드가 사용된다. 하향링크에서는 서로 다른 셀(또는 기지국)을 구별하기 위한 용도이며, 길이가 38,400인 Gold 코드가 사용된다. 반면에, 상향링크에서는 단말기를 구분하기 위한 용도이며, Kasami 코드가 쓰이고 있다.

개념정리 5-1 Walsh 코드와 OVSF 코드

길이가 $M = 8$인 ①번과 ②번의 두 Walsh 코드 $w_6(t)$와 $w_7(t)$의 상호상관 특성을 살펴본다. 두 코드를 곱한 $w_6(t) \times w_7(t)$는 ③번과 같다. ③번에 대한 한 주기 동안의 적분은 0이 됨을 알 수 있다. 즉, 서로 다른 Walsh 코드간의 상호상관은 0이 된다. OVSF 코드는 코드 생성 번호를 제외하고는 Walsh 코드와 동일한 방식으로 만들어지므로, 서로 다른 OVSF 코드간의 상호상관도 0이 된다.

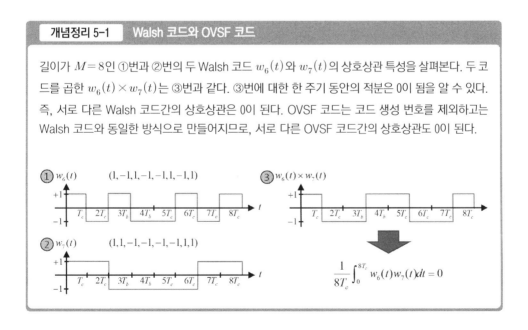

5.3 RAKE 수신기

RAKE 수신기는 서로 시간 지연차가 있는 신호들을 분리해 낼 수 있는 기능을 가진 수신기로써, CDMA의 대역확산 원리를 이용하는 수신기이다. 그림 5-3-1은 다중경로 채널 환경에서의 DS/SS BPSK 송수신 과정을 보여준다. 여기서는 사용자가 전송한 데이터 $b(t)$가 무선통신 채널에서 반사되어 $L = 3$개의 다중경로 신호가 동시에 기지국에 도달하는 경우를 가정한다. 이때 수신신호는 다음과 같다. (①번)

$$r(t) = \sum_{m=1}^{3} \sqrt{E_b}\, \alpha_m b(t - \tau_m) c(t - \tau_m) \varphi_1(2\pi f_c t + \theta_m) \tag{5-3-1}$$

RAKE 수신기는 크게 searcher와 finger로 구성된다. Searcher는 다중경로 채널의 세기로부터 몇 개의 다중경로 신호를 검파할지를 결정한다. Finger는 선택된 다중경로 신호를 복조하기 위한 검파기이다. 그림 5-3-1에서 세 번째 경로의 세기 $|\alpha_3|$은 다른 경로의 세기 $|\alpha_1|$과 $|\alpha_2|$에 비해 매우 작기 때문에, 수신되는 신호의 전력이 상대적으로 낮다. 따라서 세 번째 경로에 대하여 finger를 구성하여도 성능 향상은 크지 않다. 이러한 경우에는 신호 세기가 상대적으로 큰 두 개의 경로를 선택하여 finger를 구성하는 것이 효율적이다.

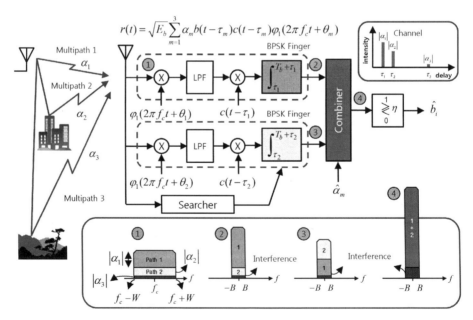

그림 5-3-1 RAKE 수신기 구조

첫 번째 finger에서는 첫 번째 경로로 수신되는 신호를 검파하기 위하여, $\varphi_1(2\pi f_c t + \theta_1) = \sqrt{2/T_b}\cos(2\pi f_c t + \theta_1)$과 $c(t - \tau_1)$를 곱하게 된다. 식 (4-4-28)을 참고하면 ②번 단에서의 상관기 출력은 다음과 같이 표현된다.

$$y_{i1} = \sqrt{E_b}\,\alpha_1 b_{i1} + \sum_{m=2}^{3}\sqrt{E_b}\,\alpha_m b_{im}\cos(\theta_m - \theta_1)R_c(\tau_m - \tau_1) \tag{5-3-2}$$

두 번째 finger에서는 두 번째 경로로 수신되는 신호를 검파하기 위하여, $\varphi_1(2\pi f_c t + \theta_2)$과 $c(t - \tau_2)$를 곱하게 된다. ③번 단에서의 상관기 출력은 다음과 같다.

$$y_{i2} = \int_{iT_b}^{(i+1)T_b}\frac{\sqrt{E_b}}{T_b}\alpha_2 b(t - \tau_2)c^2(t - \tau_2)dt \tag{5-3-3}$$

$$+ \sum_{\substack{m=1 \\ m\neq 2}}^{3}\frac{\sqrt{E_b}}{T_b}\alpha_m b_{im}\int_{iT_b}^{(i+1)T_b}c(t - \tau_m)c(t - \tau_2)\cos(\theta_m - \theta_2)dt$$

$$= \int_{iT_b}^{(i+1)T_b}\frac{\sqrt{E_b}}{T_b}\alpha_2 b(t - \tau_2)dt + \sum_{\substack{m=1 \\ m\neq 2}}^{3}\frac{\sqrt{E_b}}{T_b}\alpha_m b_{im}\cos(\theta_m - \theta_2)\int_{iT_b}^{(i+1)T_b}c(t - \tau_m)c(t - \tau_2)dt$$

위 식을 정리하면 두 번째 경로에 대한 상관기 출력 y_{i2}는 다음과 같이 구해진다.

$$y_{i2} = \sqrt{E_b}\,\alpha_2 b_{i2} + \sum_{\substack{m=1 \\ m\neq 2}}^{3}\frac{\sqrt{E_b}}{T_b}\alpha_m b_{im}\cos(\theta_m - \theta_2)\int_{iT_b}^{(i+1)T_b}c(t - \tau_m)c(t - \tau_2)dt \tag{5-3-4}$$

$$= \sqrt{E_b}\,\alpha_2 b_{i2} + \sum_{\substack{m=1 \\ m\neq 2}}^{3}\sqrt{E_b}\,\alpha_m b_{im}\cos(\theta_m - \theta_2)R_c(\tau_m - \tau_2)$$

식 (5-3-2)와 식 (5-3-4)에서 b_{i1}과 b_{i2}는 서로 다른 다중경로를 통해 전송된 동일한 데이터 이다($b_{i1} = b_{i2}$). 즉, 두 개의 finger에서 동일한 데이터가 검파됨을 알 수 있다. 따라서 두 상관기 출력 y_{i1}과 y_{i2}를 적절하게 결합하면 성능 향상을 얻을 수 있다. 최적의 결합 방법 은 MRC(Maximum Ratio Combining)로써 다중경로 채널 계수 α_1과 α_2를 추정하여 다음 과 같이 결합한다. (④번)

$$z_i = \alpha_1^* y_{i1} + \alpha_2^* y_{i2} = \sqrt{E_b}\left(|\alpha_1|^2 + |\alpha_2|^2\right)b_i + I_i \tag{5-3-5}$$

여기서 $b_i = b_{i1} = b_{i2}$이다. 여기서는 $\hat{\alpha}_m = \alpha_m$인 완벽한 채널 추정의 경우를 가정한다. I_i는 다른 경로에 의한 간섭 성분으로 다음과 같이 표현된다.

$$I_i = \sqrt{E_b} \left[\sum_{m=2}^{3} \alpha_1^* \alpha_m b_{im} \cos(\theta_m - \theta_1) R_c(\tau_m - \tau_1) + \sum_{\substack{m=1 \\ m \neq 2}}^{3} \alpha_2^* \alpha_m b_{im} \cos(\theta_m - \theta_2) R_c(\tau_m - \tau_2) \right] \qquad \text{(5-3-6)}$$

IS-95 CDMA 단말기에서는 4개의 상관기(또는 finger)가 사용되고 있는데, 세기가 큰 3개의 신호를 검파하기 위하여 3개가 사용되며, 나머지 하나는 새로운 세기가 큰 신호를 찾기 위한 searcher로 사용된다. CDMA 시스템에서는 모든 기지국이 동일한 PN 코드를 64칩 단위의 시간 옵셋만 달리하여 사용하기 때문에, 다중경로 신호뿐만 아니라 다른 기지국 신호도 검파가 될 수 있다. 따라서 searcher는 다이버시티 결합과 핸드오버의 목적으로 수신 전력이 큰 다중경로 신호와 기지국 신호에 대한 정보 테이블을 수집한다. 이 테이블에는 탐색된 신호의 도착 시간, 세기, 해당 PN 코드 옵셋 정보가 포함된다.

개념정리 5-2 **CDMA 시스템에서 다중경로 처리**

IS-95 CDMA 시스템의 칩률은 1.2288Mcps이고 WCDMA의 경우는 3.84Mcps이다. 셀 반경이 동일하다고 가정하면, WCDMA 경우에 더 많은 다중경로 수가 발생하게 된다. 결과적으로 이를 처리하기 위한 RAKE 수신기의 finger 수도 증가한다. CDMA 시스템에서는 전송률을 높이기 위해 칩률이 빨라지면 추가적인 RAKE finger 수가 필요하므로, 복잡도가 증가한다.

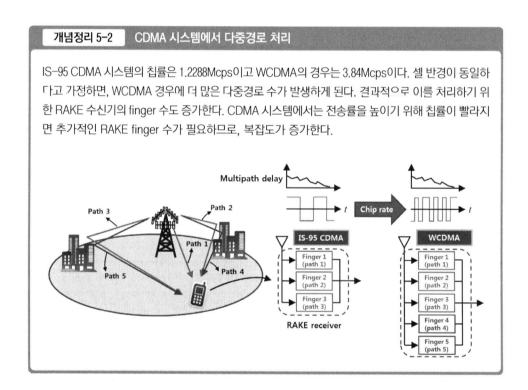

5.4 PN 코드 동기

CDMA 시스템에서 수신기는 송신기에서 사용한 PN 코드를 정확히 재생시켜야만 역확산이 가능하다. 앞서 살펴보았듯이 PN 코드가 한 칩 이내로 동기가 맞지 않으면, 상관기 출력값이 0에 근접하여 복조가 되지 않기 때문에 PN 코드 동기를 맞추는 것은 매우 중요하다. DS/SS 수신기에서는 대역확산에 사용되는 PN 코드의 정확한 시간 동기를 맞추기 위하여 PN 코드 초기 동기(acquisition)와 추적(tracking)이라는 과정을 거치게 된다. PN 코드 초기 동기는 수신 PN 코드와 수신기 국부 PN 코드의 시간 차이를 한 칩 이내로 근접시키는 과정이며, 추적 과정은 포착된 신호와의 위상 동기를 벗어나지 않게 유지하는 과정을 말한다. 이를 위해 송신단에서는 데이터 앞에 프리엠블(preamble) 또는 파일럿(pilot)이라는 약속된 신호를 먼저 송신하게 된다.

일반적으로 프리엠블로는 대역확산에 사용하는 PN 코드 $c(t)$를 변조과정없이 그대로 여러 번 반복하여 전송한다. 즉, $b(t) = 1$인 경우에 해당되며, 수신단에 도착하는 프리엠블 신호는 전송 지연 τ가 발생하여 다음과 같이 표현된다.

$$r(t) = \sqrt{E_b}\, c(t - \tau)\varphi_1(2\pi f_c t + \theta) \tag{5-4-1}$$

그림 5-4-1에서와 같이 신호가 수신된 초기에는 수신기가 전송 지연 τ를 알지 못하므로,

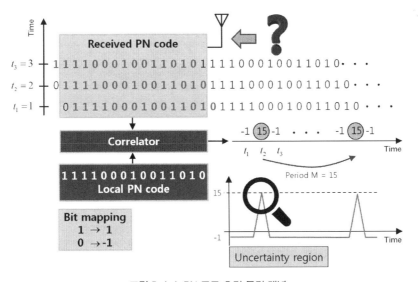

그림 5-4-1 PN 코드 초기 동기 개념

PN 코드의 자기상관 특성을 이용하여 PN 코드 동기를 맞추게 된다. PN 코드 동기가 이뤄지려면 정확한 동기 시점이 포함되어 있는 수신신호 구간을 반드시 검색해야 한다. 이 구간을 불확정(uncertainty) 영역이라 하며, 일반적으로 PN 코드 한 주기에 해당한다. 따라서, 국부 PN 코드가 $c(t-\tau_r) = c(t-\tau)$이 되는 시점이 정확한 동기 시점이며, 이때 자기상관 값이 최대가 된다. PN 코드 동기를 위한 첫 번째 단계로는 $|\tau - \tau_r| < T_c$와 같이 위상차를 한 칩 이내로 맞추는 과정인 PN 코드 초기 동기가 필요하다. 이 기법에는 크게 직렬(serial) PN 코드 초기 동기와 병렬(parallel) PN 코드 초기 동기로 구분된다. 그림 5-4-2는 PN 코드 상관기 구조를 보여준다. IS-95 CDMA의 short PN 코드와 같이 PN 코드의 길이를 짝수로 맞추려면 마지막에 "0"을 추가하면 된다.

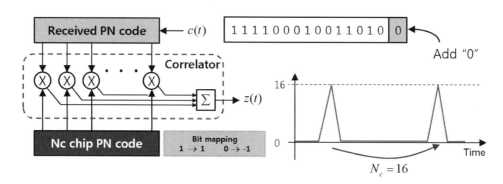

그림 5-4-2 PN 코드 상관기 개념

5.4.1 직렬 PN 코드 초기 동기

그림 5-4-3은 직렬 PN 코드 초기 동기 기법을 나타낸 것으로써, 동기 시점을 잠정적으로 결정하는 탐색(search) 모드와 이를 최종 확인하는 확인(verification) 모드로 구성된다. 확인 모드에서 정확한 동기 시점이 확인되면, 데이터 복조와 함께 주기적인 동기 추적 과정이 수행된다. 그림 5-4-4는 그림 5-4-3에서 사용되는 I-Q 정합필터 구조를 나타낸다. 우선 탐색 모드에서 I-Q 정합필터 출력값을 살펴본다. 수신신호 $r(t)$에 반송파를 곱한 후의 신호는 다음과 같다. (②번)

$$r(t)\varphi_1(2\pi f_c t) = \sqrt{E_b}\, c(t-\tau)\varphi_1(2\pi f_c t + \theta)\varphi_1(2\pi f_c t) \qquad (5\text{-}4\text{-}2)$$

$$= \frac{\sqrt{E_b}}{T_b} c(t-\tau)\left[\cos\theta + \cos(4\pi f_c t + \theta)\right]$$

$$r(t)\varphi_2(2\pi f_c t) = \sqrt{E_b}\, c(t-\tau)\varphi_1(2\pi f_c t + \theta)\varphi_2(2\pi f_c t) \tag{5-4-3}$$

$$= \frac{\sqrt{E_b}}{T_b} c(t-\tau)\left[-\sin\theta + \sin(4\pi f_c t + \theta)\right]$$

위 신호가 LPF를 통과하면 출력 신호는 다음과 같다. (③번)

$$LPF\big[r(t)\varphi_1(2\pi f_c t)\big] = \frac{\sqrt{E_b}}{T_b} c(t-\tau)\cos\theta \tag{5-4-4}$$

$$LPF\big[r(t)\varphi_2(2\pi f_c t)\big] = -\frac{\sqrt{E_b}}{T_b} c(t-\tau)\sin\theta \tag{5-4-5}$$

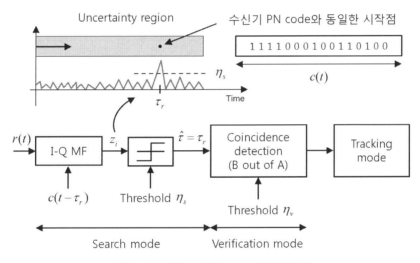

그림 5-4-3 직렬 PN 코드 초기 동기 기법 구조

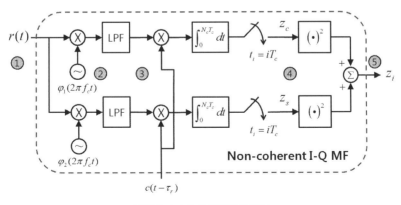

그림 5-4-4 I-Q 정합필터 구조

식 (5-4-4)와 식 (5-4-5)에 국부 PN 코드 $c(t-\tau_r)$를 곱한 후 적분기를 통과하면 출력값 z_c 와 z_s는 각각 다음과 같이 구해진다. (④번)

$$z_c = \frac{\sqrt{E_b}}{T_b}\cos\theta \int_0^{T_b} c(t-\tau)c(t-\tau_r)dt = \sqrt{E_b}\,R_c(\tau-\tau_r)\cos\theta \tag{5-4-6}$$

$$z_s = -\frac{\sqrt{E_b}}{T_b}\sin\theta \int_0^{T_b} c(t-\tau)c(t-\tau_r)dt = -\sqrt{E_b}\,R_c(\tau-\tau_r)\sin\theta \tag{5-4-7}$$

여기서는 $T_b = N_c T_c$를 가정한다. 따라서 탐색 모드에서 I-Q 정합필터 출력값 z_i는 다음과 같다. (⑤번)

$$z_i = z_c^2 + z_s^2 = E_b \left| R_c(\tau-\tau_r) \right|^2 (\cos^2\theta + \sin^2\theta) \tag{5-4-8}$$

식 (5-4-8)에서 송수신단 반송파의 위상차 θ에 무관하게 항상 $\cos^2\theta + \sin^2\theta = 1$이므로, PN 코드 주기인 N_c개의 I-Q 정합필터 출력값 중 최대는 $\left| R_c(\tau-\tau_r) \right|^2$이 최대가 되는 시점인 $\tau_r = \tau$에서 발생하게 된다. 이때가 바로 PN 코드 동기가 정확하게 이뤄지는 시점이다.

최종적으로 탐색 모드에서는 임계치 η_s를 설정하여 I-Q 정합필터 출력값이 $z_i \geq \eta_s$를 만족하면 확인 모드로 넘어가게 된다. 이 시점에 맞춰진 국부 PN 코드 위상은 $\hat{\tau} = \tau_r$이 된다. 그림 5-4-5에 도시된 확인 모드에서는 국부 PN 코드를 탐색 모드에서 획득된 $c(t-\hat{\tau})$로 맞춰서 연속으로 A번 상관값을 계산한다. A개의 상관값 중에서 확인 모드 임계치 η_v보다 큰 횟수가 B번 이상이면 $\hat{\tau} = \tau_r$을 정확한 동기 시점으로 최종 결정하고 데이터 복조와 함께 주기적인 동기 추적 과정이 수행된다. 그렇지 않으면 획득된 $\hat{\tau} = \tau_r$을 잘못된 것으로 판단하고 다시 탐색 모드를 수행하게 된다(그림 5-4-6).

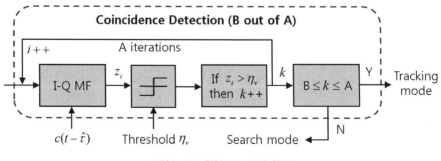

그림 5-4-5 확인 모드 동작 원리

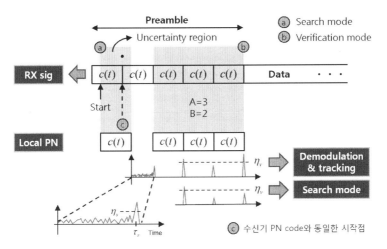

그림 5-4-6 직렬 PN 코드 초기 동기 기법 동작 원리

5.4.2 병렬 PN 코드 초기 동기

병렬 PN 코드 초기 동기 방식은 그림 5-4-7과 같이 여러 개의 병렬 I-Q 정합필터로 구성된다. 여기서는 설명의 편의를 위해서 병렬 가지 수가 2개인 경우를 고려한다. 첫 번째 I-Q 정합필터에서 사용되는 국부 PN 코드는 $c(t - \tau_r)$이며, 두 번째 I-Q 정합필터에서는 $c(t - \tau_r)$가 $N_c/2$ 칩 천이된 $c(t - \tau_r - N_c/2)$를 사용한다. 따라서 두 개의 병렬 정합필터에서 각각 $N_c/2$개의 출력만 관찰해도 직렬 방식에서 관찰되는 모든 N_c개의 출력값을 얻을 수 있다.

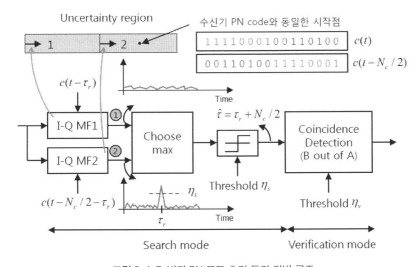

그림 5-4-7 병렬 PN 코드 초기 동기 기법 구조

첫 번째 I-Q 정합필터 출력값은 직렬 방식의 식 (5-4-8)과 동일하다(①번). 반면에, 두 번째 I-Q 정합필터에서의 적분기 통과 후 z_c와 z_s는 각각 다음과 같이 구해진다.

$$z_c = \frac{\sqrt{E_b}}{T_b} \cos\theta \int_0^{T_b} c(t-\tau)c(t-N_c/2-\tau_r)dt \qquad (5\text{-}4\text{-}9)$$

$$= \sqrt{E_b}\, R_c(\tau-\tau_r-N_c/2)\cos\theta$$

$$z_s = -\frac{\sqrt{E_b}}{T_b} \sin\theta \int_0^{T_b} c(t-\tau)c(t-N_c/2-\tau_r)dt$$

$$= -\sqrt{E_b}\, R_c(\tau-\tau_r-N_c/2)\sin\theta \qquad (5\text{-}4\text{-}10)$$

위의 두 식을 결합하면 I-Q 정합필터의 출력값 z_i는 다음과 같이 구해진다. (②번)

$$z_i = E_b \left| R_c(\tau-\tau_r-N_c/2) \right|^2 \qquad (5\text{-}4\text{-}11)$$

따라서 수신 PN 코드의 전송 지연이 $0 \leq \tau < N_c/2$ 사이에 존재한다면, 식 (5-4-8)에 의해 첫 번째 I-Q 정합필터에서는 최댓값이 $\tau_r = \tau$에서 발생한다. 이때의 추정 동기 위치는 $\hat{\tau} = \tau_r$가 된다. 반면에 수신 PN 코드의 전송 지연이 $N_c/2 \leq \tau < N_c$ 사이에 존재한다면 식 (5-4-11)에 의해서 두 번째 I-Q 정합필터에서는 최댓값이 $\tau_r = \tau - N_c/2$에서 발생하게 된다. 따라서 두 번째 I-Q 정합필터에서 최대가 발생한 경우의 추정 동기 위치는 $\hat{\tau} = \tau_r + N_c/2$이 된다. 이렇게 선택된 I-Q 정합필터의 최대 출력값이 탐색 모드의 임계치 η_s보다 크면 확인 모드로 넘어가게 된다. 이후 과정은 직렬 PN 코드 초기 동기와 동일하다.

5.5 다중사용자 간섭 제거

앞서 4.4.4절의 다중사용자 간섭 영향에서 살펴본 바와 같이, 서로 다른 사용자 간 상호상관 함수 $R_{c_1 c_m}(0)$은 작지만 영이 아니기 때문에, 기지국에 동시에 접속하는 사용자 수 N_u가 증가하면 간섭 전력이 증가하여, 각 사용자의 신호 검파 성능이 저하된다. 이를 해결하기 위한 방법 중의 하나로써 간섭 제거(Interference Cancellation, IC) 기법을 사용하는 방법이 있다. 그림 5-5-1은 다중사용자 IC 기법의 개념을 보여준다. 기지국에 중첩되어 수신되는 사용자 신호 $r(t)$에서 검파하고자 하는 사용자 신호를 제외한 나머지 사용자 신호를 재생성시켜 제거한 후 검파하는 개념이다. 수신단에서 나머지 사용자 신호를 송신단 전송 신호와 동일하게 재생성하려면, 해당 사용자의 전송 데이터, 변조 방식, 그리고 PN 코드를 알고 있어야 한다. 따라서 IC 기법은 이러한 정보를 알 수 있는 기지국에서 수행된다. 간섭을 제거하는 대표적인 방식으로는 직렬 간섭 제거(Successive IC, SIC) 및 병렬 간섭 제거(Parallel IC, PIC) 기법이 존재한다.

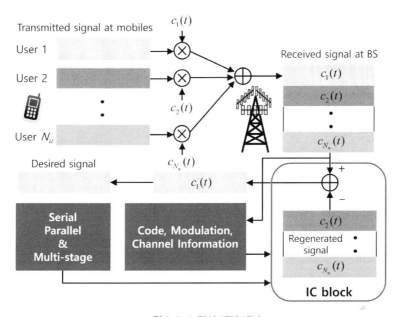

그림 5-5-1 간섭 제거 개념

5.5.1 병렬 간섭 제거

그림 5-5-2는 DS/SS BPSK 사용자가 $N_u = 3$인 경우의 PIC 수신기 구조를 나타낸다. 한 셀에서 N_u 명의 DS/SS 사용자가 동시에 기지국에 접속할 경우의 수신신호는 다음과 같다.

$$r(t) = \sum_{m=1}^{N_u} \sqrt{E_m}\, b_m(t - \tau_m) c_m(t - \tau_m) \varphi_1(2\pi f_c t + \theta_m) \tag{5-5-1}$$

수신단에서 반송파 복원이 완벽하다고 가정하면, 국부 반송파를 곱한 후의 신호는 다음과 같다.

$$r(t)\varphi_1(2\pi f_c t + \theta_m) = \sum_{m=1}^{N_u} \sqrt{E_m}\, b_m(t-\tau_m)c_m(t-\tau_m)\varphi_1^2(2\pi f_c t + \theta_m) \qquad (5\text{-}5\text{-}2)$$

$$= \sum_{m=1}^{N_u} \frac{\sqrt{E_m}}{T_b} b_m(t-\tau_m)c_m(t-\tau_m)\left[1 + \cos(4\pi f_c t + 2\theta_m)\right]$$

따라서 LPF 통과 후 ⓪번에서의 신호는 다음과 같이 간략하게 표현된다.

$$\bar{r}(t) = LPF\left[r(t)\varphi_1(2\pi f_c t + \theta_m)\right] = \sum_{m=1}^{N_u} \frac{\sqrt{E_m}}{T_b} b_m(t-\tau_m)c_m(t-\tau_m) \qquad (5\text{-}5\text{-}3)$$

그림 5-5-2에서 ①~③번의 출력값은 각 사용자에 대한 추정 비트인 $\hat{b}_{im}$ 이다. ④~⑥번 단에서는 $\hat{b}_{im}$과 해당 PN 코드 $c_m(t-\tau_m)$를 이용하여 검파하고자 하는 k번째 사용자를 제외한 나머지 사용자의 DS/SS BPSK 기저대역 신호를 다음과 같이 생성한다.

$$r_k(t) = \sum_{\substack{m=1 \\ m \neq k}}^{N_u} \frac{\sqrt{E_m}}{T_b} \hat{b}_m(t-\tau_m)c_m(t-\tau_m) \qquad (5\text{-}5\text{-}4)$$

여기서 $\hat{b}_m(t)$는 m번째 사용자의 추정 데이터로 다음과 같이 표현된다.

$$\hat{b}_m(t) = \sum_i \hat{b}_{im}\, p_{T_b}(t - i T_b) \qquad (5\text{-}5\text{-}5)$$

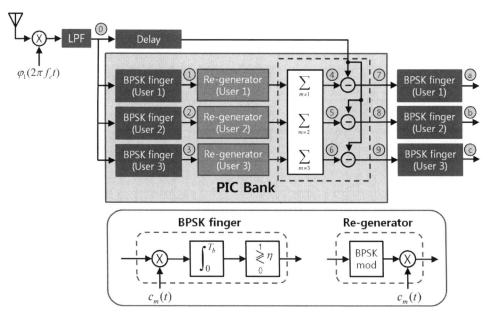

그림 5-5-2 PIC 수신기 구조 (BPSK, $N_u = 3$)

처음에 수신된 기저내역 신호 $\bar{r}(t)$에서 재생성된 신호 $r_k(t)$를 제거하면 간섭 제거된 k번째 사용자 신호를 얻는다. (⑦~⑨번)

$$y_k(t) = \bar{r}(t) - r_k(t) \tag{5-5-6}$$

$$= \frac{\sqrt{E_k}}{T_b} b_k(t-\tau_k)c_k(t-\tau_k) + \sum_{\substack{m=1 \\ m \neq k}}^{N_u} \frac{\sqrt{E_m}}{T_b}\left[b_m(t-\tau_m) - \hat{b}_m(t-\tau_m)\right]c_m(t-\tau_m)$$

최종적으로 ⑦~⑨번 단의 신호가 각 사용자의 BPSK finger에 입력되어 다음과 같이 k번째 사용자 결정변수 z_{ik}를 얻는다. (ⓐ~ⓒ번)

$$z_{ik} = \int_{iT_b}^{(i+1)T_b} \frac{\sqrt{E_k}}{T_b} b_k(t-\tau_k)c_k^2(t-\tau_k)dt \tag{5-5-7}$$

$$+ \int_{iT_b}^{(i+1)T_b} \sum_{\substack{m=1 \\ m \neq k}}^{N_u} \frac{\sqrt{E_k}}{T_b}\left[b_m(t-\tau_m) - \hat{b}_m(t-\tau_m)\right]c_m(t-\tau_m)c_k(t-\tau_k)dt$$

$$= \sqrt{E_k}b_{ik} + \int_{iT_b}^{(i+1)T_b} \sum_{\substack{m=1 \\ m \neq k}}^{N_u} \frac{\sqrt{E_m}}{T_b}\left[b_m(t-\tau_m) - \hat{b}_m(t-\tau_m)\right]c_m(t-\tau_m)c_k(t-\tau_k)dt$$

여기서 b_{ik}는 $b_k(t)$의 i번째 비트 정보이다. 식 (5-5-7)에서 첫 번째 항은 검파하고자 하는 k번째 사용자의 신호 성분이고 두 번째 항은 불완전한 제거로 인한 $(N_u - 1)$명의 다중 사용자 간섭 성분이다. 즉, $\hat{b}_{im}$가 완벽하게 검파된 경우에는 $b_m(t-\tau_m) - \hat{b}_m(t-\tau_m) = 0$이 되어 다중사용자 간섭 신호가 완벽하게 제거되지만, 그렇지 않은 경우에는 추가적인 간섭 신호로 작용한다.

그림 5-5-3은 PIC 수신기 각단에서의 스펙트럼을 보여주고 있다. 여기서는 $P_1 > P_2 > P_3$으로 신호가 수신되어 ①~③번과 같이 첫 번째 사용자의 BER이 가장 낮고, 세 번째 사용자의 BER이 가장 높은 경우이다. 따라서 BER이 낮은 사용자 1과 사용자 2의 재생성 신호가 상대적으로 정확하기 때문에, 이 두 사용자 신호를 제거한 후 복조를 다시 수행하는 사용자 3의 성능이 좋아질 수 있다. PIC 방식은 ⓪번의 스펙트럼과 같이 전력 제어가 되지 않은 경우에는 사용자별 성능 차이가 발생할 수 있다(개념정리 5-3).

그림 5-5-4와 같이 다단계(multi-stage) PIC 수신기를 구성하면 보다 향상된 성능을 얻을 수 있다. 다단계 구조에서 각 단은 그림 5-5-2에 도시된 PIC bank 블록으로 구성되며, 이를 연속으로 연결하여 동작시키게 된다.

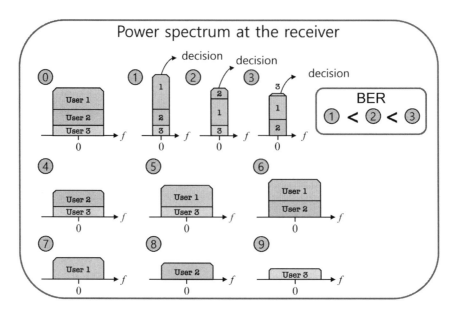

그림 5-5-3 PIC 수신기 각단에서의 스펙트럼

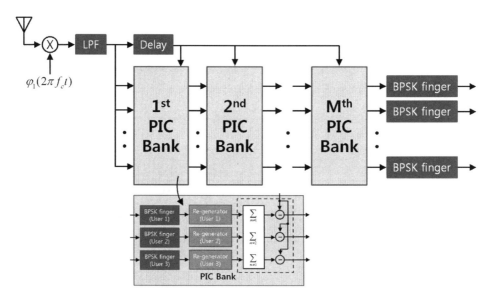

그림 5-5-4 Multi-stage PIC 수신기 구조

CDMA 방식에서는 여러 사용자가 같은 채널에서 시간과 주파수대역을 공유하면서 신호를 전송하기 때문에 다른 사용자의 신호는 간섭이 된다. ①번에서와 같이 기지국으로부터 멀리 떨어져 있는 단말기(사용자2)는 가까이 있는 단말기(사용자4)에 의한 간섭의 영향을 상대적으로 많이 받게 된다. 이러한 현상을 near-far 문제라고 한다. Near-far 문제를 해결하기 위해서는 기지국에 수신되는 각 단말기의 수신 전력이 일정하도록 단말기의 송신 전력을 조정하여야 한다. ②번과 같이 기지국에 가까이 있는 단말기는 낮은 송신 출력으로, 먼 곳에 있는 단말기는 상대적으로 큰 전력으로 신호를 송신하도록 하여야 하는데, 이러한 기술을 전력제어(power control)라 한다.

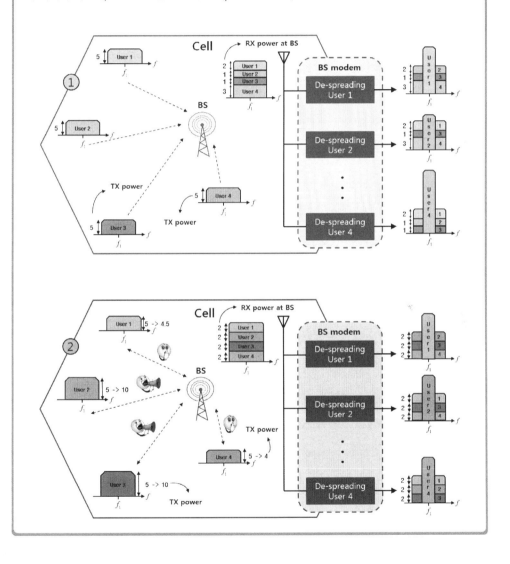

5.5.2 직렬 간섭 제거

그림 5-5-5는 DS/SS BPSK 사용자가 $N_u = 3$인 경우의 SIC 수신기 구조를 보여준다. PIC 기법은 전력 제어가 되지 않은 경우에는 특정 사용자의 성능 저하를 초래할 수 있다. PIC 와 달리 SIC 기법에서는 모든 사용자 신호를 동시에 재생성하여 제거하지 않고, 수신신호 전력이 큰 사용자부터 순차적으로 검파하여 재생성 및 제거 과정을 수행하게 된다. 그 이유는 전력이 가장 큰 사용자 신호에 대한 검파 정확도가 제일 높기 때문이다.

LPF 통과 후 ⓪번에서의 신호 $\bar{r}(t)$는 식 (5-5-3)과 동일하다. 설명의 편의를 위해 사용자의 전력 크기는 아래와 같다고 가정한다.

$$P_1 > P_2 > P_3 > \cdots > P_{N_u} \tag{5-5-8}$$

위의 가정은 간단한 수식 전개를 위한 가정이며, 사용자 전력 크기가 위와 같지 않은 경우에도 크기가 큰 사용자 순으로 제거하면 된다. SIC 기법은 신호 전력이 큰 사용자 순으로 검파를 수행하기 때문에, 제일 먼저 첫번째 CU(Cancellation Unit)에서 ②번 단의 결정변수로부터 첫 번째 사용자의 비트 정보를 검파하여 ③번 단에서 다음과 같이 첫 번째 사용자의 DS/SS BPSK 기저대역 신호를 생성한다.

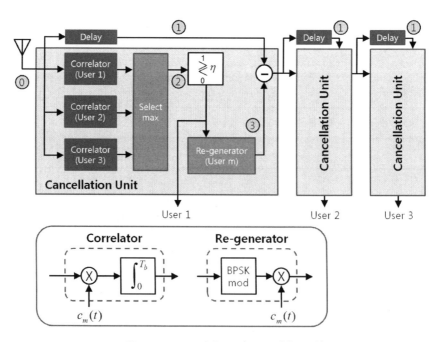

그림 5-5-5 SIC 수신기 구조 (BPSK, $N_u = 3$)

$$r_1(t) = \frac{\sqrt{E_1}}{T_b}\hat{b}_1(t-\tau_1)c_1(t-\tau_1) \tag{5-5-9}$$

처음 수신된 신호 $\bar{r}(t)$에서 재생성된 첫 번째 사용자 신호 $r_1(t)$를 제거하면 두 번째로 전력이 큰 사용자 검파를 위한 간섭이 제거된 신호가 만들어 진다. (두 번째 CU의 ①번)

$$y_2(t) = \bar{r}(t) - r_1(t) \tag{5-5-10}$$

$$= \frac{\sqrt{E_2}}{T_b}b_2(t-\tau_2)c_2(t-\tau_2) + \sum_{m=3}^{N_u}\frac{\sqrt{E_m}}{T_b}b_m(t-\tau_m)c_m(t-\tau_m)$$

$$+ \frac{\sqrt{E_1}}{T_b}\left[b_1(t-\tau_1) - \hat{b}_1(t-\tau_1)\right]c_1(t-\tau_1)$$

이를 반복하면 k번째 사용자(또는 k번째로 전력이 큰 사용자) 검파를 위한 간섭이 제거된 신호는 다음과 같이 표현된다. (k번째 CU의 ①번)

$$y_k(t) = \bar{r}(t) - r_{k-1}(t) \tag{5-5-11}$$

$$= \frac{\sqrt{E_k}}{T_b}b_k(t-\tau_k)c_k(t-\tau_k) + \sum_{m=k+1}^{N_u}\frac{\sqrt{E_m}}{T_b}b_m(t-\tau_m)c_m(t-\tau_m)$$

$$+ \sum_{m=1}^{k-1}\frac{\sqrt{E_m}}{T_b}\left[b_m(t-\tau_m) - \hat{b}_m(t-\tau_m)\right]c_m(t-\tau_m)$$

최종적으로 상관기를 통과한 후의 k번째 사용자 결정변수 z_{ik}는 다음과 같다.

$$z_{ik} = \int_{iT_b}^{(i+1)T_b}\frac{\sqrt{E_k}}{T_b}b_k(t-\tau_k)c_k^2(t-\tau_k)dt \tag{5-5-12}$$

$$+ \int_{iT_b}^{(i+1)T_b}\sum_{m=k+1}^{N_u}\frac{\sqrt{E_m}}{T_b}b_m(t-\tau_m)c_m(t-\tau_m)c_k(t-\tau_k)dt$$

$$+ \int_{iT_b}^{(i+1)T_b}\sum_{m=1}^{k-1}\frac{\sqrt{E_m}}{T_b}\left[b_m(t-\tau_m) - \hat{b}_m(t-\tau_m)\right]c_m(t-\tau_m)c_k(t-\tau_k)dt$$

여기서 첫 번째 항은 검파하려는 k번째 사용자 신호 성분인 $\sqrt{E_k}b_{ik}$, 두 번째 항은 아직 제거되지 않은 $(N_u - k)$명의 다중사용자 간섭 성분, 그리고 세 번째 항은 불완전한 제거로 인한 $(k-1)$명의 다중사용자 간섭 성분이다. 즉, $(k-1)$명의 비트 정보가 완벽하게 검파된 경우에는 $b_m(t-\tau_m) - \hat{b}_m(t-\tau_m) = 0$이 되어 세 번째 항은 0이 된다.

그림 5-5-6은 SIC 수신기 각단에서의 스펙트럼을 도시한 것이다. 그림에서 보듯이 신호 전

력이 가장 큰 사용자 1은 바로 검파되고, 이 검파된 정보를 이용하여 사용자 1 신호를 재생성하여 수신된 신호에서 제거하고 동일한 과정을 반복한다. 매 반복 과정에서 ②번 단의 스펙트럼을 보면, 모든 사용자들이 다중사용자 간섭이 줄어든 상태에서 복조가 이뤄짐을 알 수 있다.

그림 5-5-7은 사용자가 N_u명 존재할 경우에 SIC 수신기의 간섭 제거 흐름도를 보여준다. 사용자 수가 많은 경우에 모든 사용자에 대하여 간섭 제거 과정을 반복하면 시간 지연이 매우 커지게 된다. 따라서 그림에서와 같이, 수신 전력이 상대적으로 큰 Y명의 사용자 신호는 식 (5-5-11)에 따라 SIC 검파를 수행한다. 따라서 $k = Y$가 되면, Y명의 다중사용자 간섭이 제거된 신호가 다음과 같이 얻어진다. (그림 5-5-5에서 $Y+1$번째 CU의 ①번)

$$
\begin{aligned}
y_{Y+1}(t) = {} & \bar{r}(t) - r_Y(t) \\
= {} & \sum_{m=Y+1}^{N_u} \frac{\sqrt{E_m}}{T_b} b_m(t-\tau_m) c_m(t-\tau_m) \\
& + \sum_{m=1}^{Y} \frac{\sqrt{E_m}}{T_b} \big[b_m(t-\tau_m) - \hat{b}_m(t-\tau_m) \big] c_m(t-\tau_m)
\end{aligned}
\tag{5-5-13}
$$

첫 번째 항은 남아있는 $(N_u - Y)$명의 다중사용자 신호이고 두 번째 항은 불완전하게 제거된 Y명의 다중사용자 간섭 성분이다. 남아있는 $(N_u - Y)$명의 사용자 신호 전력은 상대적으로 작기 때문에 간섭 제거 효과가 크지 않다. 따라서 $(N_u - Y)$명의 사용자 신호에 대해서는 다음과 같이 일반적인 검파 과정을 수행한다. ($Y+1 \le k \le N_u$)

$$
\begin{aligned}
z_{ik} = {} & \int_{iT_b}^{(i+1)T_b} \frac{\sqrt{E_k}}{T_b} b_k(t-\tau_k) c_k^2(t-\tau_k) dt \\
& + \int_{iT_b}^{(i+1)T_b} \sum_{\substack{m=Y+1 \\ m \ne k}}^{N_u} \frac{\sqrt{E_m}}{T_b} b_m(t-\tau_m) c_m(t-\tau_m) c_k(t-\tau_k) dt \\
& + \int_{iT_b}^{(i+1)T_b} \sum_{m=1}^{Y} \frac{\sqrt{E_m}}{T_b} \big[b_m(t-\tau_m) - \hat{b}_m(t-\tau_m) \big] c_m(t-\tau_m) c_k(t-\tau_k) dt
\end{aligned}
\tag{5-5-14}
$$

여기서 첫 번째 항은 검파하려는 k번째 사용자의 신호 성분인 $\sqrt{E_k}\, b_{ik}$이고, 두 번째 항은 k번째 사용자를 제외한 제거되지 않은 $(N_u - Y - 1)$명의 다중사용자 간섭 성분, 그리고 세 번째 항은 불완전하게 제거된 Y명의 다중사용자 간섭 성분이다.

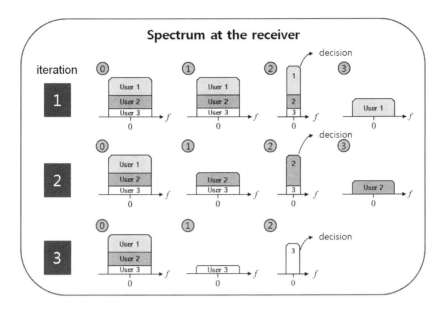

그림 5-5-6 SIC 수신기 각단에서의 스펙트럼

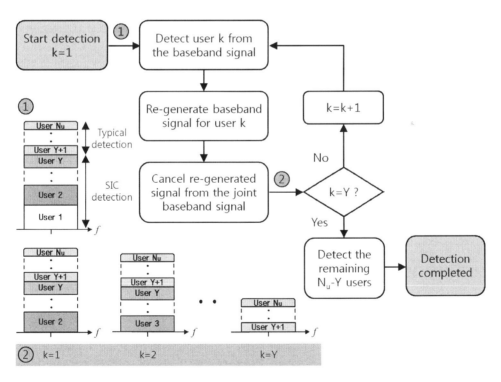

그림 5-5-7 SIC 수신기 간섭 제거 흐름도

5.6 MIMO 송수신

MIMO(Multiple Input Multiple Output)는 기지국과 단말기에 여러 안테나를 장착하여, 안테나수에 비례하여 시스템의 용량(전송속도, 성능)을 높이는 기술이다. MIMO 기술은 크게 여러 개의 송신 안테나로부터 독립적인 데이터를 동시에 전송함으로써 전송률을 높이는 공간 다중화(spatial multiplexing) 기술과 여러 개의 송신 안테나에서 동일한 데이터를 전송하여 성능 이득을 얻는 송신 다이버시티(transmit diversity) 기술로 구분된다. MIMO의 장점은 단일 안테나에 비해서 추가적인 주파수나 송신전력을 증가시키지 않고도 시스템의 용량을 안테나수에 비례하여 향상시킬 수 있다는 것이다. 이절에서는 WCDMA에서 사용되는 송신 다이버시티와 공간 다중화 방식을 살펴본다.

5.6.1 송신 다이버시티

(1) Space-time transmit diversity

WCDMA에서는 기지국 송신 다이버시티로써 STTD(Space-Time Transmit Diversity) 기법을 채택하고 있다. 그림 5-6-1은 STTD 송신기의 구조를 나타낸다. 그림에서 $b(t)$는 전송하려는 데이터열이고, $x(t)$는 QAM 심벌열이다. $x(t)$는 S/P 과정을 거쳐 각각 홀수 번째 심벌열 $x_1(t)$와 짝수 번째 심벌열 $x_2(t)$로 변환된다. 반송파 변조를 생략한 기저대역 송수신 신호 모델을 고려하면(그림 4-2-9 참조), 첫 번째 안테나에서 두 심벌 구간 동안 전송하는 신호는 다음과 같다. (①번)

$$s_1(t) = \begin{cases} \dfrac{\sqrt{E_s}}{T_s} x_1(t) w(t), & t = t_i \\ \dfrac{\sqrt{E_s}}{T_s} x_2(t) w(t), & t = t_i + T_s \end{cases} \tag{5-6-1}$$

여기서 $w(t)$는 사용자 구분을 위한 Walsh 코드이다. 수식 전개의 편의를 위하여 scrambling 코드 $c_1(t)$와 $c_2(t)$는 수신단에서 완벽하게 복원된다고 가정하여 생략한다. 두 번째 안테나에서 두 심벌 구간 동안 전송하는 신호는 다음과 같다. (②번)

$$s_2(t) = \begin{cases} -\dfrac{\sqrt{E_s}}{T_s} x_2^*(t) w(t), & t = t_i \\[2mm] \dfrac{\sqrt{E_s}}{T_s} x_1^*(t) w(t), & t = t_i + T_s \end{cases} \tag{5-6-2}$$

여기서 채널 추정을 위한 파일럿 신호는 생략한다. 식 (5-6-1)과 식 (5-6-2)에서 보듯이 $x_1(t)$와 $x_2(t)$가 두 개의 안테나에서 중복되어 전송된다. 두 안테나에 동일한 Walsh 코드가 곱해지는데, 이는 두 심벌 구간 내에서 $x_1(t)$와 $x_2(t)$가 직교하도록 STBC(Space-Time Block Code) 개념으로 설계되기 때문이다(개념정리 5-4).

그림 5-6-1에서 $h_1(t)$와 $h_2(t)$는 각각 첫 번째와 두 번째 안테나에서 전송한 신호가 겪는 채널이다. 채널의 경로가 하나인 경우를 고려하면, $h_1(t) = \alpha_1 \delta(t)$와 $h_2(t) = \alpha_2 \delta(t)$로 표현된다. 여기서 α_m은 m번째 채널의 세기를 의미한다. 채널을 통과한 후 단말기에서 첫 번째 심벌 구간과 두 번째 심벌 구간에 수신되는 신호는 각각 다음과 같다.

$$r_1(t) = s_1(t) \otimes h_1(t) + s_2(t) \otimes h_2(t) = \alpha_1 s_1(t) + \alpha_2 s_2(t) \tag{5-6-3}$$

$$= \frac{\sqrt{E_s}}{T_s} \alpha_1 x_1(t) w(t) - \frac{\sqrt{E_s}}{T_s} \alpha_2 x_2^*(t) w(t)$$

$$r_2(t) = s_1(t + T_s) \otimes h_1(t) + s_2(t + T_s) \otimes h_2(t) \tag{5-6-4}$$

$$= \alpha_1 s_1(t + T_s) + \alpha_2 s_2(t + T_s)$$

$$= \frac{\sqrt{E_s}}{T_s} \alpha_1 x_2(t) w(t) + \frac{\sqrt{E_s}}{T_s} \alpha_2 x_1^*(t) w(t)$$

여기서는 검파 원리를 설명하기 위하여 AWGN은 고려하지 않는다. 수신단에서 수신신호 $r_k(t)$에 Walsh 코드 $w(t)$를 곱하여 적분하면 다음과 같이 두 심벌 구간 동안의 상관기 출력 y_{ik}를 얻는다.

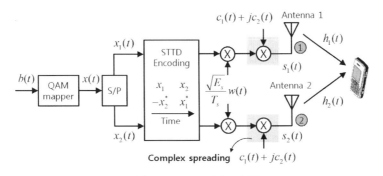

그림 5-6-1 STTD 송신기 구조

$$y_{i1} = \int_{iT_s}^{(i+1)T_s} r_1(t)w(t)dt \tag{5-6-5}$$

$$= \frac{\sqrt{E_s}}{T_s} \int_{iT_s}^{(i+1)T_s} \left[\alpha_1 x_1(t) - \alpha_2 x_2^*(t)\right] w^2(t)dt = \sqrt{E_s}\left[\alpha_1 x_{i1} - \alpha_2 x_{i2}^*\right]$$

$$y_{i2} = \int_{iT_s}^{(i+1)T_s} r_2(t)w(t)dt \tag{5-6-6}$$

$$= \frac{\sqrt{E_s}}{T_s} \int_{iT_s}^{(i+1)T_s} \left[\alpha_1 x_2(t) + \alpha_2 x_1^*(t)\right] w^2(t)dt = \sqrt{E_s}\left[\alpha_1 x_{i2} + \alpha_2 x_{i1}^*\right]$$

여기서 x_{im}은 $x_m(t)$의 i번째 심벌이다. 채널 추정값 $\hat{\alpha}_1$과 $\hat{\alpha}_2$를 결합하여 다음과 같은 결정변수를 얻는다.

$$z_{i1} = \hat{\alpha}_1^* y_{i1} + \hat{\alpha}_2 y_{i2}^* \tag{5-6-7}$$

$$z_{i2} = \hat{\alpha}_1^* y_{i2} - \hat{\alpha}_2 y_{i1}^* \tag{5-6-8}$$

채널 추정이 완벽하다고 가정하면, $\hat{\alpha}_1 = \alpha_1$과 $\hat{\alpha}_2 = \alpha_2$가 되어 다음의 식을 얻는다.

$$z_{i1} = \alpha_1^*\left(\sqrt{E_s}\,\alpha_1 x_{i1} - \sqrt{E_s}\,\alpha_2 x_{i2}^*\right) + \alpha_2\left(\sqrt{E_s}\,\alpha_1 x_{i2} + \sqrt{E_s}\,\alpha_2 x_{i1}^*\right)^* \tag{5-6-9}$$

$$= \left(\sqrt{E_s}\,|\alpha_1|^2 x_{i1} - \sqrt{E_s}\,\alpha_1^* \alpha_2 x_{i2}^*\right) + \left(\sqrt{E_s}\,\alpha_1^* \alpha_2 x_{i2} + \sqrt{E_s}\,|\alpha_2|^2 x_{i1}\right)$$

$$= \sqrt{E_s}\left(|\alpha_1|^2 + |\alpha_2|^2\right)x_{i1}$$

$$z_{i2} = \alpha_1^*\left(\sqrt{E_s}\,\alpha_1 x_{i2} + \sqrt{E_s}\,\alpha_2 x_{i1}^*\right) - \alpha_2\left(\sqrt{E_s}\,\alpha_1 x_{i1} - \sqrt{E_s}\,\alpha_2 x_{i2}^*\right)^* \tag{5-6-10}$$

$$= \left(\sqrt{E_s}\,|\alpha_1|^2 x_{i2} + \sqrt{E_s}\,\alpha_1^* \alpha_2 x_{i1}^*\right) - \left(\sqrt{E_s}\,\alpha_1^* \alpha_2 x_{i1}^* - \sqrt{E_s}\,|\alpha_2|^2 x_{i2}\right)$$

$$= \sqrt{E_s}\left(|\alpha_1|^2 + |\alpha_2|^2\right)x_{i2}$$

그림 5-6-2는 채널 $h_1(t)$와 $h_2(t)$의 크기를 시간 변화에 따라 나타낸 것이다. 각 채널의 크기가 시간에 따라 불규칙하게 변하는 현상을 페이딩(fading)이라 한다. 그림에서와 같이 채널의 크기가 크게 줄어드는 deep 페이딩이 발생하는데, 두 채널의 페이딩 특성이 서로 독립적일수록 동시에 deep 페이딩에 빠질 확률이 줄어든다. 이러한 독립적인 페이딩 채널의 특징으로 인해 식 (5-6-9)와 식 (5-6-10)의 복조 과정에서 성능 향상을 얻게 된다. 채널 간에 독립적인 페이딩을 얻기 위해서는 안테나 간격이 반파장 이상이어야 한다.

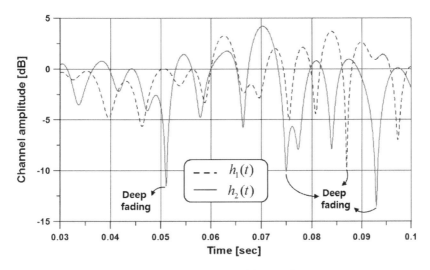

그림 5-6-2 독립적인 두 채널 $h_1(t)$과 $h_2(t)$의 크기

개념정리 5-4   Space–Time Block Code

다음은 두 개의 송신 안테나와 한 개의 수신 안테나를 사용하는 2×1 STBC 송수신 구조를 보여준다. STBC 인코딩은 ①번과 같이 안테나별로 전송되는 심벌의 순서를 제외하고는 그림 5-6-1의 STTD 방식과 동일한 구조이다. AWGN이 없다고 가정하면, 두 심벌 구간동안 수신되는 신호는 다음과 같은 행렬식으로 표현된다.

$$\begin{bmatrix} y_1 \\ y_2^* \end{bmatrix} = \begin{bmatrix} \alpha_1 & \alpha_2 \\ \alpha_2^* & -\alpha_1^* \end{bmatrix} \begin{bmatrix} x_1 \\ x_2 \end{bmatrix} = \begin{bmatrix} \alpha_1 x_1 + \alpha_2 x_2 \\ \alpha_2^* x_1 - \alpha_1^* x_2 \end{bmatrix}$$

채널 추정이 완벽하다고 가정하면, ②번 단에서는 수신신호에 추정된 채널 계수를 아래와 같이 곱하여 STBC 디코딩 과정을 수행한다.

$$\begin{bmatrix} \hat{x}_1 \\ \hat{x}_2 \end{bmatrix} = \begin{bmatrix} \alpha_1^* & \alpha_2 \\ \alpha_2^* & -\alpha_1 \end{bmatrix} \begin{bmatrix} y_1 \\ y_2^* \end{bmatrix} = \begin{bmatrix} \alpha_1^* & \alpha_2 \\ \alpha_2^* & -\alpha_1 \end{bmatrix} \begin{bmatrix} \alpha_1 & \alpha_2 \\ \alpha_2^* & -\alpha_1^* \end{bmatrix} \begin{bmatrix} x_1 \\ x_2 \end{bmatrix} = \begin{bmatrix} |\alpha_1|^2 + |\alpha_2|^2 & 0 \\ 0 & |\alpha_1|^2 + |\alpha_2|^2 \end{bmatrix} \begin{bmatrix} x_1 \\ x_2 \end{bmatrix}$$

$$= \left(|\alpha_1|^2 + |\alpha_2|^2 \right) \begin{bmatrix} x_1 \\ x_2 \end{bmatrix}$$

위의 과정을 거치면 중첩되어 수신된 신호로부터 x_1과 x_2가 분리된다.

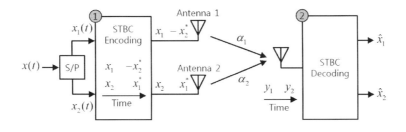

⑵ Space-time spreading

CDMA2000에서는 기지국 송신 다이버시티로써 STS(Space-Time Spreading) 기법을 채택하고 있다. STS 방식에서 사용되는 길이가 M인 Walsh 코드는 다음과 같은 직교 특성을 가진다.

$$\frac{1}{MT_c}\int_0^{MT_c} w_i(t)w_j(t)dt = \frac{1}{T_s}\int_0^{T_s} w_i(t)w_j(t)dt = \begin{cases} 1, & i=j \\ 0, & i \neq j \end{cases} \tag{5-6-11}$$

그림 5-6-3은 STS 송신기의 구조를 나타낸다. 반송파 변조를 생략한 기저대역 송수신 신호 모델을 고려하면(그림 4-2-9 참조), 첫 번째 안테나에서는 다음과 같이 데이터와 파일럿 심벌이 혼합된 형태로 신호가 전송된다. (①번)

$$s_1(t) = \frac{\sqrt{E_s}}{T_s}x_1(t)w_1(t) - \frac{\sqrt{E_s}}{T_s}x_2^*(t)w_2(t) + \frac{\sqrt{E_{p1}}}{T_s}w_3(t) \tag{5-6-12}$$

여기서 $w_1(t)$와 $w_2(t)$는 데이터 구분을 위한 Walsh 코드, E_{p1}는 $h_1(t)$에 대한 채널 추정을 위해 사용되는 파일럿 신호의 에너지, 그리고 $w_3(t)$는 첫 번째 파일럿 신호에 곱해지는 Walsh 코드이다. Scrambling 코드 $c_1(t)$와 $c_2(t)$는 수신단에서 완벽하게 복원된다고 가정하여 생략한다. 마찬가지로 두 번째 안테나에서 전송하는 신호는 다음과 같다. (②번)

$$s_2(t) = \frac{\sqrt{E_s}}{T_s}x_1^*(t)w_2(t) + \frac{\sqrt{E_s}}{T_s}x_2(t)w_1(t) + \frac{\sqrt{E_{p2}}}{T_s}w_4(t) \tag{5-6-13}$$

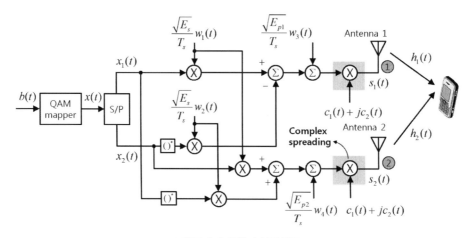

그림 5-6-3 STS 송신기 구조

여기서 E_{p2}는 $h_2(t)$에 대한 채널 추정을 위해 사용되는 파일럿 신호의 에너지이고 $w_4(t)$는 두 번째 파일럿 신호에 곱해지는 Walsh 코드이다.

채널의 경로가 하나인 $h_1(t) = \alpha_1\delta(t)$와 $h_2(t) = \alpha_2\delta(t)$인 경우를 고려한다. 페이딩 채널을 통과한 후 단말기에서 수신되는 신호는 다음과 같다.

$$r(t) = s_1(t) \otimes h_1(t) + s_2(t) \otimes h_2(t) + n(t) = \alpha_1 s_1(t) + \alpha_2 s_2(t) + n(t) \qquad (5\text{-}6\text{-}14)$$

여기서 $n(t)$는 AWGN이다. 그림 5-6-4는 채널 추정 과정을 포함한 STS 검파 수신기의 구조를 보여준다. 수신단에서 수신신호 $r(t)$에 Walsh 코드 $w_k(t)$를 곱하여 적분하면 다음과 같은 상관기 출력 y_{ik}를 얻는다.

$$
\begin{aligned}
y_{ik} &= \int_{iT_s}^{(i+1)T_s} r(t)w_k(t)dt = \int_{iT_s}^{(i+1)T_s} \left[\alpha_1 s_1(t) + \alpha_2 s_2(t) + n(t)\right]w_k(t)dt \quad (5\text{-}6\text{-}15) \\
&= \int_{iT_s}^{(i+1)T_s} \left[\alpha_1 s_1(t) + \alpha_2 s_2(t)\right]w_k(t)dt + n_k
\end{aligned}
$$

여기서 n_i은 AWGN으로 다음과 같다.

$$n_k = \int_{iT_s}^{(i+1)T_s} n(t)w_k(t)dt \qquad (5\text{-}6\text{-}16)$$

우선 Walsh 코드 $w_1(t)$을 곱한 경우의 상관기 출력 y_{i1}은 다음과 같다.

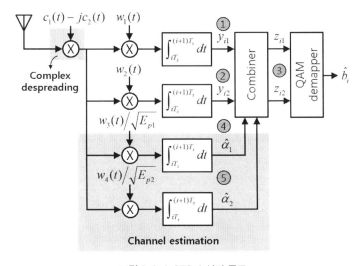

그림 5-6-4 STS 수신기 구조

$$y_{i1} = \int_{iT_s}^{(i+1)T_s} \left[\alpha_1 s_1(t) + \alpha_2 s_2(t) + n(t) \right] w_1(t) dt \tag{5-6-17}$$

$$= \int_{iT_s}^{(i+1)T_s} \alpha_1 \left[\frac{\sqrt{E_s}}{T_s} x_1(t) w_1(t) - \frac{\sqrt{E_s}}{T_s} x_2^*(t) w_2(t) + \frac{\sqrt{E_{p1}}}{T_s} w_3(t) \right] w_1(t) dt$$

$$+ \int_{iT_s}^{(i+1)T_s} \alpha_2 \left[\frac{\sqrt{E_s}}{T_s} x_1^*(t) w_2(t) + \frac{\sqrt{E_s}}{T_s} x_2(t) w_1(t) + \frac{\sqrt{E_{p2}}}{T_s} w_4(t) \right] w_1(t) dt + n_1$$

식 (5-6-11)에 정의된 Walsh 코드의 직교성을 이용하면 송신단에서 $w_1(t)$에 곱해져 전송된 신호만 남게 된다. (①번)

$$y_{i1} = \int_{iT_s}^{(i+1)T_s} \frac{\sqrt{E_s}}{T_s} \alpha_1 x_1(t) w_1^2(t) dt + \int_{iT_s}^{(i+1)T_s} \frac{\sqrt{E_s}}{T_s} \alpha_2 x_2(t) w_1^2(t) dt + n_1 \tag{5-6-18}$$

$$= \frac{\sqrt{E_s}}{T_s} \alpha_1 x_{i1} \int_{iT_s}^{(i+1)T_s} w_1^2(t) dt + \frac{\sqrt{E_s}}{T_s} \alpha_2 x_{i2} \int_{iT_s}^{(i+1)T_s} w_1^2(t) dt + n_1$$

$$= \sqrt{E_s} \alpha_1 x_{i1} + \sqrt{E_s} \alpha_2 x_{i2} + n_1$$

마찬가지로 Walsh 코드 $w_2(t)$을 곱한 경우의 상관기 출력 y_{i2}도 비슷한 형태로 구해진다.

$$y_{i2} = \int_{iT_s}^{(i+1)T_s} \left[\alpha_1 s_1(t) + \alpha_2 s_2(t) + n(t) \right] w_2(t) dt \tag{5-6-19}$$

$$= \int_{iT_s}^{(i+1)T_s} \alpha_1 \left[\frac{\sqrt{E_s}}{T_s} x_1(t) w_1(t) - \frac{\sqrt{E_s}}{T_s} x_2^*(t) w_2(t) + \frac{\sqrt{E_{p1}}}{T_s} w_3(t) \right] w_2(t) dt$$

$$+ \int_{iT_s}^{(i+1)T_s} \alpha_2 \left[\frac{\sqrt{E_s}}{T_s} x_1^*(t) w_2(t) + \frac{\sqrt{E_s}}{T_s} x_2(t) w_1(t) + \frac{\sqrt{E_{p2}}}{T_s} w_4(t) \right] w_2(t) dt + n_2$$

Walsh 코드의 직교성을 이용하면 다음을 얻는다. (②번)

$$y_{i2} = - \int_{iT_s}^{(i+1)T_s} \frac{\sqrt{E_s}}{T_s} \alpha_1 x_2^*(t) w_2^2(t) dt$$

$$+ \int_{iT_s}^{(i+1)T_s} \frac{\sqrt{E_s}}{T_s} \alpha_2 x_1^*(t) w_2^2(t) dt + n_2 \tag{5-6-20}$$

$$= - \frac{\sqrt{E_s}}{T_s} \alpha_1 x_{i2}^* \int_{iT_s}^{(i+1)T_s} w_2^2(t) dt + \frac{\sqrt{E_s}}{T_s} \alpha_2 x_{i1}^* \int_{iT_s}^{(i+1)T_s} w_2^2(t) dt + n_2$$

$$= - \sqrt{E_s} \alpha_1 x_{i2}^* + \sqrt{E_s} \alpha_2 x_{i1}^* + n_2$$

식 (5-6-18)과 식 (5-6-20)을 행렬식으로 나타내면 다음과 같다.

$$\begin{bmatrix} y_{i1} \\ y_{i2}^* \end{bmatrix} = \sqrt{E_s} \begin{bmatrix} \alpha_1 & \alpha_2 \\ \alpha_2^* & -\alpha_1^* \end{bmatrix} \begin{bmatrix} x_{i1} \\ x_{i2} \end{bmatrix} + \begin{bmatrix} n_1 \\ n_2^* \end{bmatrix} \tag{5-6-21}$$

채널 추정이 완벽하다고 가정하면, ③번 단에서의 결정변수는 다음과 같이 구해진다.

$$\begin{bmatrix} z_{i1} \\ z_{i2} \end{bmatrix} = \begin{bmatrix} \alpha_1^* & \alpha_2 \\ \alpha_2^* & -\alpha_1 \end{bmatrix} \begin{bmatrix} y_{i1} \\ y_{i2}^* \end{bmatrix} = \begin{bmatrix} \alpha_1^* y_{i1} + \alpha_2 y_{i2}^* + n_1 \\ \alpha_2^* y_{i1} - \alpha_1 y_{i2}^* + n_2^* \end{bmatrix} \tag{5-6-22}$$

식 (5-6-21)을 식 (5-6-22)에 대입하여 정리하면 다음의 식을 얻는다.

$$\begin{bmatrix} z_{i1} \\ z_{i2} \end{bmatrix} = \sqrt{E_s} \begin{bmatrix} \alpha_1^* & \alpha_2 \\ \alpha_2^* & -\alpha_1 \end{bmatrix} \begin{bmatrix} \alpha_1 & \alpha_2 \\ \alpha_2^* & -\alpha_1^* \end{bmatrix} \begin{bmatrix} x_{i1} \\ x_{i2} \end{bmatrix} + \begin{bmatrix} \alpha_1^* & \alpha_2 \\ \alpha_2^* & -\alpha_1 \end{bmatrix} \begin{bmatrix} n_1 \\ n_2 \end{bmatrix} \tag{5-6-23}$$

$$= \begin{bmatrix} \sqrt{E_s}\left(|\alpha_1|^2 + |\alpha_2|^2\right) & 0 \\ 0 & \sqrt{E_s}\left(|\alpha_1|^2 + |\alpha_2|^2\right) \end{bmatrix} \begin{bmatrix} x_{i1} \\ x_{i2} \end{bmatrix} + \begin{bmatrix} \alpha_1^* n_1 + \alpha_2 n_2^* \\ \alpha_2^* n_1 - \alpha_1 n_2^* \end{bmatrix}$$

위의 식을 정리하면 다음과 같다.

$$\begin{bmatrix} z_{i1} \\ z_{i2} \end{bmatrix} = \sqrt{E_s}\left(|\alpha_1|^2 + |\alpha_2|^2\right) \begin{bmatrix} x_{i1} \\ x_{i2} \end{bmatrix} + \begin{bmatrix} \alpha_1^* n_1 + \alpha_2 n_2^* \\ \alpha_2^* n_1 - \alpha_1 n_2^* \end{bmatrix} \tag{5-6-24}$$

식 (5-6-9)와 식 (5-6-10)의 STTD 방식과 유사한 형태로 결정변수가 구해진다.

채널 추정단에서는 α_1을 추정하기 위해 Walsh 코드 $w_3(t)$를 곱하게 된다. 채널 추정기의 동작 원리 설명을 위해 AWGN을 생략한다. 식 (5-6-11)에 정의된 Walsh 코드 간의 직교성을 이용하면 다음과 같이 α_1이 추정된다. (④번)

$$y_{i3} = \frac{1}{\sqrt{E_{p1}}} \int_{iT_s}^{(i+1)T_s} \frac{\sqrt{E_{p1}}}{T_s} \alpha_1 w_3^2(t) dt = \frac{\alpha_1}{T_s} \int_{iT_s}^{(i+1)T_s} w_3^2(t) dt = \alpha_1 \tag{5-6-25}$$

마찬가지로 Walsh 코드 $w_4(t)$을 곱하면 다음과 같이 α_2가 추정된다. (⑤번)

$$y_{i4} = \frac{1}{\sqrt{E_{p2}}} \int_{iT_s}^{(i+1)T_s} \frac{\sqrt{E_{p2}}}{T_s} \alpha_2 w_4^2(t) dt = \frac{\alpha_2}{T_s} \int_{iT_s}^{(i+1)T_s} w_4^2(t) dt = \alpha_2 \tag{5-6-26}$$

결론적으로 송신 다이버시티 기법은 전송단에서 여러 개의 송신 안테나를 사용하는 반면에, 수신 안테나수에는 제약 조건이 없다. 수신 안테나수에 비례하여 성능이 향상되는데,

이를 수신 다이버시티(receiver diversity)라고 한다. 수신 다이버시티는 송신단의 전송신호의 형태에 무관하게 수신 안테나 추가만으로 성능이 향상되는 기법이다.

5.6.2 공간 다중화

공간 다중화는 각 송신 안테나에서 서로 다른 데이터를 동시에 전송하는 MIMO 방식으로 주로 전송률 증대를 위해 사용된다. 수신단에서는 각 송신 안테나에서 전송된 데이터가 중첩되어 수신되므로, 이를 분리하기 위한 MIMO 검파 방식이 필요하다. 송신 다이버시티 방식과는 달리 송신 안테나수가 N_T개라면, 수신 안테나수 N_R는 최소 $N_R \geq N_T$개 이상이어야 중첩된 신호의 분리가 가능하다. 이를 $N_T \times N_R$ MIMO 시스템으로 표기한다.

그림 5-6-5는 2×2 MIMO 공간 다중화 송신기의 구조를 보여준다. 기저대역 송수신 신호 모델을 고려하면, 첫 번째와 두 번째 송신 안테나에서는 각각 $s_1(t)$와 $s_2(t)$가 전송된다.

$$s_m(t) = \frac{\sqrt{E_s}}{T_s} x_m(t) w(t), \ m = 1, 2 \tag{5-6-27}$$

여기서 $x_m(t)$는 m번째 송신 안테나에서 전송되는 QAM 심벌열이고, $w(t)$는 사용자 구분을 위한 Walsh 코드이다. Scrambling 코드 $c_1(t)$와 $c_2(t)$는 수신단에서 완벽하게 복원된다고 가정하여 생략한다. 그림 5-6-5에서 $h_{mn}(t)$는 m번째 송신 안테나와 n번째 수신 안테나 사이의 채널을 의미한다. 채널의 경로가 하나인 $h_{mn}(t) = \alpha_{mn}\delta(t)$를 고려하면, 첫 번째 수신 안테나에서는 두 개의 송신신호 $s_1(t)$와 $s_2(t)$가 다음과 같이 중첩되어 수신된다.

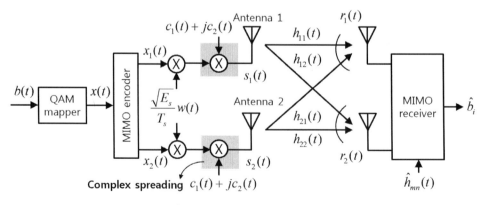

그림 5-6-5 공간 다중화 송수신기 구조

$$r_1(t) = s_1(t) \otimes h_{11}(t) + s_2(t) \otimes h_{21}(t) + n_1(t) \qquad (5\text{-}6\text{-}28)$$

$$= \alpha_{11} s_1(t) + \alpha_{21} s_2(t) + n_1(t)$$

$$= \frac{\sqrt{E_s}}{T_s} \alpha_{11} x_1(t) w(t) + \frac{\sqrt{E_s}}{T_s} \alpha_{21} x_2(t) w(t) + n_1(t)$$

여기서 $n_i(t)$는 i번째 수신 안테나에 더해지는 AWGN이다. 마찬가지로 두 번째 수신 안테나에서 수신되는 신호는 다음과 같다.

$$r_2(t) = s_1(t) \otimes h_{12}(t) + s_2(t) \otimes h_{22}(t) + n_2(t) \qquad (5\text{-}6\text{-}29)$$

$$= \alpha_{12} s_1(t) + \alpha_{22} s_2(t) + n_2(t)$$

$$= \frac{\sqrt{E_s}}{T_s} \alpha_{12} x_1(t) w(t) + \frac{\sqrt{E_s}}{T_s} \alpha_{22} x_2(t) w(t) + n_2(t)$$

그림 5-6-6은 MIMO 수신기의 구조를 보여준다. n번째 수신 안테나에서의 수신신호 $r_n(t)$에 Walsh 코드 $w(t)$를 곱하여 적분하면 다음과 같은 상관기 출력 y_{in}을 얻는다. (①②번)

$$y_{i1} = \int_{iT_s}^{(i+1)T_s} r_1(t) w(t) dt \qquad (5\text{-}6\text{-}30)$$

$$= \frac{\sqrt{E_s}}{T_s} \int_{iT_s}^{(i+1)T_s} \left[\alpha_{11} x_1(t) + \alpha_{21} x_2(t) \right] w^2(t) dt + n_1$$

$$= \sqrt{E_s} \left[\alpha_{11} x_{i1} + \alpha_{21} x_{i2} \right] + n_1$$

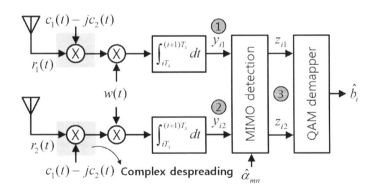

그림 5-6-6 2×2 MIMO 수신기 구조

$$y_{i2} = \int_{iT_s}^{(i+1)T_s} r_2(t)w(t)dt \tag{5-6-31}$$

$$= \frac{\sqrt{E_s}}{T_s} \int_{iT_s}^{(i+1)T_s} \left[\alpha_{12}x_1(t) + \alpha_{22}x_2(t) \right] w^2(t)dt + n_2$$

$$= \sqrt{E_s} \left[\alpha_{12}x_{i1} + \alpha_{22}x_{i2} \right] + n_2$$

식 (5-6-30)과 식 (5-6-31)을 행렬식으로 나타내면 다음과 같다.

$$\begin{bmatrix} y_{i1} \\ y_{i2} \end{bmatrix} = \sqrt{E_s} \begin{bmatrix} \alpha_{11} \ \alpha_{21} \\ \alpha_{12} \ \alpha_{22} \end{bmatrix} \begin{bmatrix} x_{i1} \\ x_{i2} \end{bmatrix} + \begin{bmatrix} n_1 \\ n_2 \end{bmatrix} \tag{5-6-32}$$

채널 행렬의 역행렬을 이용하여 다음과 같이 검파를 수행하면, n번째 수신 안테나에서의 결정변수 z_{in}을 얻는다. (③번)

$$\begin{bmatrix} z_{i1} \\ z_{i2} \end{bmatrix} = \begin{bmatrix} \alpha_{11} \ \alpha_{21} \\ \alpha_{12} \ \alpha_{22} \end{bmatrix}^{-1} \begin{bmatrix} y_{i1} \\ y_{i2} \end{bmatrix} \tag{5-6-33}$$

$$= \sqrt{E_s} \begin{bmatrix} \alpha_{11} \ \alpha_{21} \\ \alpha_{12} \ \alpha_{22} \end{bmatrix}^{-1} \begin{bmatrix} \alpha_{11} \ \alpha_{21} \\ \alpha_{12} \ \alpha_{22} \end{bmatrix} \begin{bmatrix} x_{i1} \\ x_{i2} \end{bmatrix} + \begin{bmatrix} \alpha_{11} \ \alpha_{21} \\ \alpha_{12} \ \alpha_{22} \end{bmatrix}^{-1} \begin{bmatrix} n_1 \\ n_2 \end{bmatrix}$$

여기서 A^{-1}는 행렬 A의 역행렬이다. 식 (5-6-33)에서 보듯이 채널의 역행렬을 구하기 위해서는 채널 계수 α_{mn}의 추정치가 필요하다. 여기서는 채널 추정이 완벽하다고 가정한다. 위의 식에서 역행렬 특성을 이용하면, 다음을 얻는다.

$$\begin{bmatrix} \alpha_{11} \ \alpha_{21} \\ \alpha_{12} \ \alpha_{22} \end{bmatrix}^{-1} \begin{bmatrix} \alpha_{11} \ \alpha_{21} \\ \alpha_{12} \ \alpha_{22} \end{bmatrix} = \begin{bmatrix} 1 \ 0 \\ 0 \ 1 \end{bmatrix} \tag{5-6-34}$$

식 (5-6-34)를 식 (5-6-33)에 대입하면 다음을 얻는다.

$$\begin{bmatrix} z_{i1} \\ z_{i2} \end{bmatrix} = \sqrt{E_s} \begin{bmatrix} x_{i1} \\ x_{i2} \end{bmatrix} + \begin{bmatrix} \alpha_{11} \ \alpha_{21} \\ \alpha_{12} \ \alpha_{22} \end{bmatrix}^{-1} \begin{bmatrix} n_1 \\ n_2 \end{bmatrix} \tag{5-6-35}$$

이와 같이 채널의 역행렬을 수신신호에 곱하여 신호를 검파하는 방식을 ZF(Zero-forcing) 방식이라고 한다. 이 방식은 수신기 구조가 매우 간단하지만, 식 (5-6-35)에서와 같이 채널의 역행렬이 잡음에 곱해지는 과정에서 잡음 전력의 증폭현상이 발생한다.

5.7 Multicode 변조

5.7.1 Multicode 송수신

Multicode는 M_c개의 병렬 가지에 독립적인 직교 코드가 곱해진 서로 다른 데이터를 동시에 전송하는 기법이다. 따라서 사용하는 multicode 가지 수에 비례하여 전송률이 증가한다. 그림 5-7-1은 multicode 가지 수가 $M_c = 3$이고 SF가 4인 Walsh 코드를 데이터 구별 코드로 사용한 경우의 multicode 송신단 구조를 보여준다. ①번의 전송 비트열은 S/P 변환 과정을 거친 후 가지마다 서로 다른 Walsh 코드(또는 OVSF 코드)가 곱해진다(②~④ 번). 각 multicode 가지의 신호가 더해진 후(⑤번) 반송파 변조되어 전송된다(⑥번). 그림에서 보듯이 S/P 변환 연산으로 인해 기저대역 펄스폭이 3배 증가하여 결과적으로 multicode를 사용하지 않는 경우에 비해 전송 대역폭이 1/3으로 줄어든다. 반대로 전송 대역폭을 동일하게 유지한다면, 3배 빠른 전송률을 얻게 된다. 반송파 변조를 생략한 기저대역 송수신 신호 모델을 사용하면(그림 4-2-9 참조), 전송신호는 다음과 같다.

$$s(t) = \sum_{p=1}^{M_c} \frac{\sqrt{E_s}}{T_s} b_p(t) w_p(t) \tag{5-7-1}$$

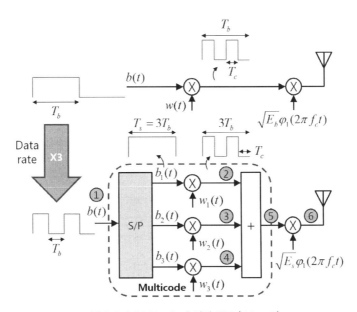

그림 5-7-1 Multicode 송신기 구조 ($M_c = 3$)

여기서 $b_p(t)$는 p번째 multicode 가지로 전송되는 비트구간이 $T_s = M_c T_b$인 비트열이고, $w_p(t)$는 칩구간이 T_c인 p번째 Walsh 코드를 의미한다. 그림 5-7-1은 $M_c = 3$인 경우이다. 식 (5-7-1)에서 $b_p(t) = \pm 1, w_p(t) = \pm 1$이므로, 전송신호는 다음과 같이 표현된다.

$$s(t) = \frac{\sqrt{E_s}}{T_s} \sum_{p=1}^{M_c} b_p(t) w_p(t) = \frac{\sqrt{E_s}}{T_s} \sum_i A_i p_{T_c}(t - i T_c) \tag{5-7-2}$$

여기서 $p_{T_c}(t)$는 T_c 구간 동안 1의 값을 가지는 구형파이고, A_i는 i번째 심벌의 크기를 의미한다. Multicode 가지 수 M_c가 짝수인 경우는 $A_i \in \{0, \pm 2, \pm 4, \cdots, \pm M_c\}$이고, M_c가 홀수인 경우에는 $A_i \in \{\pm 1, \pm 3, \cdots, \pm M_c\}$가 된다. 식 (5-7-2)의 multicode 전송신호는 M-ary ASK 기저대역 신호와 유사하다.

그림 5-7-2는 multicode 수신기 구조를 보여준다. Walsh 코드 $w_m(t)$를 곱한 경우의 결정변수 z_{im}은 다음과 같다.

$$z_{im} = \int_{iT_s}^{(i+1)T_s} \sum_{p=1}^{3} \frac{\sqrt{E_s}}{T_s} b_p(t) w_p(t) w_m(t) dt \tag{5-7-3}$$

$$= \sum_{p=1}^{3} \frac{\sqrt{E_s}}{T_s} b_{ip} \int_{iT_s}^{(i+1)T_s} w_p(t) w_m(t) dt$$

여기서 b_{ip}는 $b_p(t)$는 i번째 비트 정보이다. 식 (5-6-11)에 정의된 Walsh 코드간의 직교성으로 인해 다음의 식을 얻을 수 있다.

$$z_{im} = \begin{cases} \sqrt{E_s} b_{im}, & m = p \\ 0, & m \neq p \end{cases} \tag{5-7-4}$$

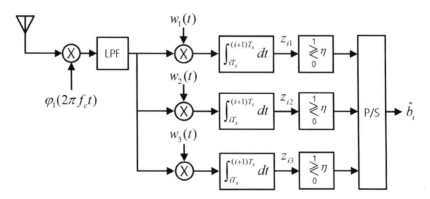

그림 5-7-2 Multicode 수신기 구조

사용 가능한 multicode 가지 수는 직교 Walsh 코드 수와 비례하므로, SF 값이 클수록 지원되는 최대 가지 수가 증가한다.

개념정리 5-5 **Multicode 신호**

그림 5-7-1에서 $w_1(t) = 1\,-1\,-1\,1$, $w_2(t) = 1\,-1\,1\,-1$, $w_3(t) = 1\,1\,-1\,-1$인 경우의 출력 신호를 살펴본다. ①번 단의 비트열이 S/P 변환된 후 multicode가 곱해진 신호는 ②~④번과 같으며, ⑤단에서의 기저대역 multicode 신호는 M-ary ASK 신호와 유사한 형태가 가진다. 전송전력 $P = 1/2$을 가정하면, 반송파 변조된 대역통과 multicode 신호는 ⑥번과 같다.

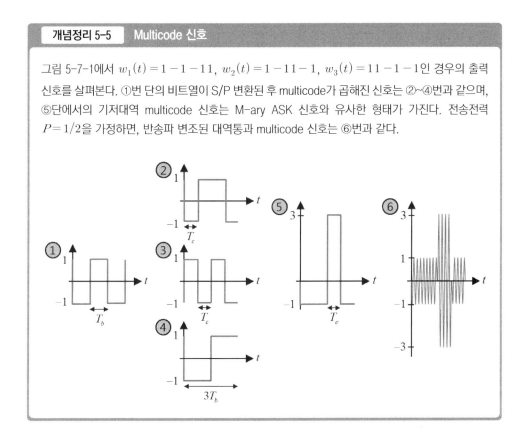

5.7.2 WCDMA 시스템의 multicode 송수신

그림 5-7-3은 multicode를 사용하는 WCDMA 상향링크에서의 송신단 구조를 보여준다. 전송신호는 다음과 같다.

$$s(t) = \sum_{p=1}^{3} \sqrt{\frac{E_s}{2}}\, b_{2p-1}(t) w_{2p-1}(t) \varphi_1(2\pi f_c t) \tag{5-7-5}$$

$$-\sum_{p=1}^{3} \sqrt{\frac{E_s}{2}}\, b_{2p}(t) w_{2p}(t) \varphi_2(2\pi f_c t)$$

위의 신호는 DS/SS QPSK 신호에 해당한다. 수식 전개의 편의를 위하여 scrambling 코드 $c_1(t)$와 $c_2(t)$는 수신단에서 완벽하게 복원된다고 가정하여 생략한다. WCDMA에서는

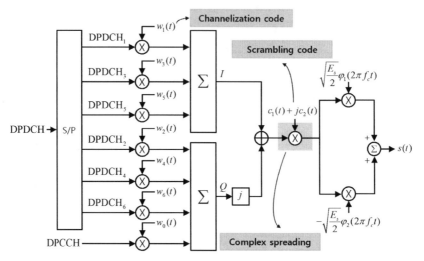

그림 5-7-3 WCDMA 상향링크의 multicode 송신 구조

데이터 채널의 분리를 위하여 OVSF 직교 코드를 사용한다. 그림 5-7-4는 multicode를 사용하는 WCDMA 상향링크에서의 수신단 구조이다. 수신신호 $r(t)$에 반송파를 곱한 후의 신호는 다음과 같다. (①②번)

$$r(t)\varphi_1(2\pi f_c t) = \sum_{p=1}^{3}\sqrt{\frac{E_s}{2}}\, b_{2p-1}(t)w_{2p-1}(t)\varphi_1^2(2\pi f_c t) \tag{5-7-6}$$

$$-\sum_{p=1}^{3}\sqrt{\frac{E_s}{2}}\, b_{2p}(t)w_{2p}(t)\varphi_1(2\pi f_c t)\varphi_2(2\pi f_c t)$$

$$=\frac{\sqrt{E_s}}{\sqrt{2}\,T_s}\sum_{p=1}^{3} b_{2p-1}(t)w_{2p-1}(t)\big[1+\cos(4\pi f_c t)\big]$$

$$-\frac{\sqrt{E_s}}{\sqrt{2}\,T_s}\sum_{p=1}^{3} b_{2p}(t)w_{2p}(t)\sin(4\pi f_c t)$$

$$r(t)\varphi_2(2\pi f_c t) = \sum_{p=1}^{3}\sqrt{\frac{E_s}{2}}\, b_{2p-1}(t)w_{2p-1}(t)\varphi_1(2\pi f_c t)\varphi_2(2\pi f_c t) \tag{5-7-7}$$

$$-\sum_{p=1}^{3}\sqrt{\frac{E_s}{2}}\, b_{2p}(t)w_{2p}(t)\varphi_2^2(2\pi f_c t)$$

$$=\frac{\sqrt{E_s}}{\sqrt{2}\,T_s}\sum_{p=1}^{3} b_{2p-1}(t)w_{2p-1}(t)\sin(4\pi f_c t)$$

$$-\frac{\sqrt{E_s}}{\sqrt{2}\,T_s}\sum_{p=1}^{3} b_{2p}(t)w_{2p}(t)\big[1-\cos(4\pi f_c t)\big]$$

위 신호가 LPF를 통과하면 출력 신호는 다음과 같다. (③④번)

$$LPF\big[r(t)\varphi_1(2\pi f_c t)\big] = \frac{\sqrt{E_s}}{\sqrt{2}\,T_s} \sum_{p=1}^{3} b_{2p-1}(t) w_{2p-1}(t) \tag{5-7-8}$$

$$LPF\big[-r(t)\varphi_2(2\pi f_c t)\big] = \frac{\sqrt{E_s}}{\sqrt{2}\,T_s} \sum_{p=1}^{3} b_{2p}(t) w_{2p}(t) \tag{5-7-9}$$

수신단에서는 $i=0$번째 심벌을 고려하여 심벌 인덱스 i는 생략한다. 따라서, OVSF 직교 코드를 곱한 후 홀수 번째 결정변수 z_{2m-1}과 짝수 번째 결정변수 z_{2m}은 각각 다음과 같다. (⑤번)

$$z_{2m-1} = \frac{\sqrt{E_s}}{\sqrt{2}\,T_s} \int_0^{T_s} \sum_{p=1}^{3} b_{2p-1}(t) w_{2p-1}(t) w_{2m-1}(t) dt \tag{5-7-10}$$

$$= \frac{\sqrt{E_s}}{\sqrt{2}\,T_s} \sum_{p=1}^{3} b_{2p-1} \int_0^{T_s} w_{2p-1}(t) w_{2m-1}(t) dt$$

$$z_{2m} = \frac{\sqrt{E_s}}{\sqrt{2}\,T_s} \int_0^{T_s} \sum_{p=1}^{3} b_{2p}(t) w_{2p}(t) w_{2m}(t) dt \tag{5-7-11}$$

$$= \frac{\sqrt{E_s}}{\sqrt{2}\,T_s} \sum_{p=1}^{3} b_{2p} \int_0^{T_s} w_{2p}(t) w_{2m}(t) dt$$

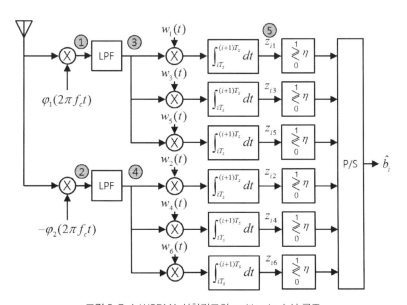

그림 5-7-4 WCDMA 상향링크의 multicode 수신 구조

식 (5-6-11)에서 정의된 직교 코드 특성을 이용하면, 결정변수는 다음과 같다.

$$z_{2m-1} = \begin{cases} \sqrt{\dfrac{E_s}{2}}\, b_{2m-1}, & m = p \\ 0, & m \neq p \end{cases} \qquad (5\text{-}7\text{-}12)$$

$$z_{2m} = \begin{cases} \sqrt{\dfrac{E_s}{2}}\, b_{2m}, & m = p \\ 0, & m \neq p \end{cases} \qquad (5\text{-}7\text{-}13)$$

각 가지에서 검파된 비트 데이터는 P/S 변환기를 거쳐서 최종적으로 복조된다.

5.8 전송률 계산

IS-95를 기반으로 발전한 동기식 2G CDMA 기술과 유럽식 GSM가 발전한 WCDMA 기술의 표준별 전송속도 발전 과정은 각각 그림 5-1-2와 그림 5-1-4에 요약되어 있다. 동기식 CDMA는 1.25MHz의 대역폭과 1.2288Mcps의 칩률을 기반으로 주로 변조 방식과 SF를 조절하여 전송 속도를 향상시킨다. 비동기식 3G WCDMA는 5MHz의 대역폭과 3.84Mcps의 칩률을 기반으로 변조 방식과 SF 이외에도 multicode와 MIMO를 적용하여 전송률을 증대시킨다.

5.8.1 2G 동기식 IS-95 CDMA 전송률

2G 이동통신 시스템에서는 IS-95A의 초기 전송률 14.4kbps에서 CDMA2000-1x(rel. A)의 최대 전송속도인 307.2kbps까지 20배 이상의 기술 발전이 이뤄진다. 이절에서는 표준별 자세한 전송속도 도출 과정을 살펴본다. 그림 5-8-1은 주요 블록별 전송속도 계산 개념을 보여준다. 채널 인코더(channel encoder) 1/2의 의미는 한 비트가 입력되어 인코더의 정해진 규칙에 따라 두 비트가 출력되는 것을 뜻한다. 따라서 코딩률 1/2인 경우 정보량의 변화 없이 비트율만 두 배가 된다. Puncturing은 비트열의 일부분을 제거하는 기법으로 그림 5-8-1에서는 6개 비트마다 2개씩 삭제하므로, 비트율이 4/6로 감소한다.

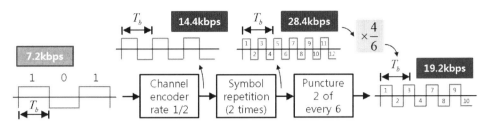

그림 5-8-1 블록별 전송속도 계산 개념

개념정리 5-6 **Convolutional 채널 코딩**

다음은 대표적인 채널 코딩 방식 중의 하나인 convolutional 코딩 기법을 보여준다. 송신단에서 사용되는 convolutional 인코더는 쉬프트 레지스터와 XOR 게이트로 구현된다. ①번 단에는 전송하려는 비트열이 입력되며, 쉬프트 레지스터의 수는 저장 가능한 이전 비트 정보의 수를 의미한다. 이 경우에는 ②번 단의 출력이 현재 입력 비트와 이전 2비트(총 3비트)에 영향을 받게 되는데, 이를 구속장 길이 (constraint length)라고 한다. 결과적으로 ①번 단에서 T_b마다 1비트씩 입력되고 ②번 단에서는 T_b 시간구간마다 2비트가 출력된다. IS-95 CDMA 하향링크에서는 구속장 길이가 9인 1/2인 convolutional 인코더가 사용된다.

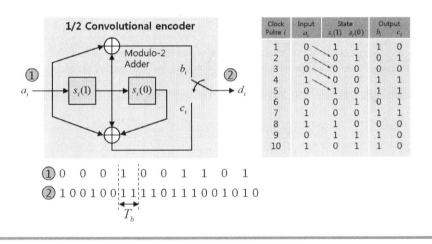

CHAPTER 5 CDMA 통신 시스템 **195**

(1) IS-95A

그림 5-8-2는 IS-95A의 최대 전송속도인 14.4kbps가 얻어지는 과정을 보여준다. 기본적으로 dual BPSK 변조 방식과 1.2288Mcps의 칩률을 기반으로 SF가 64로 정의된다. 칩률과 비트율의 비로 정의되는 SF에 의하여 비트율은 19.2kbps로 계산된다. RS2(Rate Set 2)의 경우에는 하나의 TCH(traffic channel)를 기준으로 1/2 코딩률과 puncturing 비율 4/6을 통해 14.4kbps의 전송률을 얻는다. 전송률이 14.4kbps 이하인 경우에는 2~8회 심벌 반복을 통해 항상 심벌 반복기 출력이 28.8kbps가 되도록 유지하게 된다. RS1(Rate Set 1)의 경우는 puncturing을 사용하지 않으며, 이를 제외하고는 RS2와 동일한 방법으로 최대 9.6kbps를 얻는다.

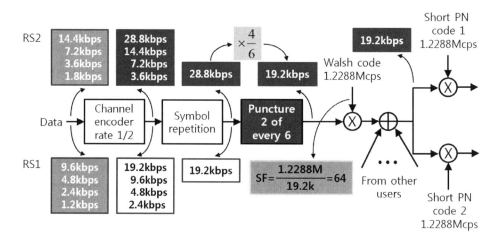

그림 5-8-2 IS-95A 최대 전송속도 계산

(2) IS-95B

그림 5-8-3은 IS-95B의 최대 전송속도인 115.2kbps가 얻어지는 과정을 보여준다. IS-95B는 IS-95A와 마찬가지로 하나의 FCH(fundamental channel)에서 지원하는 최대 속도는 14.4kbps이다. 여기에 추가적으로 7개의 SCH(supplementary channel)를 동시에 사용하여 전체적으로 8개의 채널이 할당되며, 각 채널은 서로 다른 Walsh 코드로 구분된다. 이는 multicode와 동일한 개념으로써 RS2의 경우 $14.4 \times 8 = 115.2$kbps의 전송률을 얻는다. 나머지 과정은 IS-95A와 동일하다.

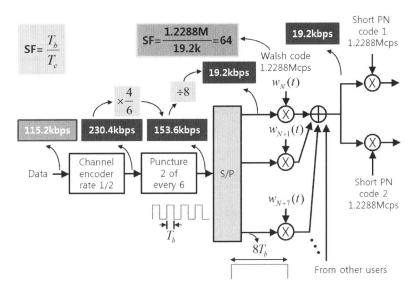

그림 5-8-3 IS-95B 최대 전송속도 계산

(3) CDMA2000-1x(rel. 0)

그림 5-8-4는 CDMA2000-1x(rel. 0)의 최대 전송속도인 153.6kbps가 얻어지는 과정을 보여준다. CDMA2000-1x(rel. 0)는 IS-95A의 RS1 구조를 기반으로 한다. 차이점은 SF를 64에서 4로 변경하여 16배에 해당하는 비트율은 307.2kbps를 얻는다. 여기에 코딩률 1/2을 고려하면, RS1 최대 속도인 9.6kbps의 16배인 $9.6 \times 16 = 153.6$kbps가 된다.

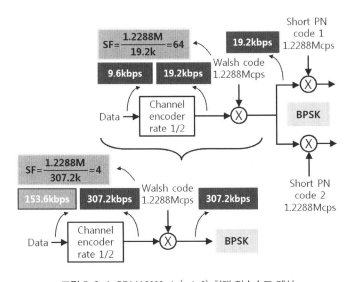

그림 5-8-4 CDMA2000-1x(rel. 0) 최대 전송속도 계산

(4) CDMA2000-1x(rel. A)

그림 5-8-5는 CDMA2000-1x(rel. A)의 최대 전송속도인 307.2kbps가 얻어지는 과정을 보여준다. CDMA2000-1x(rel. A)는 CDMA2000-1x(rel. 0) 구조를 기반으로 한다. 차이점은 변조 방식을 BPSK에서 QPSK로 변경하여 CDMA2000-1x(rel. 0)의 최대 속도인 153.6kbps의 2배에 해당하는 307.2kbps가 된다. CDMA2000-1x(rel. A)에서 부터는 4.3.2 절에서 설명한 complex spreading 방식이 적용된다.

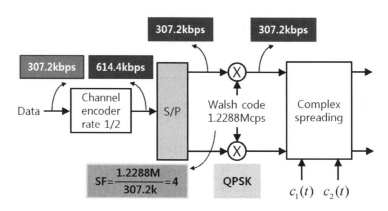

그림 5-8-5 CDMA2000-1x(rel. A) 최대 전송속도 계산

5.8.2 3G 비동기식 WCDMA 전송률

비동기식 WCDMA는 미국의 동기식 CDMA2000-1x보다 수십배 빠른 2.8Mbps의 데이터 통신 규격을 시작으로 해서, 2008년에 발표된 HSPA+에서는 16QAM과 같은 고차 변조방식과 multicode 기술을 도입하여 하향링크에서 최대 21.6Mbps의 속도가 지원된다.

(1) WCDMA rel.99

그림 5-8-6은 WCDMA rel.99의 하향링크 최대 전송속도인 2.8Mbps가 얻어지는 과정을 보여준다. 기본적으로 QPSK 변조 방식과 3.84Mcps의 칩률을 기반으로 SF가 4로 정의되므로, 가지당 기본 비트율은 960kbps가 된다. 여기에 QPSK(심벌당 2비트), 코딩률 1/2, 그리고 multicode 3개를 적용하여 $960 \times 3 \times 2 \times 1/2 = 2,880$kbps의 전송률을 얻는다. 그림 5-8-7은 WCDMA rel.99의 상향링크 최대 전송속도인 2.8Mbps를 도출하는 과정을

보여준다. 하향링크 구조와 비슷하며, 차이점은 변조 방식을 QPSK 대신 BPSK를 사용하며, multicode 가지 수는 6이다. 여기에 코딩률 1/2을 고려하면 $960 \times 6 \times 1/2 = 2,880$ kbps의 전송률을 얻는다.

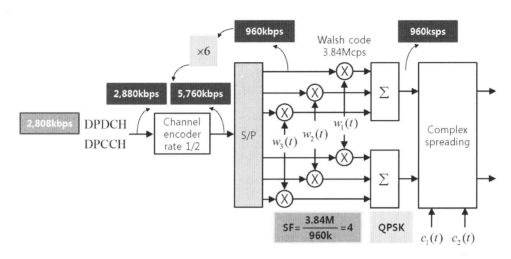

그림 5-8-6 WCDMA rel.99 하향링크 최대 전송속도 계산

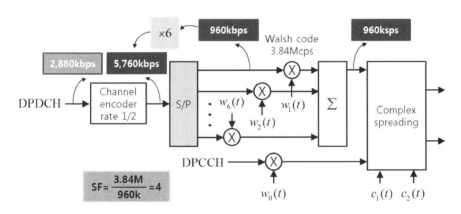

그림 5-8-7 WCDMA rel.99 상향링크 최대 전송속도 계산

(2) HSDPA

그림 5-8-8은 HSDPA의 최대 전송속도인 14.4Mbps가 얻어지는 과정을 보여준다. HSDPA는 WCDMA rel.99의 하향링크 구조를 기반으로 한다. SF를 4에서 16으로 변경하여 1/4배에 해당하는 기본 비트율은 $960 \times 1/4 = 240$ kbps가 된다. 여기에 변조 방식을 QPSK 대신 16QAM(심벌당 4비트)을 사용하고, multicode 15개를 적용하여 $240 \times 4 \times 15 = 14,400$ kbps의 전송률을 얻는다.

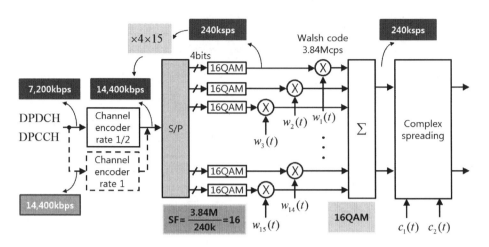

그림 5-8-8 HSDPA 최대 전송속도 계산

(3) HSUPA

그림 5-8-9는 HSUPA의 최대 전송속도인 5,760kbps가 얻어지는 과정을 보여준다. HSUPA는 WCDMA rel.99의 상향링크를 기반으로 한다. 차이점은 코딩률을 1/2에서 1로 변경하여 2배의 전송률인 $2,880 \times 2 = 5,760$kbps의 전송률을 얻는다.

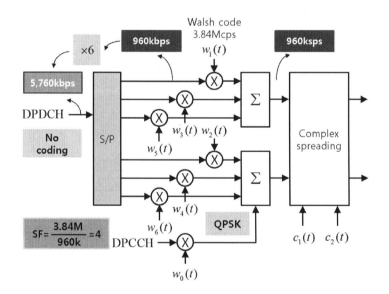

그림 5-8-9 HSUPA 최대 전송속도 계산

(4) HSPA+

그림 5-8-10은 HSPA+ 하향링크와 상향링크의 최대 전송속도가 도출되는 과정을 보여준다. HSPA+(rel.7) 하향링크는 HSDPA(rel.5)를 기반으로 2×2 MIMO 방식을 적용하여 2배인 $14 \times 2 = 28$Mbps의 전송률을 얻는다. MIMO를 사용하지 않는 모드에서는 64QAM 변조 방식을 지원하여 최대 21Mbps의 전송률을 제공한다. HSPA+(rel.11) 하향링크에서는 HSPA+(rel.7)에 적용된 16QAM(심벌당 4비트) 대신 64QAM(심벌당 6비트), 4×4 MIMO 및 8개 대역을 같이 사용하는 multi-carrier 방식을 적용하여 $28 \times 6/4 \times 2 \times 8 = 672$ Mbps의 전송률을 얻는다. 반면에 HSPA+(rel.11) 상향링크는 HSUPA(rel.6)를 기반으로 QPSK(심벌당 2비트) 대신 64QAM(심벌당 6비트), 2×2 MIMO 및 2개 대역을 같이 사용하는 dual-carrier 방식을 적용하여 $5.76 \times 6/2 \times 2 \times 2 = 69.12$Mbps의 전송률을 얻는다. WCDMA의 기본 대역폭인 5MHz 대역을 두 개 사용하는 표준을 DC-HSPA(Dual-carrier HSPA), 두개 이상의 대역을 사용하는 표준을 MC-HSPA(Multi-carrier HSPA)라고도 한다. 표 5-8-1은 HSDPA/HSUPA와 비교하였을 때 HSPA+ (rel.11) 표준에 적용된 기술들이 얼마만큼 전송속도를 증가시키는지를 정리한 것이다.

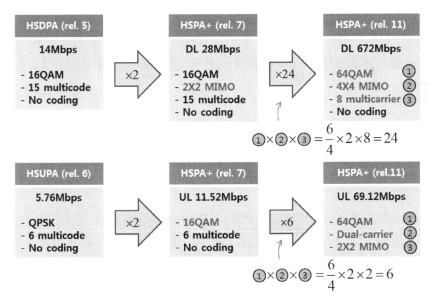

그림 5-8-10 HSPA+ 최대 전송속도 계산

표 5-8-1 HSDPA/HSUPA 대비 HSPA+(rel.11) 전송속도 개선 방안

적용 기술		변수 변경	전송률 증가 지수	전송률 증가
Downlink	변조	16QAM → 64QAM	×1.5	×48
	MIMO	1×1 → 4×4	×4	
	Multi-carrier	1 → 8	×8	
Uplink	변조	QPSK → 64QAM	×3	×12
	MIMO	1×1 → 2×2	×2	
	Multi-carrier	1 → 2	×2	

1. 아래 그림은 세 명의 사용자 신호를 전송하는 IS-95 CDMA 기지국의 송신단 구조를 보여준다. m번째 사용자 데이터 $b_m(t)$에는 사용자 구분을 위해 m번째 Walsh 코드 $w_m(t)$가 곱해진다. Dual BPSK 방식을 적용하여 동일한 ①번 단의 데이터가 각각 short PN 코드 $c_1(t)$와 $c_2(t)$로 확산된다고 가정할 때, 다음에 답하시오.

   1) ②번 단에서의 전송신호 $s(t)$를 식으로 표현하시오.

   2) 그림 4-2-11을 참고하여, 첫 번째 사용자의 수신기 구조를 도시하고, 상관기 출력단에서의 결정변수를 구하시오.

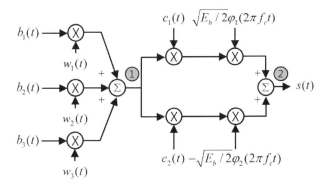

2. 그림 5-2-3과 그림 5-2-4는 각각 WCDMA 기지국 송신단과 complex spreading 구조를 나타낸 것이다. 송신단에서 m번째 사용자 채널 DPDCH_m으로 전송되는 데이터열이 $b_m(t)$이고, $b_m(t)$의 홀수 번째와 짝수 번째 데이터열을 각각 $b_m^1(t)$과 $b_m^2(t)$라고 가정한다. 다음에 답하시오.

   1) 전송신호 $s(t)$를 식으로 표현하시오.

   2) 그림 4-3-4를 참고하여, 첫 번째 사용자의 수신기 구조를 그리시오.

3. 그림 5-6-5에서 보듯이 2×2 MIMO 검파를 위해서는 채널에 대한 정보가 필요하다. 채널 추정을 위해 송수신단에서 서로 알고 있는 preamble 신호로써 첫 번째 송신 안테나에서는 BPSK 신호 $p_{11} = \sqrt{E_p}/T_b$, $p_{12} = \sqrt{E_p}/T_b$를 연속으로 전송하고, 두 번째 송신 안테나에서는 BPSK 신호 $p_{21} = \sqrt{E_p}/T_b$, $p_{22} = -\sqrt{E_p}/T_b$를 연속으로 전송한다. 여기서 E_p는 preamble 신호의 에너지이다. 채널의 경로가 하나인 $h_{mn}(t) = \alpha_{mn}\delta(t)$와 AWGN이 없는 경우를 가정할 때, MIMO 채널 계수 α_{mn}에 대한 추정치를 구하시오.

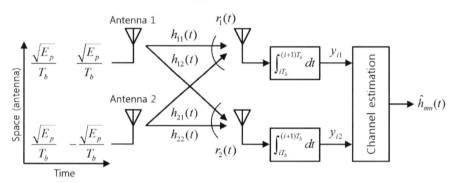

4. 아래 그림은 길이가 $M = 4$이고 한칩의 구간이 T_c인 세 개의 Walsh 코드 $w_1(t) = 1 - 1 - 11$, $w_2(t) = 1 - 11 - 1$, $w_3(t) = 11 - 1 - 1$를 사용하는 multicode 송신단 구조를 보여준다. 세 개의 비트열 $b_1\, b_2\, b_3$에 대한 multicode 기저대역 전송신호 $s(t)$가 그림과 같을 때, 다음에 답하시오.

1) $s(t)$의 전력스펙트럼밀도를 구하시오.

2) 전송된 비트열 $b_1\, b_2\, b_3$를 구하시오.

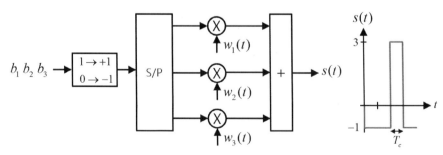

5. 아래 그림은 DS/SS BPSK 신호에 대한 SIC 수신기 구조를 보여준다. 짝수 번째 사용자는 BPSK 데이터 $b(t) = 1$, 홀수 번째 사용자는 BPSK 데이터 $b(t) = -1$을 대역확산하여 전송하며, 수신단에서 각 사용자에 대한 비트 결정은 완벽하다고 가정한다. 대역확산된 수신 스펙트럼이 ⓪번과 같고, cancellation unit의 구조는 그림 5-5-5와 동일하다. SIC 수신기에서 순차적으로 세 명의 신호를 간섭 제거하려고 할 때, 다음에 답하시오.

1) ⓐ~ⓒ단에서 출력되는 데이터 $b(t)$를 구하시오.
2) ①~④단에서의 스펙트럼을 그리시오.

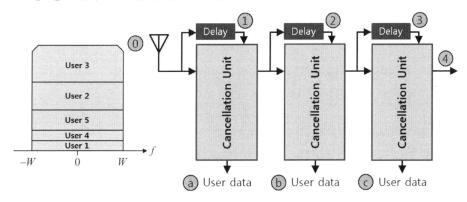

6. 아래 표와 그림은 각각 WCDMA(rel. 99) 상향링크에서 지원되는 전송속도와 송신단 구조를 보여준다. Walsh 코드의 칩률이 3.84Mcps일 때, 주어진 SF에 대하여 ①번과 ②번 단에서의 비트율을 구하시오.

DPDCH spreading factor	① DPDCH channel bit rate	② Maximum user data rate
256		
128		
64		
32		
16		
8		
4		

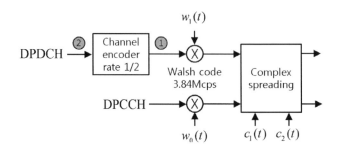

7. 아래 그림은 16QAM과 15개의 multicode를 적용하여 14Mbps를 지원하는 HSDPA(rel.5)로부터 발전한 WCDMA 하향링크 표준의 최대 전송속도를 요약한 것이다. 다음에 답하시오.

1) ①~⑥번의 최대 전송속도를 구하시오.

2) ⑦번의 HSPA+(rel.11)의 최대 전송속도인 672Mbps을 얻기 위한 기술을 나열하시오.

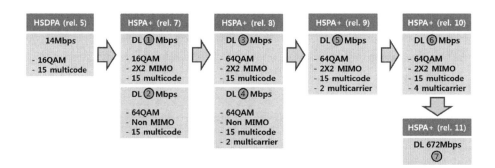

CHAPTER 6

OFDM 통신 시스템

다중반송파(multicarrier) 전송은 여러 개의 반송파에 신호를 동시에 송신하는 기술이다. 동시에 병렬로 보내려는 신호가 한 사용자의 정보라면, 직렬 데이터를 병렬 데이터로 변환하는 과정이 필수적이다. 다중반송파 전송은 그림 6-1-1에서와 같이 사람들(비트 정보)이 열차놀이기구(반송파)에 타는 상황에 비유된다. 일렬(직렬)로 줄서있는 사람들은 열차놀이기구에 타기 위하여 대기 칸을 차례로 채우게 된다(병렬 전환). 모든 대기 칸이 다 채워지면 열차 각 칸(부반송파)에 탑승한 후 출발(전송)하게 된다. 이때 열차놀이기구 전체를 한 개의 다중반송파 심벌이라고 부른다. 또한 열차가 출발하려면, 모든 칸이 채워질 때까지 기다려야 하므로 한 개의 다중반송파 심벌이 만들어 지려면 칸수에 비례하여 다중반송파 심벌 구간이 길어지게 된다. 그림의 예에서는 한 칸(부반송파)에 두 명(두 비트)이 탈 수 있으며, 총 14칸으로 구성되어 있다. 따라서 열차에는 한 번에 최대 28명(비트)이 탑승할 수 있으며, 직렬 비트의 구간에 비해 다중반송파 심벌의 구간이 28배 길어지게 된다.

그림 6-1-1 다중반송파 전송 방식의 개념

다중반송파 전송은 전체 대역폭을 여러 개의 작은 대역폭을 갖는 부반송파(subcarrier) 대역으로 분할하여 각 부반송파에 데이터를 동시에 전송하는 기술이다. OFDM(Orthogonal Frequency Division Multiplexing)은 다중반송파 전송 기술 중 대표적인 방식으로써, 직교성을 가지는 부반송파를 사용하기 때문에 부반송파간 보호대역 없이 스펙트럼을 중첩하여 사용하는 것이 가능하다. 송신단에서는 IDFT(Inverse Discrete Fourier Transform)를 이용하여 전송하며, 수신단에서는 DFT를 이용하여 데이터를 복원한다. 그림 6-1-2는 DFT의 개념을 보여준다.

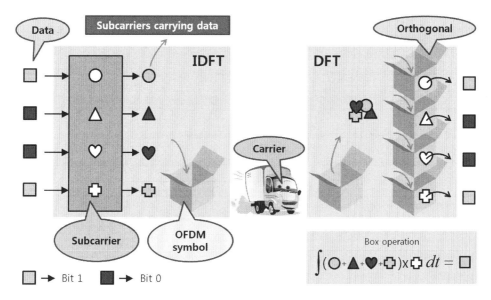

그림 6-1-2 DFT 개념

그림 6-1-2에서 보듯이 독립적인 데이터들이 각 부반송파에 실린 후 합해져 하나의 OFDM 심벌을 생성하게 된다. 수신단에서는 자동차(반송파)에 실려 온 박스(OFDM 심벌)안에 섞여있는 데이터를 서로 분리하는 작업이 수행된다. 즉, 각 부반송파 모양에 맞춰진 박스에 송신된 박스 안의 데이터를 동시에 넣으면, 모양이 동일한 부반송파에 실린 데이터만 빠져나오게 된다. 이를 부반송파간 직교성이라고 한다. 이러한 직교성을 만족하는 부반송파 신호로는 그림 6-1-3에서 설명하고 있는 복소 지수함수가 대표적이다. 그림에서 $e^{j2\pi kf_dt}$는 k번째 부반송파 신호, $X(k)$는 k번째 부반송파에 실리는 QAM 심벌이다. 반송파에 QAM 심벌이 실린 후의 모양은 $X(k)e^{j2\pi kf_dt}$가 된다. 송신단에서는 각 부반송파 신호가 합쳐서 전송되므로 송신신호는 다음과 같다.

$$x(t) = \sum_{k=1}^{4} X(k)e^{j2\pi kf_dt} \tag{6-1-1}$$

여기서 $f_d = 1/T_d$는 기본 주파수이다. 그림에서 ①번의 박스 연산 개념을 복소 지수함수를 이용하여 식으로 나타내면 다음과 같다.

$$\frac{1}{T_d} \int_0^{T_d} \left(\sum_{k=1}^{4} X(k)e^{j2\pi kf_d t} \right) e^{-j2\pi pf_d t} dt = \frac{1}{T_d} \sum_{k=1}^{4} \left(X(k) \int_0^{T_d} e^{j2\pi(k-p)f_d t} dt \right) \quad (6\text{-}1\text{-}2)$$

②번의 직교성을 이용하면 $k = p$(같은 모양의 부반송파)일 때만 값이 존재하게 되므로 식 (6-1-2)는 $X(k)$가 된다. 자세한 OFDM 송수신 과정은 6.2절과 6.3절에서 살펴본다.

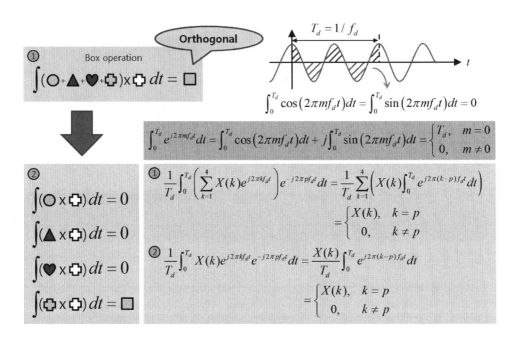

그림 6-1-3 부반송파의 직교성 개념

6.2 OFDM 변조

OFDM은 고속 데이터 전송을 위해 여러 개의 부반송파를 이용하는 통신 방식이다. OFDM 시스템이 최적의 성능을 가지려면 부반송파간의 직교성이 필수적으로 유지되어야 한다. 이절에서는 OFDM에서 사용하는 부반송파의 직교 특성과 다중반송파 전송을 구현하기 위한 IDFT의 원리를 살펴본다.

6.2.1 OFDM 직교성

OFDM 방식에서는 광대역 신호를 서로 직교성을 갖는 여러 개의 협대역 부반송파로 나누어 병렬로 전송한다. 서로 다른 주파수를 가지는 여러 개의 직교 부반송파로 변조시켜서 동시에 전송해야 하므로, 전송 QAM 심벌의 구간인 T_s가 역푸리에 변환(IFT) 주기인 T_d 만큼 길어진 심벌로 변환된다. 이를 OFDM 심벌이라 한다. OFDM 전송 시스템의 송수신단 구조는 그림 6-2-1과 같다. 그림에서 보듯이, 직렬 QAM 심벌 X_k는 S/P 변환기를 거쳐 N개의 병렬 QAM 심벌로 변환되며, 이때 $X_l(k)$는 l번째 OFDM 심벌의 k번째 부반송파에 실리는 QAM 심벌을 의미한다. N개의 병렬 QAM 심벌에 대하여 IFT 과정을 거치게 되므로, IFT 출력단에서 생성되는 한 개의 OFDM 심벌의 구간은 $T_d = NT_s$가 된다. 수신단에서는 식 (6-1-2)에서와 같이 부반송파 신호간 직교성을 이용하여 복조를 하게 된다.

그림 6-2-2는 OFDM 송신단의 전력스펙트럼밀도를 나타낸 것이다. ①~④번은 그림 6-2-1에서 각 부반송파에 QAM 심벌이 실린 후에 해당하는 ①~④번 단에서의 스펙트럼을 보여준다. ⑤번은 모든 부반송파의 스펙트럼이 합쳐진 형태가 된다. 이렇게 생성된 기저대역 OFDM 신호는 반송파 주파수 f_c로 반송파 변조되어 ⑥번과 같이 대역통과 신호로 전송된다.

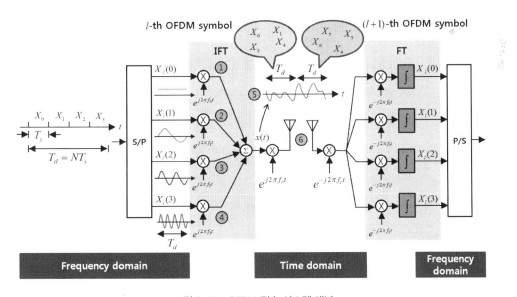

그림 6-2-1 OFDM 전송 시스템 개념

OFDM 전송 시스템은 상호 직교성을 갖는 복수의 반송파를 사용하기 때문에 기존의 주파수 분할 다중화(FDM) 방식에 비해 높은 대역폭 효율 또는 전송 효율을 가진다. 그림 6-2-3은 다중반송파 전송 방식의 스펙트럼 특성을 보여준다. OFDM의 경우는 보호대역 없이 부반송파 스펙트럼의 중첩을 허용한다. 스펙트럼이 중첩이 되지만, 부반송파 주파수

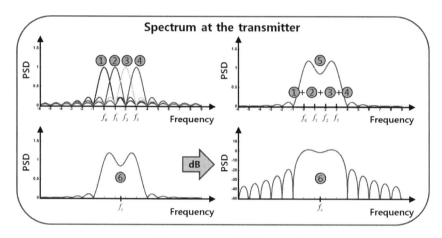

그림 6-2-2 OFDM 송신단 스펙트럼

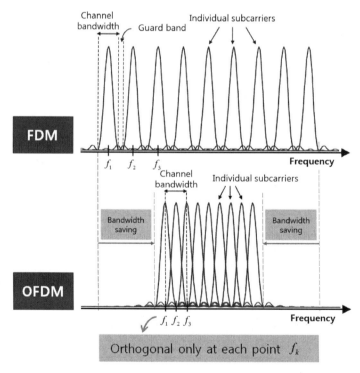

그림 6-2-3 다중반송파 전송 방식의 스펙트럼

위치인 $f = f_k$에서는 해당 부반송파 신호만 존재하게 된다.

OFDM 시스템에서는 동기 및 심벌간 간섭(Inter-Symbol Interference, ISI) 완화를 위해 보호구간(Guard Interval, GI)을 이용한다. GI에는 여러 형태가 있는데, 이중에서 부반송파 간의 직교성이 깨지는 것을 방지하기 위해 OFDM 심벌 중에서 뒷부분의 일부(T_g 구간)를 복사하여 원 신호(T_d 구간)의 앞부분에 붙이는 방법이 있다. 이러한 형태를 CP(Cyclic Prefix)라 한다. 이때 CP 구간은 채널의 최대지연확산보다 크거나 같게 해야 하므로, CP 구간만큼의 대역폭 효율이 감소되어, 전송률이 $T_d / (T_d + T_g)$의 비율로 줄어든다. 이 과정을 거치면, 시간영역에서의 OFDM 신호는 다음과 같이 전송된다.

$$x(t) = \sum_{l=-\infty}^{\infty} \sum_{k=0}^{N-1} X_l(k) \Psi_k(t - l T_{sym}) \tag{6-2-1}$$

여기서 N은 OFDM 부반송파의 개수, $X_l(k)$는 l번째 심벌의 k번째 부반송파로 전송되는 QAM 심벌, $T_{sym} = T_d + T_g$는 CP를 포함한 OFDM 심벌의 구간, 그리고 $\Psi_k(t)$는 다음과 같이 정의되는 직교함수이다.

$$\Psi_k(t) = \begin{cases} e^{j2\pi f_k t}, & -T_g \leq t < T_d \\ 0, & otherwise \end{cases} \tag{6-2-2}$$

여기서 T_d는 전송 OFDM 심벌 구간이고, T_g는 CP의 시간구간이다. 그림 6-1-3을 참고하면, 식 (6-2-2)의 신호는 다음과 같이 직교 특성을 갖도록 설계되어야 한다.

$$\frac{1}{T_d} \int_0^{T_d} \Psi_k(t) \Psi_p^*(t) dt = \frac{1}{T_d} \int_0^{T_d} e^{j2\pi f_k t} e^{-j2\pi f_p t} dt = \frac{1}{T_d} \int_0^{T_d} e^{j2\pi (f_k - f_p) t} dt \tag{6-2-3}$$
$$= \begin{cases} 1, & k = p \\ 0, & k \neq p \end{cases}$$

6.2.2 OFDM 신호 생성

그림 6-2-4는 OFDM 심벌의 전송 구조를 살펴보기 위하여, l번째 전송신호만을 고려한 경우의 송신단 구조를 보여준다. 식 (6-2-2)를 사용하여 l번째 심벌을 표현하면 다음과 같다.

$$x_l(t) = \sum_{k=0}^{N-1} X_l(k) \Psi_k(t - l T_{sym}) = \sum_{k=0}^{N-1} X_l(k) e^{j2\pi f_k (t - l T_{sym})} \tag{6-2-4}$$

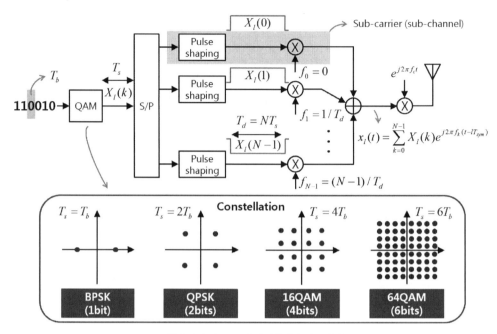

그림 6-2-4 OFDM 송신단에서의 변조과정

여기서 $lT_{sym} - T_g \le t < (l+1)T_{sym} - T_g$이다. 그림에서 보듯이 S/P 변환기를 거친 후 각 부반송파 심벌 구간이 $T_d = NT_s$로 늘어나게 되는데, 이는 ISI의 영향을 줄이는 효과가 있다. 변조 방식으로는 QAM이 주로 사용되며, $X_l(k)$는 QAM 성상도의 한 심벌로써 복소수로 표현된다. 3.3.4절에서 살펴본바와 같이 전력 정규화 상수를 이용하여 QAM 심벌당 평균 전력을 일정하게 맞춰준다.

그림 6-2-5는 BPSK를 사용할 경우 부반송파에서의 스펙트럼을 구하는 과정을 보여준다. 여기서는 k번째 부반송파에서 심벌 $X_l(k) = 1$과 사각 펄스 쉐이핑(shaping) 필터 $p_{T_d}(t)$를 가정한다. 우선 ①번 단에서의 푸리에 변환은 다음과 같다.

$$
\begin{aligned}
P_{T_d}(f) &= \int_{-\infty}^{\infty} p_{T_d}(t)e^{-j2\pi ft}dt = \int_{-T_d/2}^{T_d/2} e^{-j2\pi ft}dt \\
&= \frac{1}{\pi f}\left(\frac{e^{j\pi fT_d} - e^{-j\pi fT_d}}{2j}\right) = \frac{\sin(\pi fT_d)}{\pi f}
\end{aligned}
\tag{6-2-5}
$$

따라서 $p_{T_d}(t)$에 $e^{j2\pi f_k t}$가 곱해진 ②번 단에서의 푸리에 변환은 주파수 천이 특성을 이용하면 다음과 같이 구해진다.

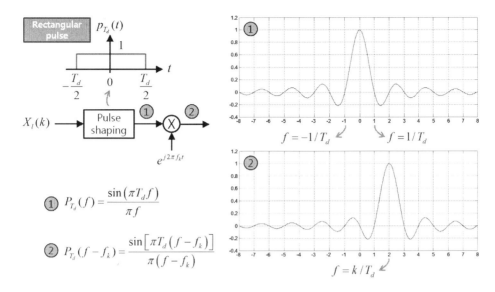

그림 6-2-5 부반송파에서의 스펙트럼 ($T_d = 1$인 경우)

$$\int_{-\infty}^{\infty} p_{T_d}(t) e^{j2\pi f_k t} e^{-j2\pi f t} dt = \int_{-\infty}^{\infty} p_{T_d}(t) e^{-j2\pi(f-f_k)t} dt = P_{T_d}(f - f_k) \qquad (6\text{-}2\text{-}6)$$

즉, k번째 부반송파에서의 스펙트럼은 다음과 같다. (②번)

$$P_{T_d}(f - f_k) = \frac{\sin(\pi(f - f_k)T_d)}{\pi(f - f_k)} \qquad (6\text{-}2\text{-}7)$$

식 (6-2-5)가 0이 되려면, $\pi f T_d = \pi k$(k는 정수)이어야 한다. 따라서 식 (6-2-5)는 $f = k/T_d$ 마다 0이 됨을 알 수 있다. 이러한 특징을 이용하면, 식 (6-2-7)에서 $\{f_k\}$는 다음 조건을 만족하는 부반송파의 주파수 집합이 된다.

$$f_k = f_0 + \frac{k}{T_d}, \quad k = 0, 1, 2, \cdots, N-1 \qquad (6\text{-}2\text{-}8)$$

여기서 f_k는 k번째 부반송파의 주파수이고, f_0는 가장 낮은 부반송파 주파수에 해당된다. $\Psi_k(t) = e^{j2\pi f_k t}$는 각 부반송파간에 직교성이 유지되도록 설계해야 하는데. 이를 위해서는 부반송파가 $1/T_d$ 간격이어야 한다. 각 부반송파의 스펙트럼은 그림 6-2-6에서와 같이 주파수축 상에서 상호 중첩되지만, $f = k/T_d$ 위치에서는 k번째 부반송파 스펙트럼만 존재한다. 따라서 전송신호가 정확한 부반송파 위치에서 샘플링 된다면, 인접 부반송파에 의한 간섭은 발생하지 않는다.

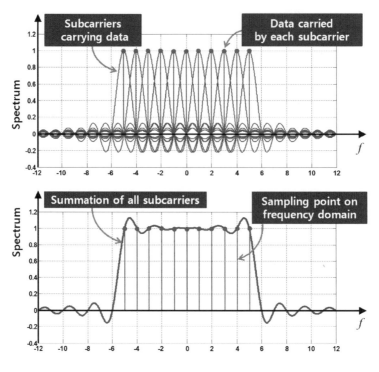

그림 6-2-6 주파수영역에서의 OFDM 신호

개념정리 6-1 | 복소 반송파 표현

전송하려는 QAM 심벌 X는 복소수 형태이므로, 반송파 변조 과정도 다음과 같이 복소수 표현을 자주 사용한다.

$$Xe^{j2\pi f_c t} = \left[X_I + jX_Q\right]\left[\cos(2\pi f_c t) + j\sin(2\pi f_c t)\right]$$

$$= \left[X_I\cos(2\pi f_c t) - X_Q\sin(2\pi f_c t)\right] + j\left[X_Q\cos(2\pi f_c t) + X_I\sin(2\pi f_c t)\right]$$

여기서 X_I와 X_Q는 복소 심벌 X의 실수부와 허수부이다. 위의 식에서 실수부는 기존에 사용하던 I-Q 반송파 변조 신호와 동일하다. 따라서 전송되는 대역통과 신호는 다음과 같이 표현된다.

$$Re\left\{Xe^{j2\pi f_c t}\right\} = X_I\cos(2\pi f_c t) - X_Q\sin(2\pi f_c t)$$

아래 그림과 같이 기존에 사용하던 I-Q 반송파 변조와 동일한 변조 과정이 된다.

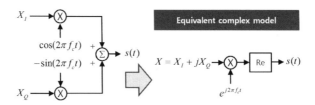

6.2.3 송신단 IDFT

그림 6-2-7은 DFT/IDFT로 구현한 OFDM 송수신기 구조를 보여준다. 우선 송신단에서 비트열은 변조 과정과 S/P 변환 과정을 거쳐 N-point IDFT를 수행하게 된다. N개의 IDFT 출력값중 N_g개가 CP로써 앞부분에 삽입되어 P/S를 거친 후에 연속시간(continuous-time) 신호로 변환되어 전송된다. 수신단에서는 송신단 각 블록의 역과정을 수행하게 된다. 수신단에서는 추가적으로 주파수영역에서 채널 계수의 영향을 보상하는 FEQ(Frequency-domain Equalizer) 블록이 존재한다.

그림 6-2-8은 송신단에서 식 (6-2-4)의 연속시간 전송신호 $x_l(t)$와 이산시간(discrete-time) 전송신호와의 관계를 보여준다. 시간영역에서 연속시간 전송신호 $x_l(t)$를 $t = lT_{sym} + mT_p$에서 샘플링한 이산시간 전송신호는 다음과 같이 표현된다.

$$x_l(m) = x_l(t)|_{t = lT_{sym} + mT_p} \qquad (6\text{-}2\text{-}9)$$
$$= \sum_{k=0}^{N-1} X_l(k)e^{j2\pi f_k(lT_{sym} + mT_p - lT_{sym})} = \sum_{k=0}^{N-1} X_l(k)e^{j2\pi \frac{k}{T_d}mT_p}$$
$$= \sum_{k=0}^{N-1} X_l(k)e^{j2\pi km/N}, \quad m = -N_g, \cdots, N-1$$

여기서 T_p는 샘플링 간격이다. 그림 6-2-8에서 보듯이 T_d 구간 동안의 신호로부터 N개

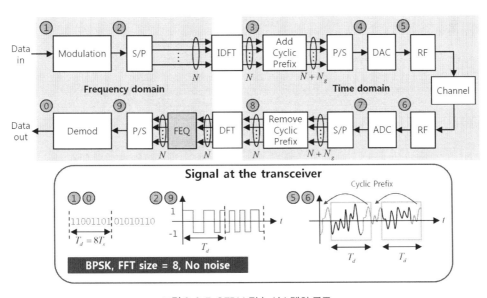

그림 6-2-7 OFDM 전송 시스템의 구조

의 이산 샘플을 추출하므로, $T_d = NT_p$가 된다. 또한 그림 6-2-7의 ④~⑦번 단에서의 연속시간 신호 $x_l(t)$와 이산시간 신호 $x_l(m)$간의 변환 관계를 보여준다. OFDM 송신단에서 병렬 전송되는 QAM 심벌 $X_l(k)$는 식 (6-2-9)의 IDFT 과정을 통해 시간영역 전송신호로 변환된다.

그림 6-2-9는 그림 6-2-7에서 ③~⑤번 단을 자세히 나타낸 것이다. IDFT 과정은 다음과 같이 정의된다.

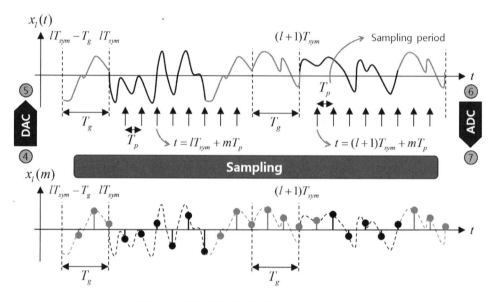

그림 6-2-8 연속시간 신호와 이산시간 신호간의 관계

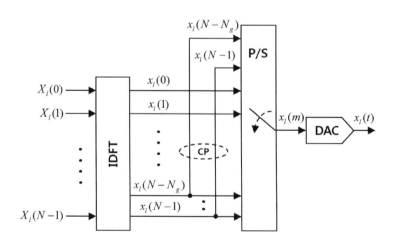

그림 6-2-9 IDFT 및 CP 삽입 과정

$$x_l(m) = IDFT[X_l(k)] = \sum_{k=0}^{N-1} X_l(k)e^{j2\pi km/N} \qquad (6\text{-}2\text{-}10)$$

그림 6-2-10은 시간영역에서의 OFDM 심벌 구조를 보여준다. 식 (6-2-9)에서 정의된 $N+N_g$개의 이산 샘플들이 하나의 OFDM 심벌을 구성한다. 즉, 한 개의 OFDM 심벌 구간은 실제 전송 OFDM 심벌 구간 T_d와 보호구간의 길이 T_g의 합으로 구성되며, 이러한 OFDM 심벌들이 시간영역에서 연속으로 전송된다.

그림 6-2-11은 OFDM 심벌에 사용된 펄스 쉐이핑에 따른 스펙트럼을 보여준다. ①번과 ② 번은 각각 사각 펄스와 raised cosine 펄스로 쉐이핑을 한 경우이다. ②번과 같은 모양의 raised cosine 펄스를 사용한 경우의 스펙트럼도 식 (6-2-5)에서 주어진 ①번 스펙트럼과 마찬가지로 $f = k/T_d$ 위치마다 크기가 0이 된다. 즉, raised cosine 펄스 쉐이핑 필터를 사용해도 부반송파간 직교성이 유지된다.

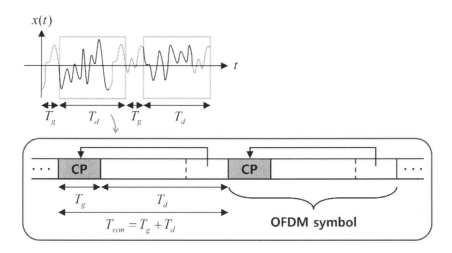

그림 6-2-10 OFDM 심벌 구조

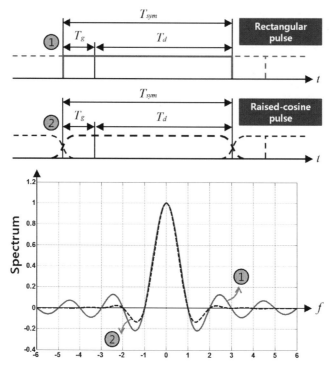

그림 6-2-11 펄스 쉐이핑에 따른 OFDM 스펙트럼 ($T_d = 1$인 경우)

6.3 OFDM 복조

OFDM 시스템에서는 서로 직교하는 부반송파 신호를 사용하기 때문에 부반송파간의 간섭없이 전송된 QAM 심벌의 복조가 가능하다. 이절에서는 다중반송파 복조를 구현하기 위한 수신단에서의 DFT 원리를 살펴본다. 또한 다중경로 채널 환경에서의 OFDM 송수신 과정을 자세히 알아본다.

6.3.1 수신단 DFT

우선 그림 6-2-1에서 적분기 통과 후 신호가 복원되는 과정을 살펴본다. AWGN과 다중경로 채널이 없다고 가정하면, 수신신호 $r_l(t)$는 식 (6-2-4)의 연속시간 전송신호와 동일하다. 즉, $r_l(t) = x_l(t)$이므로, 그림 6-2-1에서 k번째 부반송파 가지에서의 적분기 통과 후 신호는 다음과 같다.

$$R_l(k) = \frac{1}{T_d} \int_{-\infty}^{\infty} r_l(t) e^{-j2\pi f_k(t - lT_{sym})} dt \tag{6-3-1}$$

$$= \frac{1}{T_d} \int_{-\infty}^{\infty} \left[\sum_{p=0}^{N-1} X_l(p) e^{j2\pi f_p(t - lT_{sym})} \right] e^{-j2\pi f_k(t - lT_{sym})} dt$$

수식 표현의 편의를 위해 $l = 0$번째 OFDM 심벌을 고려한다. 식 (6-2-3)의 부반송파간 직교성과 식 (6-2-8)을 이용하면, 다음을 얻는다.

$$R_l(k) = \frac{1}{T_d} \sum_{p=0}^{N-1} X_l(p) \int_0^{T_d} e^{j2\pi(f_p - f_k)t} dt \tag{6-3-2}$$

$$= \frac{1}{T_d} \sum_{p=0}^{N-1} X_l(p) \int_0^{T_d} e^{j2\pi(p-k)t/T_d} dt = \sum_{p=0}^{N-1} X_l(p)\delta(p-k) = X_l(k)$$

즉, 송신단의 k번째 부반송파에서 전송된 QAM 심벌 $X_l(k)$가 복원된다.

다음으로 연속시간 전송신호 $r_l(t)$를 DFT로 구현하는 과정을 살펴본다. 시간영역에서의 수신신호 $r_l(t) = x_l(t)$를 $t = lT_{sym} + mT_p$에서 샘플링한 이산시간 수신신호는 식 (6-2-9)와 동일하다. 따라서 식 (6-2-9)를 식 (6-3-1)에 대입하면 다음을 얻는다.

$$R_l(k) = \frac{1}{T_d} \int_{-\infty}^{\infty} \left[\sum_{p=0}^{N-1} X_l(p) e^{j2\pi pm/N} \right] e^{-j2\pi \frac{k}{NT_p} m T_p} dt, \quad m = 0, 1, \cdots, N-1 \tag{6-3-3}$$

위의 식에서 적분 기호안의 신호는 샘플링에 의해 얻어진 N개의 샘플로 구성된 이산시간 신호가 된다. 따라서, 적분 기호는 이산시간 신호의 합으로 변환되어, 다음을 얻는다.

$$R_l(k) = \frac{1}{N} \sum_{m=0}^{N-1} \left(\sum_{p=0}^{N-1} X_l(p) e^{j2\pi pm/N} \right) e^{-j2\pi km/N} \tag{6-3-4}$$

$$= \frac{1}{N} \sum_{p=0}^{N-1} X_l(p) \left(\sum_{m=0}^{N-1} e^{j2\pi(p-k)m/N} \right)$$

식 (6-3-4)에서 마지막 괄호안은 등비수열 합 공식을 이용하여 다음과 같이 표현된다. [부록 A-9 참조]

$$\sum_{m=0}^{N-1} e^{j2\pi(p-k)m/N} = e^{j\pi(p-k)(N-1)/N} \frac{\sin[\pi(p-k)]}{\sin[\pi(p-k)/N]} \tag{6-3-5}$$

위의 식은 $k = p$인 경우에는 N이고, $k \neq p$일 때는 그 값이 0으로서 다음과 같은 직교 특성을 갖는다.

$$\frac{1}{N}\sum_{m=0}^{N-1} e^{j2\pi (p-k)m/N} = \delta(p-k) = \begin{cases} 1, & p = k \\ 0, & p \neq k \end{cases} \tag{6-3-6}$$

식 (6-3-6)을 식 (6-3-4)에 대입하면 다음과 같이 정리된다.

$$R_l(k) = \sum_{p=0}^{N-1} X_l(p)\left(\frac{1}{N}\sum_{m=0}^{N-1} e^{j2\pi (p-k)m/N}\right) = \sum_{p=0}^{N-1} X_l(p)\delta(p-k) = X_l(k) \tag{6-3-7}$$

다중경로 채널과 AWGN이 없는 경우 수신된 이산시간 신호는 $r_l(m) = x_l(m)$이므로, 식 (6-3-4)와 식 (6-3-7)을 정리하면 다음을 얻는다.

$$R_l(k) = \frac{1}{N}\sum_{m=0}^{N-1} r_l(m)e^{-j2\pi km/N} = \frac{1}{N}\sum_{m=0}^{N-1} x_l(m)e^{-j2\pi km/N} \tag{6-3-8}$$

$$= \frac{1}{N}\sum_{m=0}^{N-1}\left(\sum_{p=0}^{N-1} X_l(p)e^{j2\pi pm/N}\right)e^{-j2\pi km/N} = \sum_{p=0}^{N-1} X_l(p)\delta(p-k) = X_l(k)$$

이 연산을 DFT라 하며, 잡음이 없는 경우 수신단에서는 DFT 과정을 통해 전송 QAM 심벌 $X_l(k)$가 복원된다. 이산시간 신호 $x_l(m)$에 대한 DFT 연산은 다음과 같이 정의된다.

$$X_l(k) = DFT[x_l(m)] = \frac{1}{N}\sum_{m=0}^{N-1} x_l(m)e^{-j2\pi km/N}, \quad k = 0, 1, \cdots, N-1 \tag{6-3-9}$$

위의 과정은 식 (6-2-10)의 역과정이 된다.

6.3.2 다중경로 채널 통과 신호

그림 6-3-1은 다중경로 수에 따른 채널의 주파수 응답을 보여준다. 첫 번째는 $h_l(t) = \delta(t)$와 같이 다중경로 수가 하나인 경우로 [부록 A-10]을 참고하면, 주파수 응답이 $|H_l(f)| = 1$이 된다. 이러한 채널을 flat 페이딩 채널이라고 한다. 다중경로 수가 증가하여 채널의 최대지연확산 τ_{max}가 길어질수록 주파수 응답의 랜덤성이 커지게 되는데, 이를 주파수 선택성이 증가한다고 정의한다. 일반적으로 경로수가 L인 다중경로 채널은 다음과 같이 표현된다.

$$h_l(t) = \sum_{i=0}^{L-1} \alpha_i \delta(t - \tau_i) \tag{6-3-10}$$

여기서 α_i와 τ_i는 각각 i번째 경로의 세기와 지연 시간이다. 여기서는 시간에 따라 α_i와 τ_i가 변하지 않는 시불변 채널을 가정한다. 수식 전개의 편의를 위해 각 경로가 샘플간격 T_p 단위로 지연된다고 가정하면, $\tau_i = iT_p$가 된다. 식 (6-3-10)의 푸리에 변환은 다음과 같다.

$$F\big[h_l(t)\big] = F\left[\sum_{i=0}^{L-1} \alpha_i \delta(t - iT_p)\right] = \sum_{i=0}^{L-1} \alpha_i F\big[\delta(t - iT_p)\big] \tag{6-3-11}$$

식 (2-1-27)의 $F\big[\delta(t - t_0)\big] = e^{-j2\pi ft_0}$를 이용하면, $h_l(t)$의 푸리에 변환은 다음과 같이 구해진다.

$$H_l(f) = \sum_{i=0}^{L-1} \alpha_i e^{-j2\pi fiT_p} \tag{6-3-12}$$

그림 6-3-1에는 다중경로 수 L에 따른 채널의 주파수 응답 $|H_l(f)|$를 보여준다. 다중경로 수가 $L = 2$와 $L = 3$일 때 $H_l(f)$를 구하는 과정은 [부록 A-10]을 참고한다.

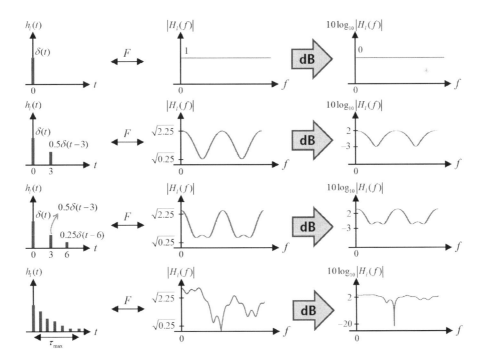

그림 6-3-1 다중경로 채널의 주파수 응답

다중경로 채널과 AWGN 채널을 통과한 후 수신된 신호는 시간영역에서 다음과 같이 표현된다.

$$r_l(t) = x_l(t) \otimes h_l(t) + n_l(t) = y_l(t) + n_l(t) \qquad (6\text{-}3\text{-}13)$$

$$= \int_{-\infty}^{\infty} x_l(\tau) \otimes h_l(t-\tau) d\tau + n_l(t)$$

여기서 $\otimes$는 컨벌루션 연산, $y_l(t)$는 다중경로 통과 후 신호, 그리고 $n_l(t)$는 AWGN이다. 식 (6-3-13)의 연속시간 수신신호에 대한 푸리에 변환은 컨벌루션 특징을 이용하여 다음과 같이 구할 수 있다.

$$R_l(f) = X_l(f)H_l(f) + N_l(f) \qquad (6\text{-}3\text{-}14)$$

다음으로 식 (6-3-13)에 대한 이산시간 표현을 살펴본다. 식 (6-3-13)의 수신신호를 $t = lT_{sym} + mT_p$에서 샘플링한 이산시간 수신신호는 다음과 같다.

$$r_l(m) = r_l(t)|_{t=lT_{sym}+mT_p} = x_l(m) \otimes h_l(m) + n_l(m) = y_l(m) + n_l(m) \qquad (6\text{-}3\text{-}15)$$

여기서 $n_l(m)$은 AWGN이며, $h_l(m)$는 샘플 단위의 시간 지연을 가지는 이산시간 다중경로 채널로써 다음과 같다.

$$h_l(m) = \sum_{i=0}^{L-1} \alpha_i \delta(m-i) \qquad (6\text{-}3\text{-}16)$$

또한 $h_l(m)$의 DFT는 식 (6-3-12)로부터 다음과 같이 표현된다.

$$H_l(k) = \sum_{i=0}^{L-1} \alpha_i e^{-j2\pi \frac{k}{T_d} i T_p} = \sum_{i=0}^{L-1} \alpha_i e^{-j2\pi \frac{k}{NT_p} i T_p} = \sum_{i=0}^{L-1} \alpha_i e^{-j2\pi ki/N} \qquad (6\text{-}3\text{-}17)$$

즉, $H_l(k)$는 이산시간 채널 임펄스 응답의 주파수영역 표현으로 k번째 부반송파에서의 페이딩 채널 계수를 의미한다. 식 (6-3-15)로부터 이산시간 수신신호는 다음과 같다.

$$r_l(m) = x_l(m) \otimes \sum_{i=0}^{L-1} \alpha_i \delta(m-i) + n_l(m) = \sum_{i=0}^{L-1} \alpha_i x_l(m) \otimes \delta(m-i) + n_l(m)$$

$$= \sum_{i=0}^{L-1} \alpha_i x_l(m-i) + n_l(m), \; m = -N_g, \cdots, N-1 \qquad (6\text{-}3\text{-}18)$$

다중경로 채널을 통과하는 이산시간 신호가 시간영역에서 컨벌루션되는 과정을 보여준다. $m=2$인 시점에서 수신되는 신호를 살펴보면, 첫 번째 경로에는 현재 신호 0.9, 두 번째 경로에는 이전 신호인 0.5, 그리고 세 번째 경로에는 두 샘플전 신호인 1.0이 동시에 중첩되어 수신된다. 즉, $x_l(i)$가 연속으로 입력되면, 최대지연확산 내에 포함되는 신호들이 채널의 영향을 받게 된다.

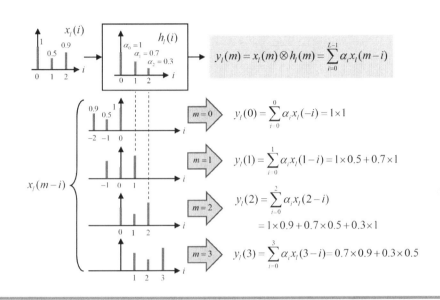

6.3.3 주파수영역 송수신 등가 모델

그림 6-3-2는 단일반송파와 다중반송파 신호에 따른 주파수 선택적 페이딩과 flat 페이딩 개념을 비교한 것이다. 다중반송파 시스템인 OFDM에서는 S/P 변환 연산으로 인해 OFDM 심벌 구간 T_d가 길어져 $T_d \gg \tau_{\max}$ 조건이 성립하므로, 전송신호의 대역폭이 채널의 상관 대역폭보다 작아진다. 따라서 ②번에서와 같이 각 부반송파에서 전송되는 QAM 신호는 flat 페이딩을 겪게 된다. 즉, ①번과 같이 단일반송파 신호가 겪는 광대역의 주파수 선택적 페이딩 채널 특성이 다중반송파 전송으로 인해 부반송파별로 협대역의 flat 페이딩 채널 특성으로 바뀌게 된다. 시간영역에서는 $N_g > \tau_{\max}$가 되도록 CP의 길이를 설정하면 데이터 전송속도가 높아지더라도 셀 내에서의 모든 다중경로 신호가 CP 구간 안으로 들어오기 때문에 심벌간 간섭이 발생하지 않는다.

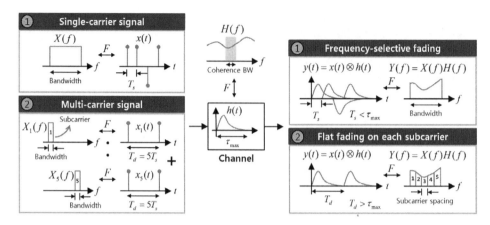

그림 6-3-2 단일반송파와 다중반송파 신호에 따른 페이딩 영향 비교

그림 6-3-3은 CP 제거와 DFT 과정을 나타낸다. 식 (6-3-18)에서 그림 6-3-3에서와 같이 CP 제거 후 식 (6-3-8)에 대입하여 DFT를 수행하면, 다음을 얻는다.

$$R_l(k) = \frac{1}{N} \sum_{m=0}^{N-1} r_l(m) e^{-j2\pi km/N} \tag{6-3-19}$$

$$= \frac{1}{N} \sum_{m=0}^{N-1} \left[x_l(m) \otimes h_l(m) + n_l(m) \right] e^{-j2\pi km/N}$$

식 (6-3-19)에서 이산시간 컨벌루션 특성을 이용하면 다음을 얻는다.

$$R_l(k) = \frac{1}{N} \sum_{m=0}^{N-1} x_l(m) \otimes h_l(m) e^{-j2\pi km/N} + \frac{1}{N} \sum_{m=0}^{N-1} n_l(m) e^{-j2\pi km/N} \tag{6-3-20}$$

$$= X_l(k) H_l(k) + N_l(k)$$

여기서 $N_l(k)$는 $n_l(m)$의 DFT로서 평균이 0이고 분산이 σ_N^2인 AWGN이다. 식 (6-3-20)

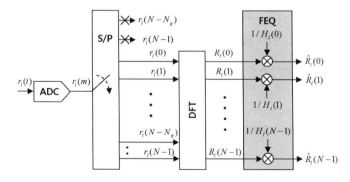

그림 6-3-3 CP 제거와 DFT 과정

으로부터 주파수영역에서는 N개 병렬 부반송파에서 전송신호 $X_l(k)$가 독립적으로 flat 페이딩 채널 $H_l(k)$을 통과하여 수신되는 등가 모델이 성립됨을 알 수 있다. 식 (6-3-20)의 자세한 유도 과정은 [부록 A-11]을 참고한다.

그림 6-3-4는 주파수영역에서의 송수신 등가 모델을 보여준다. 그림에서 보듯이 ①번의 성상도로 전송된 QAM 심벌 $X_l(k)$는 페이딩 채널 계수 $H_l(k)$에 의해서 ③번 단에서와 같이 성상도 회전 및 크기 변화의 영향을 받게 된다. ③번 단의 신호에 AWGN $N_l(k)$가 더해지면, ⑤번과 같이 채널을 통과한 QAM 심벌의 크기가 랜덤하게 바뀌게 된다. FEQ를 통과하면 채널 $H_l(k)$에 의해서 ③번과 같이 회전되었던 성상도가 ①번의 송신단 성상도로 다시 역 회전된다. 즉, 식 (6-3-20)에서 채널의 주파수 응답 $H_l(k)$를 안다면 전송 심벌 $X_l(k)$의 복조가 가능하다. 따라서 OFDM 수신단에는 $H_l(k)$의 추정치인 $\hat{H}_l(k)$를 구하는 채널 추정 과정이 필요하다. 채널 추정이 완벽하다면, 채널 추정치는 $\hat{H}_l(k) = H_l(k)$가 된다. 수신단에서는 채널 추정치를 사용하여 데이터 복원을 수행하는데, 이는 그림 6-3-3과 그림 6-3-4에서와 같이 FEQ를 통해 이뤄진다. 따라서 그림 6-3-4에서 ⑥번 단의 신호는 다음과 같이 표현된다.

$$\hat{R}_l(k) = \frac{R_l(k)}{H_l(k)} = X_l(k) + \frac{N_l(k)}{H_l(k)} \tag{6-3-21}$$

여기서 첫 번째 항은 전송된 QAM 심벌이고, 두번째 항은 가우시안 잡음 성분을 의미한다.

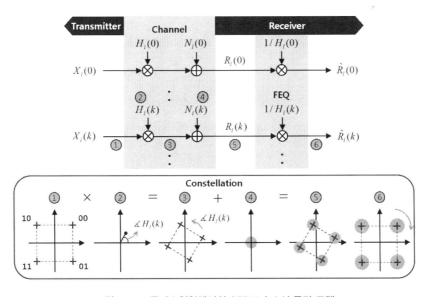

그림 6-3-4 주파수영역에서의 OFDM 송수신 등가 모델

다중경로 채널에서 CP 역할

다중경로 채널에서 보호구간으로 CP를 사용하는 경우의 영향을 알아본다. 그림에서 보듯이 $T_s < \tau_{max}$인 단일반송파 신호의 경우에는 심벌간 간섭 영향이 매우 크다. OFDM 심벌의 경우에는 $T_d > \tau_{max}$가 되어 상대적으로 심벌간 간섭의 영향이 적다. 하지만 Ⓐ번과 같이 OFDM 심벌이 보호구간 없이 연속으로 전송되면(①번), 채널 통과 후 여전히 심벌간 간섭이 존재한다(②번). Ⓑ번과 같이 OFDM 심벌 사이에 $T_g > \tau_{max}$의 시간구간을 가지는 널(null) 보호구간을 삽입하면 채널 통과 후 신호에는 심벌간 간섭이 존재하지 않지만, 직교성이 깨지게 된다. 이를 해결하기 위해 Ⓒ번과 같이 CP 보호구간을 사용하면, 다중경로 채널을 통과한 OFDM 심벌은 CP 제거 후에도 DFT 윈도우 안에 ISI 없이 자신의 다중경로 신호만 포함되어 직교성이 유지된다.

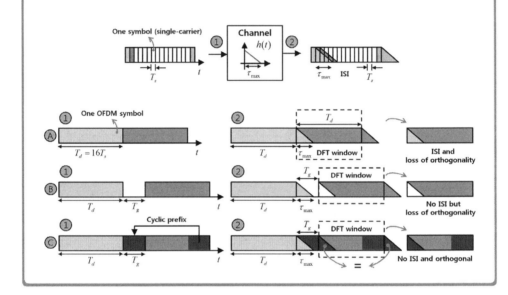

6.4 OFDM 시간 및 주파수 옵셋

OFDM 시스템에서 최적의 성능을 얻으려면 우선적으로 부반송파간의 직교성이 유지되어야 한다. 하지만, 심벌 타이밍 옵셋(Symbol Timing Offset, STO)과 반송파 주파수 옵셋(Carrier Frequency Offset, CFO) 등으로 인해 OFDM 부반송파간 직교성이 깨지게 된다. 이절에서는 심벌 타이밍 옵셋과 반송파 주파수 옵셋이 OFDM 수신기에 미치는 영향을 살펴본다.

6.4.1 심벌 타이밍 옵셋

OFDM 수신기에서 DFT를 수행하기 위해서는 정확한 심벌의 시작 위치를 알아야한다. DFT 윈도우(window)가 정확한 위치에서 어긋나는 것을 심벌 타이밍 옵셋이라 한다. 이는 OFDM 신호에서 부반송파간의 직교성을 깨뜨리게 되어, 시스템 성능을 저하시키는 요인이 된다. 그림 6-4-1은 OFDM 시스템에서 발생하는 심벌 타이밍 옵셋을 나타낸 것이다. ①번과 ④번은 DFT 윈도우 안에 연속된 두 개의 OFDM 심벌이 각각 일부분만 존재하는 경우로써, 직교성이 깨지게 된다. 완벽하게 동기가 맞춰진 샘플 인덱스를 $\{-N_g, \cdots, -1, 0, 1, \cdots, N-1\}$라고 가정한다. 심벌 타이밍 옵셋을 δ_t, 그리고 채널의 최대지연확산을 $\tau_{\max}$라고 하면, ③번은 $\delta_t \in \{-N_g + \tau_{\max}, -N_g + \tau_{\max} + 1, \cdots, -1, 0\}$에 해당하는 경우로써 직교성이 유지된다. ②번은 ③번과 유사하지만, DFT 윈도우 앞부분에 이전 OFDM 심벌의 다중경로 성분이 포함되어 직교성이 깨지는 경우이다. 여기서는 직교성이 유지되는 ③번에 대하여 심벌 타이밍 옵셋 영향을 살펴본다. 식 (6-3-20)으로부터 채널 통과 후 이산시간 수신신호는 다음과 같이 표현된다.

$$y_l(m) = x_l(m) \otimes h_l(m) = IDFT[Y_l(k)] = IDFT[X_l(k)H_l(k)] \qquad (6\text{-}4\text{-}1)$$
$$= \sum_{k=0}^{N-1} X_l(k)H_l(k)e^{j2\pi km/N}$$

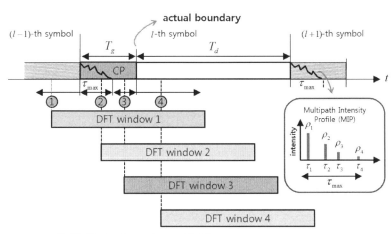

그림 6-4-1 DFT 윈도우 위치와 심벌 타이밍 옵셋

수신신호는 δ_t만큼 샘플 단위로 시간 천이된 형태이므로 $r_l(m)$은 다음과 같이 표현된다.

$$r_l(m) = y_l(m+\delta_t) + n_l(m) \tag{6-4-2}$$

여기서 δ_t는 정수를 가정한다. 따라서 $r_l(m)$에 대한 DFT 출력은 다음과 같이 구해진다.

$$
\begin{aligned}
R_l(k) &= \frac{1}{N}\sum_{m=0}^{N-1} r_l(m)e^{-j2\pi km/N} = \frac{1}{N}\sum_{m=0}^{N-1}\left[y_l(m+\delta_t) + n_l(m)\right]e^{-j2\pi km/N} \\
&= \frac{1}{N}\sum_{m=0}^{N-1}\left[\sum_{p=0}^{N-1} Y_l(p)e^{j2\pi p(m+\delta_t)/N}\right]e^{-j2\pi km/N} + \frac{1}{N}\sum_{m=0}^{N-1} n_l(m)e^{-j2\pi km/N} \\
&= \frac{1}{N}\sum_{p=0}^{N-1} X_l(p)H_l(p)e^{j2\pi p\delta_t/N}\sum_{m=0}^{N-1} e^{j2\pi(p-k)m/N} + N_l(k) \tag{6-4-3}
\end{aligned}
$$

식 (6-3-6)의 직교 특성을 이용하면, 다음을 얻는다.

$$
\begin{aligned}
R_l(k) &= \sum_{p=0}^{N-1} X_l(p)H_l(p)e^{j2\pi p\delta_t/N}\delta(p-k) + N_l(k) \\
&= X_l(k)H_l(k)e^{j2\pi k\delta_t/N} + N_l(k) \tag{6-4-4}
\end{aligned}
$$

위의 식에서 보듯이, 심벌 타이밍 옵셋 δ_t는 주파수영역에서 채널 통과후 수신신호의 위상을 회전시키게 된다. 그림 6-4-2에서와 같이 송신신호의 성상도가 $2\pi k\delta_t/N$만큼 회전되어 수신된다.

그림 6-4-3에서는 주파수영역에서의 OFDM 송수신 등가 모델을 이용하여 심벌 타이밍 옵셋의 영향을 자세히 살펴본다. ①번과 같은 성상도로 전송된 QAM 심벌 $X_l(k)$는 채널 $H_l(k)$에 의해서 ②번 단에서와 같이 성상도가 회전하게 된다. 심벌 타이밍 옵셋 δ_t는 ③번 단과 같이 추가적으로 $2\pi k\delta_t/N$만큼 신호의 위상을 회전시킨다. 일반적으로 채널 추정을

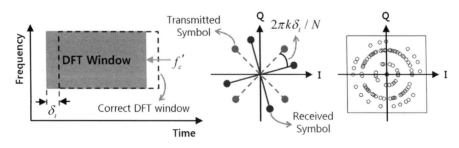

그림 6-4-2 OFDM 시스템에서의 심벌 타이밍 옵셋 영향

수행하면 채널과 δ_t로 인한 위상 회전 성분이 $\overline{H}_l(k) = H_l(k)e^{j2\pi k\delta_t/N}$과 같이 일괄적으로 추정된다. 따라서, ⑤번 단에서와 같이 두 회전 성분이 FEQ를 통하여 동시에 보상된다.

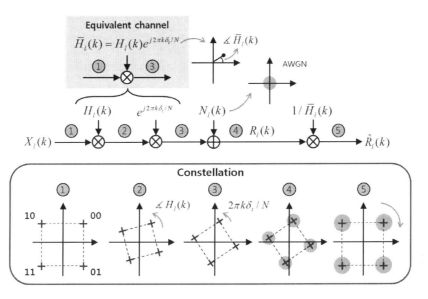

그림 6-4-3 OFDM 송수신 등가 모델에서의 심벌 타이밍 옵셋

개념정리 6-4 **심벌 타이밍 옵셋 영향**

심벌 타이밍 옵셋의 영향을 수신 성상도를 통해 살펴본다. Ⓐ번은 그림 6-4-1에서 DFT 윈도우 3에 해당하는 경우로써 식 (6-4-4)에서와 같이 성상도가 회전된다. δ_t가 그림 6-4-1의 ③번과 같이 발생하면 δ_t의 크기에 상관없이 유사한 회전 영향을 준다. 반면에 Ⓑ번은 DFT 윈도우 4의 경우로써 성상도의 회전뿐만 아니라 신호의 크기 감쇄와 ISI가 동시에 발생한다. 이러한 영향은 δ_t의 크기에 비례한다.

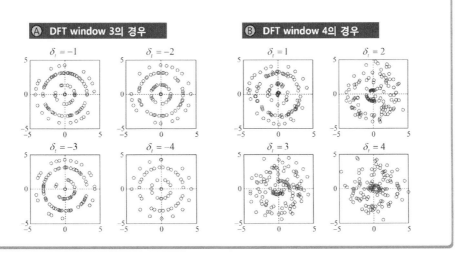

6.4.2 반송파 주파수 옵셋

(1) 시간영역 표현

반송파 주파수 옵셋은 주로 OFDM 수신단에서 정밀하지 않은 국부 발진기의 영향으로 인해 발생한다. 이는 OFDM 부반송파간의 직교성을 깨뜨리게 되어, 시스템 성능을 저하시킨다. 그림 6-4-4는 OFDM 시스템에서 발생하는 반송파 주파수 옵셋의 개념을 나타낸 것이다. 수신단 국부 발진기의 주파수가 $f_c^{'}$라 하면, 반송파 주파수 옵셋은 $\Delta_f = f_c - f_c^{'}$로 정의된다. 따라서, Δ_f를 부반송파 간격 $f_d = 1/T_d$로 나누면 정규화된 반송파 주파수 옵셋에 대한 표현을 얻는다.

$$\epsilon = \frac{f_c - f_c^{'}}{f_d} = \frac{\Delta_f}{f_d} = \Delta_f T_d = \Delta_f N T_p = \epsilon_i + \epsilon_f \tag{6-4-5}$$

그림 6-4-4에서 ②번과 같이 Δ_f가 부반송파 간격 $f_d = 1/T_d$보다 클 경우도 발생하기 때문에, 부반송파 간격의 정수배에 해당하는 주파수 옵셋 ϵ_i와 부반송파 간격보다 작은 나머지 주파수 옵셋 ϵ_f의 합으로 표현된다. 이때 ϵ_i와 ϵ_f를 각각 정수배 주파수 옵셋과 소수배 주파수 옵셋이라고 하며, ϵ_f의 범위는 $|\epsilon_f| < 0.5$가 된다.

반송파 주파수 옵셋이 OFDM 시스템에 미치는 영향을 분석하기 위하여, 심벌 타이밍 옵셋이 없다고 가정한다. 그림 6-4-4에서 보듯이 반송파 주파수 옵셋 Δ_f는 주파수영역에서 주파수 천이 형태이므로 시간영역에서의 연속시간 수신신호는 다음과 같다.

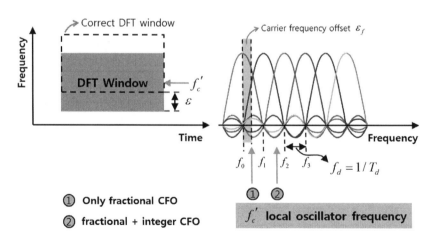

그림 6-4-4 OFDM 시스템에서의 반송파 주파수 옵셋 영향

$$r_l(t) = y_l(t)e^{j2\pi \Delta_f t} + n_l(t) \tag{6-4-6}$$

시간영역에서의 연속시간 수신신호 $r_l(t)$를 $t = lT_{sym} + mT_p = l(N+N_g)T_p + mT_p$에서 샘플링한 이산시간 수신신호는 다음과 같다.

$$r_l(m) = y_l(m)e^{j2\pi \Delta_f [l(N+N_g)+m]T_p} + n_l(m) \tag{6-4-7}$$

식 (6-4-5)에서 $\epsilon = \Delta_f NT_p = \epsilon_i + \epsilon_f$이므로, 식 (6-4-7)은 다음과 같이 정리된다.

$$r_l(m) = e^{j2\pi \frac{\epsilon}{NT_p}[l(N+N_g)+m]T_p} y_l(m) + n_l(m) \tag{6-4-8}$$
$$= e^{j2\pi\epsilon[l(N+N_g)+m]/N} y_l(m) + n_l(m)$$

위의 식을 살펴보면, $e^{j2\pi\epsilon l(N+N_g)/N}$은 m의 함수가 아니므로 다음과 같이 채널에 포함시킬 수 있다.

$$r_l(m) = x_l(m) \otimes \underbrace{h_l(m)e^{j2\pi\epsilon l(N+N_g)/N}}_{h_l(m)} e^{j2\pi\epsilon m/N} + n_l(m) \tag{6-4-9}$$

개념정리 6-5　　**반송파 주파수 옵셋 개념**

아래 그림은 반송파 주파수 옵셋으로 인하여 직교성이 깨지는 개념을 보여준다. 열차의 한 칸을 부반송파라고 한다면, ①번과 같이 스크린 도어와 정확한 위치에서 열차 문이 열려야 승객들이 제대로 내릴 수 있다. 하지만, ②③번과 같이 스크린 도어의 위치가 많이 어긋나게 되면, 승객이 내릴 수 있는 공간이 줄어들게 되는데, 이때 어긋난 정도가 반송파 주파수 옵셋에 해당한다.

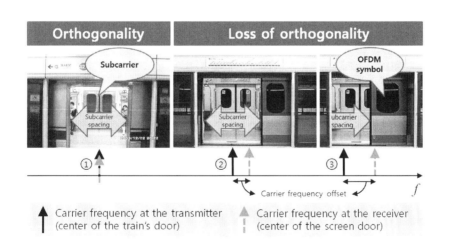

따라서 식 (6-4-9)는 다음과 같이 간략히 표현된다.

$$r_l(m) = x_l(m) \otimes \overline{h}_l(m)e^{j2\pi\epsilon m/N} + n_l(m) = \overline{y}_l(m)e^{j2\pi\epsilon m/N} + n_l(m) \tag{6-4-10}$$

(2) 주파수영역 표현

다음으로 $r_l(m)$에 대한 주파수영역에서의 DFT 표현을 살펴본다. 식 (6-4-10)을 식 (6-3-19)에 대입하여 정리하면, $r_l(m)$의 DFT는 다음과 같다.

$$R_l(k) = \frac{1}{N}\sum_{m=0}^{N-1} r_l(m)e^{-j2\pi km/N} \tag{6-4-11}$$

$$= \frac{1}{N}\sum_{m=0}^{N-1}\left[\overline{y}_l(m)e^{j2\pi\epsilon m/N} + n_l(m)\right]e^{-j2\pi km/N}$$

$$= \frac{1}{N}\sum_{m=0}^{N-1}\left[\overline{y}_l(m)e^{j2\pi\epsilon m/N}\right]e^{-j2\pi km/N} + \frac{1}{N}\sum_{m=0}^{N-1} n_l(m)e^{-j2\pi km/N}$$

위 식에서 두 번째항은 $N_l(k)$이고, $\overline{y}_l(m)$는 $\overline{Y}_l(k)$의 IDFT이다. 식 (6-4-10)의 관계를 이용하면 $\overline{y}_l(m)$은 다음과 같이 표현된다.

$$\overline{y}_l(m) = IDFT\left[\overline{Y}_l(k)\right] = IDFT\left[X_l(k)\overline{H}_l(k)\right] = \sum_{k=0}^{N-1} X_l(k)\overline{H}_l(k)e^{j2\pi km/N} \tag{6-4-12}$$

식 (6-4-12)를 식 (6-4-11)에 대입하여 정리하면, 다음을 얻는다.

$$R_l(k) = \frac{1}{N}\sum_{m=0}^{N-1}\left[\left(\sum_{p=0}^{N-1} X_l(p)\overline{H}_l(p)e^{j2\pi pm/N}\right)e^{j2\pi m\epsilon/N}\right]e^{-j2\pi km/N} + N_l(k) \tag{6-4-13}$$

$$= \frac{1}{N}\sum_{p=0}^{N-1} X_l(p)\overline{H}_l(p)\sum_{m=0}^{N-1} e^{j2\pi m\epsilon/N}e^{j2\pi(p-k)m/N} + N_l(k)$$

$$= \frac{1}{N}\sum_{p=0}^{N-1} X_l(p)\overline{H}_l(p)\sum_{m=0}^{N-1} e^{j2\pi(p-k+\epsilon)m/N} + N_l(k)$$

정수배 주파수 옵셋 ϵ_i와 소수배 주파수 옵셋 ϵ_f의 영향을 각각 살펴보기 위하여, 첫 번째로 $\epsilon = \epsilon_i$인 경우를 먼저 고려한다. 이 경우에 식 (6-4-13)은 다음과 같다.

$$R_l(k) = \sum_{p=0}^{N-1} X_l(p)\overline{H}_l(p)\left[\frac{1}{N}\sum_{m=0}^{N-1} e^{j2\pi(p-k+\epsilon_i)m/N}\right] + N_l(k) \tag{6-4-14}$$

여기서 ϵ_i는 정수이므로, 식 (6-3-6)을 참고하면 다음을 얻는다.

$$\frac{1}{N}\sum_{m=0}^{N-1}e^{j2\pi(p-k+\epsilon_i)m/N} = \begin{cases} 1, & p = k - \epsilon_i \\ 0, & p \neq k - \epsilon_i \end{cases} \tag{6-4-15}$$

따라서 식 (6-4-14)는 다음과 같이 표현된다.

$$R_l(k) = \sum_{p=0}^{N-1}X_l(p)\overline{H_l}(p)\delta(p-k+\epsilon_i) + N_l(k) \tag{6-4-16}$$

$$= X_l(k-\epsilon_i)\overline{H_l}(k-\epsilon_i) + N_l(k)$$

위의 식에서 보듯이 정수배 주파수 옵셋 ϵ_i는 수신신호를 ϵ_i만큼 부반송파 단위로 순환 천이시키게 된다. 즉, ϵ_i가 존재하는 경우에는 데이터 복조가 불가능하며, 반드시 보상되어야 한다. 식 (6-4-16)에서 $\overline{H_l}(k)$는 ϵ로 인한 회전 성분을 포함한 등가 채널로써, 식 (6-4-9)로부터 다음과 같이 구해진다.

$$\overline{H_l}(k) = \sum_{m=0}^{N-1}\left[h_l(m)e^{j2\pi\epsilon l(N+N_g)/N}\right]e^{-j2\pi km/N} \tag{6-4-17}$$

$$= e^{j2\pi\epsilon l(N+N_g)/N}\sum_{m=0}^{N-1}h_l(m)e^{-j2\pi km/N} = e^{j2\pi\epsilon l(N+N_g)/N}H_l(k)$$

다음으로 $\epsilon = \epsilon_f$인 경우를 살펴본다. 이 경우에 식 (6-4-13)은 다음과 같다.

$$R_l(k) = \sum_{p=0}^{N-1}X_l(p)\overline{H_l}(p)\left[\frac{1}{N}\sum_{m=0}^{N-1}e^{j2\pi(p-k+\epsilon_f)m/N}\right] + N_l(k) \tag{6-4-18}$$

$$= X_l(k)\overline{H_l}(k)\left[\frac{1}{N}\sum_{m=0}^{N-1}e^{j2\pi\epsilon_f m/N}\right]$$

$$+ \sum_{\substack{p=0 \\ p\neq k}}^{N-1}X_l(p)\overline{H_l}(p)\left[\frac{1}{N}\sum_{m=0}^{N-1}e^{j2\pi(p-k+\epsilon_f)m/N}\right] + N_l(k)$$

$$= X_l(k)\overline{H_l}(k)\beta(\epsilon_f) + C_l(k) + N_l(k)$$

여기서 $\beta(\epsilon_f)$는 ϵ_f로 인한 신호의 크기 감쇄 성분이고, $C_l(k)$는 인접 부반송파간의 직교성 깨짐으로 인한 반송파간 간섭(Inter-Carrier Interference, ICI) 성분이다. 식 (6-4-18)에서 $\beta(\epsilon_f)$는 등비가 $e^{j2\pi\epsilon_f/N}$인 등비수열의 합 공식을 이용하여 다음과 같이 표현된다.

$$\beta(\epsilon_f) = \frac{1}{N} \sum_{m=0}^{N-1} e^{j2\pi\epsilon_f m/N} = \frac{1}{N} \sum_{m=0}^{N-1} \left(e^{j2\pi\epsilon_f/N} \right)^m = \frac{1}{N} \frac{1 - \left(e^{j2\pi\epsilon_f/N} \right)^N}{1 - e^{j2\pi\epsilon_f/N}} \tag{6-4-19}$$

$$= \frac{1}{N} \frac{e^{j\pi\epsilon_f} \left[e^{-j\pi\epsilon_f} - e^{j\pi\epsilon_f} \right]}{e^{j\pi\epsilon_f/N} \left[e^{-j\pi\epsilon_f/N} - e^{j\pi\epsilon_f/N} \right]} = \frac{1}{N} e^{j\pi\epsilon_f(N-1)/N} \frac{\left[e^{j\pi\epsilon_f} - e^{-j\pi\epsilon_f} \right]}{\left[e^{j\pi\epsilon_f/N} - e^{-j\pi\epsilon_f/N} \right]}$$

오일러 공식을 이용하면, $(e^{j\pi\epsilon_f} - e^{-j\pi\epsilon_f})/(2j) = \sin(\pi\epsilon_f)$이므로 다음을 얻는다.

$$\beta(\epsilon_f) = e^{j\pi\epsilon_f(N-1)/N} \frac{\sin(\pi\epsilon_f)}{N\sin(\pi\epsilon_f/N)} \tag{6-4-20}$$

그림 6-4-5는 소수배 주파수 옵셋의 영향을 나타낸 것이다. 그림에서 ①번은 정확한 샘플링 위치이며, ②번은 반송파 주파수 옵셋으로 인해 샘플링 위치가 어긋난 경우이다. 샘플링이 정확한 ①번의 경우는 각 부반송파 위치에서 자신의 신호 성분만 존재하는 반면에,

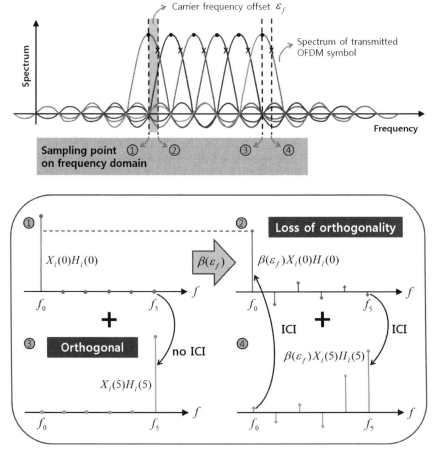

그림 6-4-5 소수배 주파수 옵셋의 영향

②번의 경우는 자신의 신호가 식 (6-4-20)의 크기만큼 감쇄됨과 동시에 식 (6-4-18)의 $C_l(k)$에 해당하는 다른 모든 부반송파간 간섭 신호인 ICI의 영향을 받게 된다.

6.5 OFDM 동기화

그림 6-5-1은 OFDM 동기화 수신기의 구조를 보여준다. 시간영역에서는 반송파 주파수 옵셋 추정과 정확한 DFT 윈도우 시작 시점을 찾기 위한 심벌 타이밍 옵셋 추정이 수행된다. 다음으로 파일럿 심벌을 이용하여 DFT 이후 주파수영역에서 채널 추정과 주파수 옵셋 추적을 수행하게 된다. 이절에서는 심벌 타이밍 옵셋과 반송파 주파수 옵셋 추정 기법에 대하여 살펴본다.

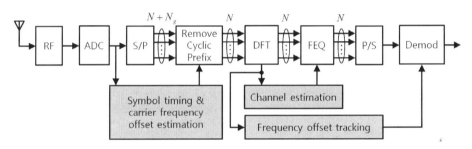

그림 6-5-1 OFDM 동기화 수신기 구조

6.5.1 심벌 타이밍 옵셋 추정

(1) CP를 사용한 추정 기법

식 (6-4-2)와 식 (6-4-8)로부터 심벌 타이밍 옵셋 δ_l와 반송파 주파수 옵셋 ϵ이 동시에 존재할 경우 이산시간 수신신호는 다음과 같이 표현된다.

$$r_l(m) = e^{j2\pi\epsilon[l(N+N_g)+m]/N} y_l(m+\delta_l) + n_l(m) \tag{6-5-1}$$

추정 알고리즘의 설명을 위해 AWGN $n_l(m)$은 없다고 가정한다. 동기가 맞춰진 OFDM 심벌 $x_l(m)$의 샘플 인덱스 m은 $\{-N_g, \cdots, -1, 0, 1, \cdots, N-1\}$이라고 가정한다. 앞부분의 N_g개의 샘플이 CP에 해당하므로, CP의 샘플 인덱스는 $\{-N_g,\ -N_g+1,\ \cdots,\ -1\}$ 가 된다. CP의 반복 특징을 이용하면, N_g의 CP 샘플들에 대하여 다음을 얻는다.

$$x_l^*(m)x_l(m+N) = |x_l(m)|^2, \quad m \in \{-N_g, -N_g+1, \cdots, -1\} \tag{6-5-2}$$

수신단에서 CP 반복 특징을 이용한 추정 기법을 설계하기 위하여, 다음과 같은 상관 메트릭(correlation metric)을 구성한다.

$$c_l(m) = \sum_{i=m}^{N_g-1+m} r_l^*(i)r_l(i+N) \tag{6-5-3}$$

식 (6-5-1)을 식 (6-5-3)에 대입하여 정리하면 다음을 얻는다.

$$c_l(m) = \sum_{i=m}^{N_g-1+m} e^{-j2\pi\epsilon[l(N+N_g)+i]/N} e^{j2\pi\epsilon[l(N+N_g)+N+i]/N} y_l^*(i+\delta_t)y_l(i+N+\delta_t)$$
$$= e^{j2\pi\epsilon} \sum_{i=m}^{N_g-1+m} y_l^*(i+\delta_t)y_l(i+N+\delta_t) \tag{6-5-4}$$

그림 6-5-2와 그림 6-5-3은 각각 $\delta_t < 0$와 $\delta_t > 0$인 경우 CP를 사용한 심벌 타이밍 옵셋 추정 기법의 구조를 보여준다. 이 방식에서는 길이가 N_g이고 서로 N 샘플만큼 떨어진 두 개의 윈도우 W1과 W2를 구성하여 식 (6-5-4)의 상관 메트릭을 통해 심벌 타이밍 옵셋을 추정한다. 심벌 타이밍 옵셋의 추정 위치는 다음과 같이 상관 메트릭의 크기가 최대가 되는 시점으로 정의한다.

$$\hat{m} = \underset{m}{\arg\max}\left\{|c_l(m)|^2\right\} \tag{6-5-5}$$

식 (6-5-4)를 식 (6-5-5)에 대입하여 정리하면 다음을 얻는다.

$$\hat{m} = \underset{m}{\arg\max}\left\{|e^{j2\pi\epsilon}|^2 \left|\sum_{i=m}^{N_g-1+m} y_l^*(i+\delta_t)y_l(i+N+\delta_t)\right|^2\right\} \tag{6-5-6}$$
$$= \underset{m}{\arg\max}\left\{\left|\sum_{i=m}^{N_g-1+m} y_l^*(i+\delta_t)y_l(i+N+\delta_t)\right|^2\right\}$$

위의 식에서 보듯이 절댓값을 취하기 때문에 반송파 주파수 옵셋 ϵ이 존재해도 심벌 타이밍 옵셋 추정이 가능하게 된다.

식 (6-5-6)에서 샘플 인덱스 $m + \delta_t \in [-N_g, -1]$ 이면 CP 구간에 해당되므로, $h_l(m) = h_l(m+N)$과 같이 시불변 채널을 가정하면 $y_l(m + \delta_t) = y_l(m + N + \delta_t)$가 된다. 그림 6-5-2와 그림 6-5-3을 참고하면, 이를 만족하는 m의 위치는 $m = -N_g - \delta_t$가 되며, 이때 $|c_l(m)|$이 최대가 된다(③번). 이때 최댓값은 다음과 같다.

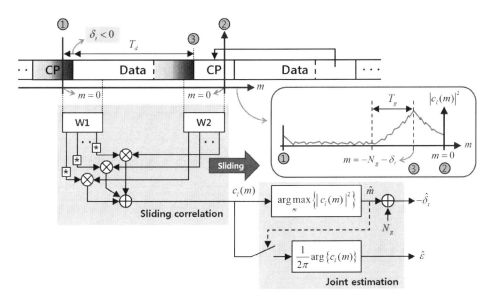

그림 6-5-2 CP를 사용한 심벌 타이밍 옵셋 추정 기법 ($\delta_t < 0$)

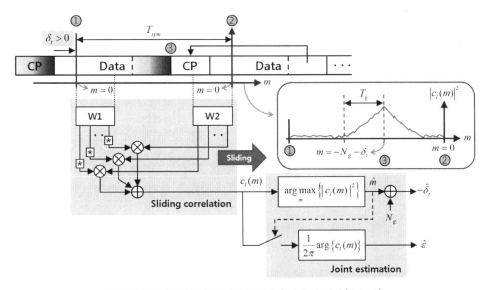

그림 6-5-3 CP를 사용한 심벌 타이밍 옵셋 추정 기법 ($\delta_t > 0$)

$$|c_l(-N_g-\delta_t)| = \left| e^{j2\pi\epsilon} \sum_{i=-N_g-\delta_t}^{-1-\delta_t} |y_l(i+\delta_t)|^2 \right| \tag{6-5-7}$$

$$= \sum_{i=-N_g-\delta_t}^{-1-\delta_t} |y_l(i+\delta_t)|^2 = \sum_{i=-N_g}^{-1} |y_l(i)|^2$$

따라서 추정하려는 심벌 타이밍 옵셋은 다음과 같이 구해진다.

$$\hat{\delta}_t = -\hat{m} - N_g \tag{6-5-8}$$

그림 6-5-2와 그림 6-5-3에서 심벌 타이밍 옵셋이 없다고 가정하면, ③번 위치에서 발생하는 상관 메트릭의 최댓값은 $m = -N_g$일 때 나타난다. 이 시점에서 반송파 주파수 옵셋 추정이 동시에 가능하다. 자세한 동작원리는 다음절에서 살펴본다.

식 (6-5-4)에서 사용된 상관 메트릭 $c_l(m)$의 경우 신호 크기가 크게 변하는 경우에 순간적인 상관 피크가 발생할 수 있다. 이러한 문제를 해결하기 위하여, 순시 신호 전력 $P(m)$으로 나누어 주는 부분을 고려하여 다음과 같이 정규화된 상관 메트릭을 정의한다.

$$\overline{c}_l(m) = \frac{\displaystyle\sum_{i=m}^{N_g-1+m} r_l^*(i)r_l(N+i)}{P(m)} \tag{6-5-9}$$

여기서 $P(m)$는 순시 신호 전력으로써 다음과 같이 윈도우안에 있는 N_g개의 샘플들의 제곱 합으로 정의한다.

$$P(m) = \sum_{i=m}^{N_g-1+m} |r_l(N+i)|^2 \tag{6-5-10}$$

최종적인 심벌 타이밍 옵셋 추정식은 식 (6-5-5)에서 $c_l(m)$ 대신 $\overline{c}_l(m)$을 대입하면 된다.

개념정리 6-6 argmax와 arg 연산

①번의 $\text{argmax}\{f(x)\}$는 $f(x)$가 최댓값을 가지게 하는 x를 출력하는 함수이고, ②번의 $\arg\{z\}$는 복소수 z의 각도를 나타내는 함수이다.

x	1 2 3 4 5
$f(x)$	-3 0 8 7 1

① $\displaystyle\underset{1 \le x \le 5}{\text{arg max}}\{f(x)\} = 3$

$z = -1 + j = \sqrt{2}e^{j3\pi/4}$

② $\arg\{z\} = 3\pi/4$

(2) 훈련심벌을 사용한 추정 기법

그림 6-5-4는 훈련심벌(Training Symbol, TS)을 사용한 심벌 타이밍 옵셋 추정 기법의 구조를 보여준다. 훈련심벌(또는 프리엠블)은 동기 추정을 위해 전송하는 약속된 신호로써 동일한 훈련심벌을 어러번 반복하여 사용하거나 반복적 구조를 갖는 하나의 심벌을 사용하게 된다. 그림 6-5-4는 반복적 구조를 갖는 하나의 심벌을 이용한 심벌 타이밍 옵셋 추정 기법에 해당한다. 훈련심벌의 구조는 시간구간이 $T_d/2$인 훈련심벌을 2번 반복하여 시간구간이 T_d인 신호를 구성하게 된다. CP를 복사하여 전체 훈련심벌의 시간구간은 데이터와 마찬가지로 $T_g + T_d$가 된다. 따라서 이러한 훈련심벌은 $N/2$ 샘플간격으로 반복되므로 다음을 만족한다.

$$x_l^*(m)x_l(m+N/2) = |x_l(m)|^2, \quad m \in \{0,1,\cdots,N/2-1\} \tag{6-5-11}$$

즉, $T_d/2$ 구간마다 반복되는 훈련심벌은 $x_l(m) = x_l(m+N/2)$의 관계를 가진다. 수신단에서 훈련심벌의 반복 특징을 이용한 추정 기법을 설계하기 위하여, 다음과 같은 상관 메트릭을 구성한다.

$$c_l(m) = \sum_{i=m}^{N/2-1+m} r_l^*(i)r_l(i+N/2) \tag{6-5-12}$$

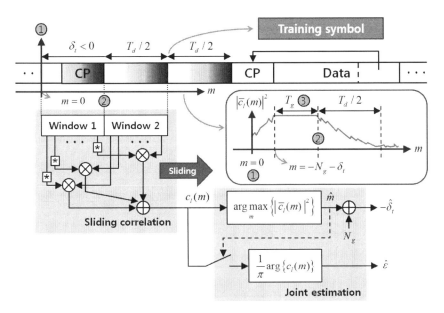

그림 6-5-4 단순 반복 훈련심벌을 사용한 심벌 타이밍 옵셋 추정 기법

식 (6-5-1)을 식 (6-5-11)에 대입하여 정리하면 다음을 얻는다.

$$c_l(m) = \sum_{i=m}^{N/2-1+m} e^{-j2\pi\epsilon[l(N+N_g)+i]/N} e^{j2\pi\epsilon[l(N+N_g)+N/2+i]/N} y_l^*(i+\delta_t)y_l(i+N/2+\delta_t) \quad (6\text{-}5\text{-}13)$$

$$= e^{j\pi\epsilon} \sum_{i=m}^{N/2-1+m} y_l^*(i+\delta_t)y_l(i+N/2+\delta_t)$$

식 (6-5-13)에서 샘플 인덱스 $m+\delta_t \in [0, N/2-1]$ 이면 반복되는 훈련심벌 중 첫 번째 부분에 해당되므로, $h_l(m) = h_l(m+N/2)$을 가정하면 $y_l(m+\delta_t) = y_l(m+N/2+\delta_t)$가 된다. 그림 6-5-4를 참고하면, 이를 만족하는 m의 위치는 $m = -\delta_t$가 되며, 이때 $|c_l(m)|$이 최대가 된다(②번). 순시 신호 전력으로 나눈 정규화된 상관 메트릭은 다음과 같다.

$$\bar{c}_l(m) = \frac{c_l(m)}{P(m)} \quad (6\text{-}5\text{-}14)$$

여기서 $P(m)$은 다음과 같이 윈도우안에 있는 $N/2$개의 샘플들의 제곱 합으로 정의된다.

$$P(m) = \sum_{i=m}^{N/2-1+m} |r_l(i+N/2)|^2 \quad (6\text{-}5\text{-}15)$$

그림 6-5-4에서 보듯이 ③번과 같이 보호구간의 길이만큼 상관 메트릭이 평탄한 값(plateau)을 갖게 되는데, 이로 인해 정확한 심벌의 시작 위치를 찾기가 어렵다. 즉, 상관 메트릭의 최대가 $m = -\delta_t$에서만 발생하는 것이 아니라, $-N_g - \delta_t \le m \le -\delta_t$ 영역에서 나타난다.

그림 6-5-4에서 ③번과 같은 구간이 발생하는 이유는 훈련심벌의 경우도 뒷부분을 복사하여 훈련심벌 앞쪽에 삽입하는 CP 구조를 사용하기 때문이다. 이를 해결하기 위한 방법에는 식 (6-5-13)에 평균을 취하는 기법이 있다. 이 방식에서는 식 (6-5-13)에 정의된 $c_l(m)$에 대하여 다음과 같이 N_g+1번의 평균을 구한다. (그림 6-5-5)

$$s_l(m) = \frac{1}{N_g+1} \sum_{d=-N_g+m}^{m} |\bar{c}_l(d)|^2 = \frac{1}{N_g+1} \sum_{d=-N_g+m}^{m} \left| \frac{c_l(d)}{P(d)} \right|^2 \quad (6\text{-}5\text{-}16)$$

여기서 $P(d)$은 다음과 같이 정의된다.

$$P(d) = \frac{1}{2} \sum_{i=d}^{N-1+d} |r_l(i)|^2 \quad (6\text{-}5\text{-}17)$$

최종적인 심벌 타이밍 옵셋 추정식은 다음과 같다.

$$\widehat{m} = \frac{\arg\max}{m} \{s_l(m)\} \tag{6-5-18}$$

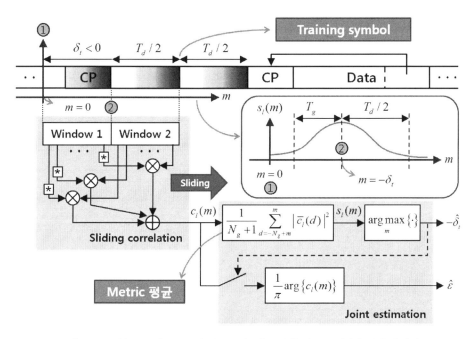

그림 6-5-5 단순 반복 훈련심벌과 메트릭 평균을 사용한 심벌 타이밍 옵셋 추정 기법

6.5.2 반송파 주파수 옵셋 추정

(1) CP를 사용한 추정 기법

반송파 주파수 옵셋 추정 알고리즘의 설명을 위해 심벌 타이밍 옵셋 δ_t이 완벽하게 추정되고 AWGN $n_l(m)$은 없다고 가정한다. 그림 6-5-6은 심벌 타이밍 옵셋이 완벽하게 추정된 경우 CP를 이용한 주파수 옵셋 추정 기법을 보여준다. CP를 사용한 주파수 옵셋 추정 기법은 식 (6-5-3)과 식 (6-5-4)에서 정의된 CP 기반의 상관 메트릭을 그대로 이용한다. 따라서 심벌 타이밍 옵셋 추정이 완벽하다면, 식 (6-5-4)의 상관 메트릭은 $m = -N_g - \delta_t$에서 최대가 된다. 이 위치는 추정에 사용하는 첫 번째 윈도우 W1의 시작점이 CP의 첫 번째 샘플을 포함하는 시점이다. 따라서 식 (6-5-4)에 $m = -N_g - \delta_t$을 대입하여 정리하면, 다음을 얻는다.

$$c_l(-N_g-\delta_t) = e^{j2\pi\epsilon} \sum_{i=-N_g-\delta_t}^{-1-\delta_t} y_l^*(i+\delta_t)y_l(N+i+\delta_t) \tag{6-5-19}$$

변수 치환 $m = i + \delta_t$를 적용하면, 식 (6-5-19)는 다음과 같이 정리된다.

$$c_l(-N_g-\delta_t) = e^{j2\pi\epsilon} \sum_{m=-N_g}^{-1} y_l^*(m)y_l(m+N) \tag{6-5-20}$$

위의 식에서 샘플 인덱스 구간 $-N_g \le m < 0$은 CP 영역에 해당하므로, 이때 $y_l(m)$이 CP 구간에 해당한다. 즉, $y_l(m) = y_l(m+N)$가 되므로, 식 (6-5-20)은 다음과 같이 표현된다.

$$c_l(-N_g-\delta_t) = e^{j2\pi\epsilon} \sum_{m=-N_g}^{-1} |y_l(m)|^2 \tag{6-5-21}$$

반송파 주파수 옵셋 ϵ은 다음과 같이 추정된다.

$$\hat{\epsilon} = \frac{1}{2\pi} \arg\left\{ \sum_{m=-N_g}^{-1} e^{j2\pi\epsilon} |y_l(m)|^2 \right\} = \frac{1}{2\pi} \arg\left\{ e^{j2\pi\epsilon} \left(\sum_{m=-N_g}^{-1} |y_l(m)|^2 \right) \right\} \tag{6-5-22}$$

여기서 $\arg\{x\}$는 복소수 x의 각도를 구하는 함수로써 $\tan^{-1}(x)$로 처리된다. $\arg\{x\}$의 범위가 $-\pi < \arg\{x\} < \pi$이므로, 추정기의 추정범위는 $|\epsilon| < 1/2$이 된다. 즉, CP를 사용한 반송파 주파수 옵셋 추정기에서는 소수배 주파수 옵셋만 추정이 가능하다.

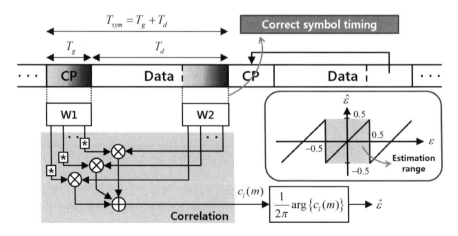

그림 6-5-6 CP를 사용한 주파수 옵셋 추정 기법

⑵ 훈련심벌을 사용한 추정 기법

훈련심벌을 사용한 주파수 옵셋 추정 기법은 식 (6-5-13)에서 정의된 훈련심벌 반복 특징을 이용한 상관 메트릭을 그대로 사용한다. 따라서 심벌 타이밍 옵셋 추정이 완벽하다면, 식 (6-5-13)의 상관 메트릭은 $m = -\delta_t$에서 최대가 된다. 이 위치는 추정에 사용하는 첫 번째 윈도우 W1의 시작점이 훈련심벌의 첫 번째 샘플을 포함하는 시점이다. 따라서 식 (6-5-13)에 $m = -\delta_t$을 대입하여 정리하면, 다음을 얻는다.

$$c_l(-\delta_t) = e^{j\pi\epsilon} \sum_{i=-\delta_t}^{N/2-1-\delta_t} y_l^*(i+\delta_t) y_l(i+N/2+\delta_t) \tag{6-5-23}$$

변수 치환 $m = i + \delta_t$를 적용하면, 식 (6-5-23)은 다음과 같이 정리된다.

$$c_l(-\delta_t) = e^{j\pi\epsilon} \sum_{m=0}^{N/2-1} y_l^*(m) y_l(m+N/2) \tag{6-5-24}$$

여기서 $0 \le m < N/2$은 시간구간이 $T_d/2$인 첫 번째 훈련심벌 구간에 해당하므로, $y_l(m) = y_l(m+N/2)$가 된다. 따라서 다음을 얻는다.

$$c_l(-\delta_t) = e^{j\pi\epsilon} \sum_{m=0}^{N/2-1} |y_l(m)|^2 \tag{6-5-25}$$

그림 6-5-7은 심벌 타이밍 옵셋이 완벽하게 추정된 경우 훈련심벌을 사용하는 반송파 주파수 옵셋 추정 기법을 나타낸 것이다. 반송파 주파수 옵셋 ϵ은 다음과 같이 추정된다.

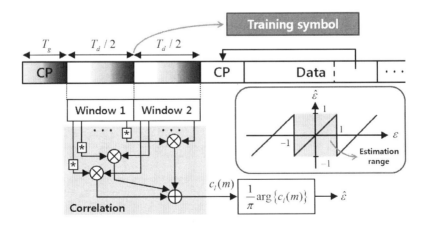

그림 6-5-7 단순 반복 훈련심벌을 사용한 주파수 옵셋 추정 기법

$$\hat{\epsilon} = \frac{1}{\pi} \arg\left\{ \sum_{m=0}^{N/2-1} e^{j\pi\epsilon} |y_l(m)|^2 \right\} = \frac{1}{\pi} \arg\left\{ e^{j\pi\epsilon}\left(\sum_{m=0}^{N/2-1} |y_l(m)|^2 \right) \right\} \tag{6-5-26}$$

여기서 $-\pi < \arg\{x\} < \pi$이므로, 추정기의 추정범위는 $|\epsilon| < 1$이 된다.

6.6 OFDM 채널 추정

OFDM 시스템에서는 페이딩 채널의 영향으로 수신신호의 크기와 위상 회전 왜곡이 발생한다. 이러한 채널의 영향을 보상하기 위해서는 채널 계수에 대한 추정이 필요하다. 이 과정을 채널 추정이라고 한다. 일반적으로 채널 추정은 파일럿이나 프리엠블과 같이 약속된 신호를 사용하여 수행된다. 이절에서는 블록 타입과 lattice 타입의 파일럿 구조를 사용한 채널 추정 기법에 대하여 살펴본다.

6.6.1 블록 구조의 파일럿을 사용한 추정 기법

그림 6-6-1은 블록 타입의 파일럿 구조를 나타낸다. 이 구조는 주로 채널이 시간에 따라 천천히 변화하는 실내 채널 환경에서 사용된다. 또한 주파수영역에서 모든 부반송파에 파일럿 심벌이 사용되므로, 주파수 선택적 채널의 경우에 적합한 구조이다. WLAN이 블록 타입의 파일럿을 사용하는 대표적인 시스템이다. 시간영역에서는 D_t 심벌마다 주기적으로 송수신단에서 서로 약속된 파일럿 심벌 $P_l(k)$를 전송한다. 수신단에서 DFT 윈도우를 취할 때 심벌 타이밍 옵셋 δ_t가 $-N_g + \tau_{\max} \le \delta_t \le 0$ 사이에서 존재한다고 가정한다. 이 경우는 그림 6-4-1에서 DFT 윈도우 3에 해당된다. 식 (6-4-4)로부터 수신된 파일럿 심벌은 다음과 같다.

$$R_l(k) = P_l(k)H_l(k)e^{j2\pi k\delta_t/N} + N_l(k) = P_l(k)\overline{H_l}(k) + N_l(k) \tag{6-6-1}$$

채널의 주파수 응답 $H_l(k)$를 추정하기 위하여 약속된 파일럿 심벌 $P_l(k)$로 수신신호를 다음과 같이 나누게 된다.

$$\widehat{H}_l(k) = \frac{R_l(k)}{P_l(k)} = H_l(k)e^{j2\pi k\delta_t/N} + \frac{N_l(k)}{P_l(k)} = \overline{H_l}(k) + \frac{N_l(k)}{P_l(k)}, \, k = 0, 1, \cdots, N-1 \tag{6-6-2}$$

이러한 방식을 LS(Least Square) 채널 추정이라고 한다. 식 (6-6-2)에서 보듯이 AWGN이 없다면, 심벌 타이밍 옵셋 δ_t으로 인한 회전 성분 $e^{j2\pi k\delta_t/N}$을 포함한 등가 채널 응답 $\overline{H}_l(k)$가 완벽하게 추정된다. 이렇게 추정된 채널은 파일럿 심벌에 이어서 전송되는 $D_t - 1$개의 OFDM 심벌을 복조하는데 사용된다. 식 (6-6-2)에서 $\epsilon_h = \hat{H}_l(k) - \overline{H}_l(k)$를 채널 추정 오차라고 한다.

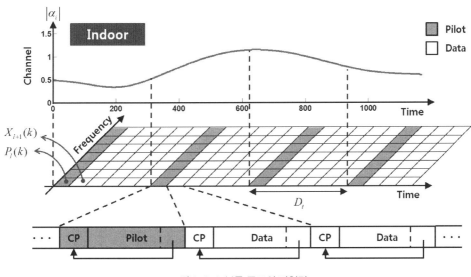

그림 6-6-1 블록 구조의 파일럿

6.6.2 Lattice 구조의 파일럿을 사용한 추정 기법

그림 6-6-2는 lattice 타입의 파일럿 구조를 나타낸다. Lattice 구조는 시간영역과 주파수영역에서 각각 파일럿 심벌을 D_t와 D_f 간격으로 배치하는 형태이다. 이 구조는 주로 채널이 시간에 따라 빠르게 변화하는 실외 이동통신 채널 환경에서 주로 사용된다. 이 방식에서는 파일럿 심벌 위치에 해당하는 채널만 추정이 가능하므로, 시간영역과 주파수영역에서 모두 보간(interpolation)을 수행해야 한다. 보간 기법은 파일럿을 이용하여 추정된 채널값들로부터 파일럿 심벌 사이의 채널값을 구하는 방식이다. 대표적 보간 방식으로는 선형 보간(linear interpolation)과 2차 다항식 보간(second-order polynomial interpolation) 기법이 있다. 우선 두 방식 모두 파일럿 심벌 위치에서의 채널을 식 (6-6-2)와 같이 추정한다.

그림 6-6-3은 선형 보간을 이용한 채널 추정 방식의 개념을 보여준다. 선형 보간 방식에서

는 $mD_f \le k < (m+1)D_f$ 범위 안에 있는 k번째 부반송파의 채널을 추정하기 위하여 m번째와 $(m+1)$번째 파일럿 위치에서의 채널 추정값인 $\widehat{H}_l(mD_f)$과 $\widehat{H}_l((m+1)D_f)$를 이용한다. 따라서 k번째 부반송파의 채널 추정값 $\widehat{H}_l(k)$는 다음과 같이 추정된다.

$$\widehat{H}_l(k) = \widehat{H}_l(mD_f + d) \tag{6-6-3}$$
$$= \widehat{H}_l(mD_f) + \frac{d}{D_f}\left\{\widehat{H}_l((m+1)D_f) - \widehat{H}_l(mD_f)\right\}, \quad d = 0, 1, \cdots, D_f - 1$$

여기서 $\widehat{H}_l(mD_f)$는 m번째 파일럿 위치에서의 채널 추정값을 의미한다.

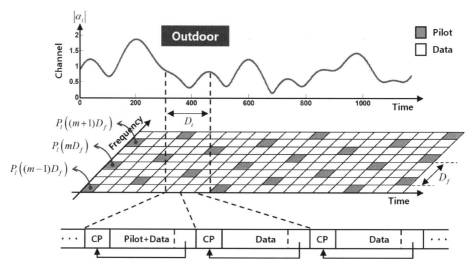

그림 6-6-2 Lattice 구조의 파일럿

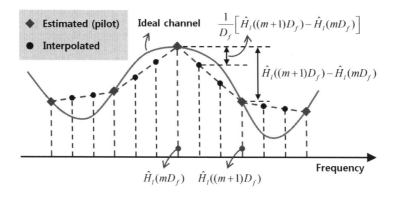

그림 6-6-3 선형 보간 기법 ($D_f = 3$)

그림 6-6-4는 2차 다항식 보간을 이용한 채널 추정 기법의 개념을 보여준다. 2차 다항식 보간 기법은 파일럿 심벌을 이용하여 추정된 세 개의 인접 채널 추정값을 기반으로 보간을 수행한다. 선형 보간 기법보다는 복잡하지만, 정확한 추정이 가능하다는 장점을 가진다. 이 방식에서는 $mD_f \leq k < (m+1)D_f$ 범위 안에 있는 k번째 부반송파의 채널 추정값을 다음과 같이 추정하게 된다.

$$\widehat{H}_l(k) = \widehat{H}_l(mD_f + d) \tag{6-6-4}$$

$$= \rho_{-1}\widehat{H}_l((m-1)D_f) + \rho_0\widehat{H}_l(mD_f) + \rho_1\widehat{H}_l((m+1)D_f), \quad d = 0, 1, \cdots, D_f - 1$$

위 식에서 계수 ρ_{-1}, ρ_0, ρ_1은 각각 다음과 같다.

$$\rho_{-1} = \frac{\mu(\mu-1)}{2}, \ \rho_0 = -(\mu-1)(\mu+1), \ \rho_1 = \frac{\mu(\mu+1)}{2} \tag{6-6-5}$$

여기서 $\mu = d/N$이다.

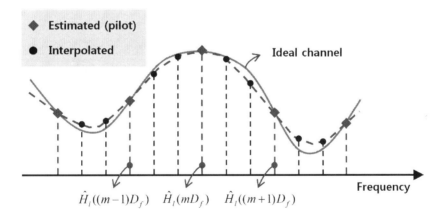

그림 6-6-4 2차 다항식 보간 기법 $(D_f = 3)$

1. 그림 6-2-4의 OFDM 전송 시스템에서 BPSK 변조 방식과 사각 펄스 쉐이핑을 사용한다고 가정한다. OFDM 전송 신호의 전력스펙트럼밀도를 구하시오.

2. 아래 그림에서 ①번은 전송신호의 구간 T_s가 채널의 최대지연확산 $\tau_{\max}$보다 작은 경우의 신호의 주파수 응답을 나타낸 것이고, 반대로 ②번은 $T_s > \tau_{\max}$인 경우의 주파수 응답을 보여준다. 채널의 상관 대역폭은 $1/\tau_{\max}$이고 영점대영점 대역폭 정의에 따라 전송신호의 대역폭은 $1/T_s$라고 가정한다. 다음에 답하시오.

    1) 최대지연확산이 $\tau_{\max}$인 페이딩 채널을 통과한 후 신호 $y(t)$를 그리시오.

    2) $Y(f)$를 비교하고, 어느 경우가 주파수 선택적 페이딩에 해당하는지 설명하시오.

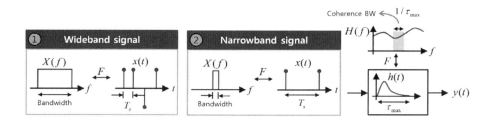

3. 아래 그림은 16QAM을 사용하는 OFDM 시스템을 주파수영역 송수신 등가 모델로 표현한 것이다. 비트열 1010과 0101에 해당하는 16QAM 심벌 $X(k) = 3 + 3j$와 $X(k) = -1 - j$가 연속으로 전송된다고 가정한다. 페이딩 채널 계수가 $H(k) = j$이고, AWGN이 $N(k) = 2 - 2j$일 때, 다음에 답하시오.

    1) ①~⑥번 단에서의 성상도를 그리시오.

    2) 수신단에서 복원되는 비트열을 구하시오.

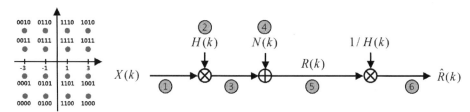

4. 64개의 부반송파를 사용하는 802.11g WLAN 시스템에서 문제 3번과 동일한 16QAM 심벌 $X(k) = 3 + 3j$와 $X(k) = -1 - j$가 연속으로 전송되고, 심벌 타이밍 옵셋 $\delta_t = -2$가 발생한다고 가정한다. 다음에 답하시오.

　1) 주파수영역에서의 송수신 등가 모델을 그리시오.

　2) 페이딩 채널 계수가 $H(k) = j$이고 AWGN이 $N(k) = -2 + 2j$일 때, $k = 16$번째 부반송파에 대한 각 단에서의 성상도를 그리시오.

5. 그림 6-5-4의 단순 반복 훈련심벌을 사용한 심벌 타이밍 옵셋 추정 기법에서는 보호구간의 길이만큼 상관 메트릭이 평평한 부분을 갖는 문제점이 발생한다. 이를 해결하기 위한 방법 중에 훈련심벌의 중앙 인덱스를 기준으로 두 부분이 아래와 같이 공액 대칭(conjugate symmetric)이 되도록 설계하는 방법이 있다. 다음에 답하시오.

$$x_l(m)x_l(N/2 - m - 1) = |x_l(m)|^2, \quad m \in \{0, 1, \cdots, N/2 - 1\}$$

　1) 공액 대칭 반복 훈련심벌을 이용한 상관 메트릭을 구하시오.

　2) 심벌 타이밍 옵셋 추정 기법의 구조를 그리시오.

CHAPTER 7

LTE/WLAN 통신 시스템

7.1 LTE/WLAN 기술 발전

이동통신 시스템은 1세대 아날로그 방식을 시작으로 2세대에는 디지털 방식으로 전환이 이뤄졌으며, 데이터 전송 최적화를 추구한 3세대 WCDMA 시대를 지나 WiMAX와 LTE 방식의 4세대 이동통신으로 발전하고 있다. 그림 7-1-1은 OFDM을 기반으로 발전한 4세대 이동통신 및 초고속 WLAN 시스템의 발전 동향을 보여준다. ITU에서는 4세대 이동통신 규격을 정의하면서, 정지시 1Gbps, 이동시 100Mbps 이상의 전송속도를 구현할 수 있는 4세대 이동통신 기술표준 요구사항을 제시하고 있다.

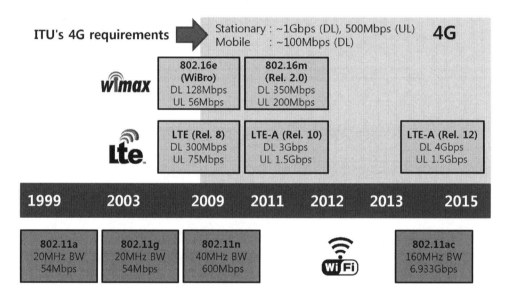

그림 7-1-1 OFDM 통신 기술 발전

7.1.1 4G LTE

LTE는 3G 이동통신 규격 중 유럽식 WCDMA에서 발전한 이동통신 규격으로, 2008년 3G 비동기식 이동통신기술 표준화 기구인 3GPP에서 확정한 HSDPA(rel.8)를 기반으로 한다. LTE(rel.8)는 20MHz 대역폭을 기반으로 OFDM과 MIMO 기술을 이용하여 이론적으로 하향링크(Downlink, DL) 300Mbps, 상향링크(Uplink, UL) 75Mbps의 데이터 통신 규격을 제공한다. 2011년에는 LTE 기술의 업그레이드 버전인 LTE-A(LTE-Advanced) 표준 기술이 등장한다. LTE-A(rel.10)에서는 전송속도 향상을 위하여 MIMO 안테나수의 증가뿐만 아니라 주파수 묶음(Carrier Aggregation, CA) 기술을 새롭게 도입하고 있다. CA 기술은 여러 개의 주파수를 하나의 대역으로 묶어서 사용하게 만드는 기술이다. 그림 7-1-2에서 요약된 것과 같이 LTE-A는 LTE의 하향링크 전송속도 300Mbps를 이론상으로 수 Gbps까지 높일 수 있는 기술이다. LTE-A(rel.10)에서는 상향링크에서도 4개의 MIMO 안테나를 추가적으로 적용하여, 1.5Gbps의 최고 속도를 지원한다. 2014년에는 하향링크 전송속도를 이론적으로 최대 4Gbps까지 높일수 있는 LTE-A(rel.12) 표준이 등장하게 된다.

그림 7-1-2에서 보듯이 LTE-A는 20MHz의 대역폭을 기반으로 주로 고차 QAM 방식, MIMO, CA를 이용한 대역폭 확장을 통하여 전송률 향상을 이루고 있다. 2014년에 표준화가 시작된 LTE-A(rel.12)는 256QAM과 같은 고차 변조방식과 8개의 송수신 안테나를 사용하는 MIMO 기술을 도입하여 하향링크에서 최대 4Gbps의 속도를 목표로 한다.

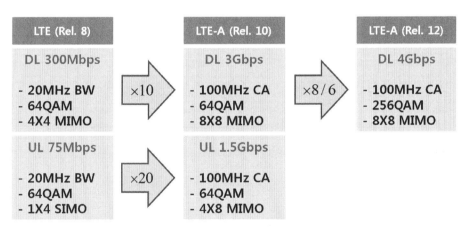

그림 7-1-2 LTE 전송속도 발전

7.1.2 초고속 WLAN

90년대 말, 노트북에 WLAN 카드를 꽂아 쓰던 시대와 비교해 보면, 현재는 노트북, 스마트폰과 같은 다양한 기기에 WLAN이 기본으로 장착되고 있다. 그림 7-1-3에 요약된 바와 같이 1999년에 OFDM 방식을 채택한 IEEE801.11a WLAN은 54Mbps의 전송속도를 시작으로, 2009년에는 MIMO 기술을 기반으로 최대 600Mbps의 전송률을 지원하는 801.11n 기술이 등장한다. 2013년에는 차세대 스마트폰을 위한 핵심 기술로서 기존의 802.11n에서는 수용할 수 없었던 초고화질의 비디오 전송을 가능케 하는 IEEE802.11ac 기술 표준이 등장한다. 802.11ac에서는 전송속도를 수 Gbps 이상으로 향상시키기 위하여 CA와 유사한 기술인 채널 본딩(Channel Bonding, CB)을 적용한 대역폭 확장 및 다중사용자 동시접속 기술 등을 새롭게 도입한다. 자세한 전송속도 도출 과정은 7.5절에서 살펴본다.

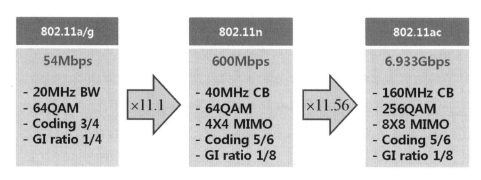

그림 7-1-3 WLAN 전송속도 발전

7.2 MIMO 송수신

MIMO 기술은 크게 고속 데이터 전송을 위한 공간 다중화 기술과 성능 향상을 위한 공간 다이버시티(spatial diversity) 기술로 구분된다. 또한 목표하는 방향으로 안테나 이득을 최대화하거나 특정한 간섭 신호를 억제하기 위해 사용하는 안테나 빔포밍(beamforming) 방식이 있다. 공간 다중화 기법에는 채널 정보(Channel Side Information, CSI)를 송수신 단에서 궤환(feedback)을 통해 공유하는지의 여부에 따라 open-loop 및 closed-loop 공간 다중화 기법으로 구분된다. 공간(또는 송신) 다이버시티 방식은 동일한 데이터를 어떤 축에서 반복하느냐에 따라 구분이 되는데, 안테나(공간)와 시간영역에서 반복되는 형태를 STBC(Space-Time Block Code)라고 하며, WLAN 시스템에서 사용되고 있다. 그리고 안테나와 주파수영역에서 반복하는 기법을 SFBC(Space-Frequency Block Code) 방식이라고 하며, 현재 LTE 시스템에서 적용되고 있는 기술이다.

일반적으로 공간 다중화 기법은 모든 송수신 안테나가 한 사용자에게 정보를 전달하기 위하여 사용되는데, 이를 SU-MIMO(Single-user MIMO) 기술이라고 한다. 최근에는 단말기 안테나수의 제한성을 해결하고 시스템의 용량을 증대시키기 위하여, MIMO 송신기에서 하나 이상의 안테나를 가진 다수의 수신기에 동시에 독립적으로 신호를 전송하는 MU-MIMO(Multi-user MIMO) 기법들이 LTE-A와 WLAN 등에서 채택되고 있다. MU-MIMO의 효율적인 구현을 위해서는 빔포밍 기법이 필수적이다.

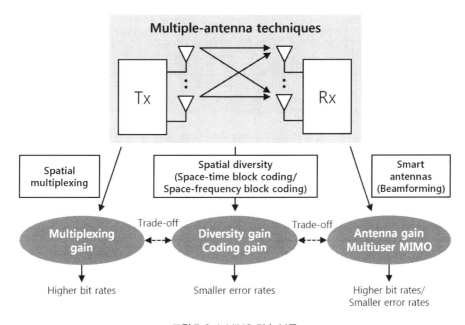

그림 7-2-1 MIMO 기술 분류

7.2.1 공간 다이버시티

LTE에서는 기지국 공간 다이버시티 방식으로 SFBC 기법을 채택하고 있다. 채널 상태를 고려하지 않고 데이터를 전송하는 방식을 적용하고 있으며, 이를 open-loop 공간 다이버시티 기법이라고 한다. 그림 7-2-2는 SFBC 송수신기의 구조를 나타낸다. 주로 여러 개의 안테나 설치가 용이한 기지국에서 사용되며, 단말기의 안테나수와는 상관없이 적용이 가능한 기술이다. 여기서는 송신 안테나가 두 개이고 수신 안테나가 한 개인 2 × 1 SFBC의 경우를 살펴본다. SFBC 기법의 경우 한 심벌 구간 동안 주파수영역에서 다이버시티를 고려하므로 심벌 인덱스 l은 생략한다. 첫 번째 안테나에서 전송하는 신호는 주파수영역에서 다음과 같다.

$$[S_1(0)S_1(1)\cdots S_1(N-1)] = \frac{1}{\sqrt{2}}[X_0X_1\cdots X_kX_{k+1}\cdots X_{N-2}X_{N-1}] \qquad (7\text{-}2\text{-}1)$$

두 번째 안테나에서는 동일한 신호가 다음과 같은 형태로 변형되어 전송된다.

$$[S_2(0)S_2(1)\cdots S_2(N-1)] = \frac{1}{\sqrt{2}}[-X_1^*X_0^*\cdots -X_{k+1}^*X_k^*\cdots -X_{N-1}^*X_{N-2}^*] \qquad (7\text{-}2\text{-}2)$$

위에서 보듯이 QAM 심벌 X_k와 X_{k+1}이 두 개의 안테나와 두 개의 부반송파에서 중복되어 전송된다. MIMO를 사용하지 않은 경우의 전송신호 전력과 동일한 조건을 위해 식 (7-2-1)과 식 (7-2-2)에서와 같이 $\sqrt{2}$로 나눠주는 표현을 자주 사용한다. 페이딩 채널을 통과한 후 두 개의 연속된 부반송파에서 수신되는 신호는 각각 다음과 같다.

$$R(k) = H_1(k)S_1(k) + H_2(k)S_2(k) + N(k) \qquad (7\text{-}2\text{-}3)$$

$$R(k+1) = H_1(k+1)S_1(k+1) + H_2(k+1)S_2(k+1) + N(k+1) \qquad (7\text{-}2\text{-}4)$$

여기서 $H_m(k)$와 $H_m(k+1)$는 각각 m번째 송신 안테나의 k번째와 $k+1$번째 부반송파에서 전송한 신호가 겪는 채널이다. $N(k)$는 k번째 부반송파에서 더해지는 AWGN이다. N개 부반송파에서 연속된 두 부반송파로 중복 전송되므로, 식 (7-2-3)과 식 (7-2-4)에서 $k = 0,2,4,\cdots,N-2$가 된다. 두 개의 연속된 부반송파 구간 동안에 채널의 변화가 없다고 가정하면, $H_m(k) = H_m(k+1)$이 된다. 식 (7-2-1)과 식 (7-2-2)에서 k번째와 $k+1$번째 부반송파에서 전송된 SFBC 심벌을 이용하면 다음을 얻는다.

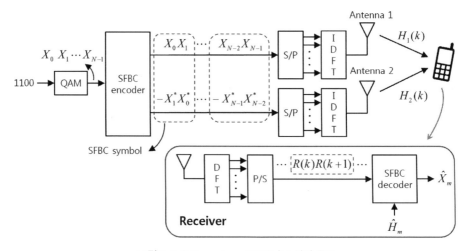

그림 7-2-2 Open-loop SFBC 송수신기 구조

$$R(k) = \frac{1}{\sqrt{2}} H_1(k) X_k - \frac{1}{\sqrt{2}} H_2(k) X_{k+1}^* + N(k) \tag{7-2-5}$$

$$R(k+1) = \frac{1}{\sqrt{2}} H_1(k) X_{k+1} + \frac{1}{\sqrt{2}} H_2(k) X_k^* + N(k+1) \tag{7-2-6}$$

식 (7-2-5)와 식 (7-2-6)을 행렬식으로 나타내면 다음과 같다.

$$\begin{bmatrix} R(k) \\ R^*(k+1) \end{bmatrix} = \frac{1}{\sqrt{2}} \begin{bmatrix} H_1(k) & -H_2(k) \\ H_2^*(k) & H_1^*(k) \end{bmatrix} \begin{bmatrix} X_k \\ X_{k+1}^* \end{bmatrix} + \begin{bmatrix} N(k) \\ N^*(k+1) \end{bmatrix} \tag{7-2-7}$$

채널 추정값 $\widehat{H}_1(k)$와 $\widehat{H}_2(k)$를 결합하여 다음과 같은 결정변수를 얻는다.

$$\begin{bmatrix} Y_k \\ Y_{k+1}^* \end{bmatrix} = \begin{bmatrix} \widehat{H}_1^*(k) & \widehat{H}_2(k) \\ -\widehat{H}_2^*(k) & \widehat{H}_1(k) \end{bmatrix} \begin{bmatrix} R(k) \\ R^*(k+1) \end{bmatrix} \tag{7-2-8}$$

채널 추정이 완벽하다면, $\widehat{H}_1(k) = H_1(k)$와 $\widehat{H}_2(k) = H_2(k)$가 되어 다음과 같은 결정변수를 얻는다.

$$\begin{bmatrix} Y_k \\ Y_{k+1}^* \end{bmatrix} = \begin{bmatrix} H_1^*(k) & H_2(k) \\ -H_2^*(k) & H_1(k) \end{bmatrix} \begin{bmatrix} R(k) \\ R^*(k+1) \end{bmatrix} \tag{7-2-9}$$

$$= \frac{1}{\sqrt{2}} \begin{bmatrix} H_1^*(k) & H_2(k) \\ -H_2^*(k) & H_1(k) \end{bmatrix} \begin{bmatrix} H_1(k) & -H_2(k) \\ H_2^*(k) & H_1^*(k) \end{bmatrix} \begin{bmatrix} X_k \\ X_{k+1}^* \end{bmatrix} + \begin{bmatrix} \widehat{N}(k) \\ \widehat{N}^*(k+1) \end{bmatrix}$$

$$= \frac{1}{\sqrt{2}} \begin{bmatrix} |H_1(k)|^2 + |H_2(k)|^2 & 0 \\ 0 & |H_1(k)|^2 + |H_2(k)|^2 \end{bmatrix} \begin{bmatrix} X_k \\ X_{k+1}^* \end{bmatrix} + \begin{bmatrix} \widehat{N}(k) \\ \widehat{N}^*(k+1) \end{bmatrix}$$

최종적으로 결정변수는 다음과 같이 정리된다.

$$\begin{bmatrix} Y_k \\ Y_{k+1} \end{bmatrix} = \frac{1}{\sqrt{2}} \left(|H_1(k)|^2 + |H_2(k)|^2 \right) \begin{bmatrix} X_k \\ X_{k+1} \end{bmatrix} + \begin{bmatrix} \widehat{N}(k) \\ \widehat{N}(k+1) \end{bmatrix} \tag{7-2-10}$$

여기서 $\widehat{N}(k) = H_1^*(k) N(k) + H_2(k) N^*(k+1)$, $\widehat{N}(k+1) = -H_2(k) N^*(k) + H_1^*(k) N(k+1)$이다. 이 기법은 송신단에서 채널에 대한 정보를 필요로 하지 않으므로 상향링크의 무선 자원을 낭비하지 않고 간단하게 송수신기 구현이 가능하다. 두 채널의 크기 $|H_1(k)|$와 $|H_2(k)|$를 시간 변화에 따라 나타내면, 그림 5-6-2와 유사하다. 즉, 두 채널 $H_1(k)$와 $H_2(k)$의 페이딩 특성이 서로 독립적일수록 복조 과정에서 다이버시티 이득이 커지는데, 이를 위해서는 안테나 사이의 간격이 반파장 이상이어야 한다. 이러한 성능 향

상은 송신 안테나의 수에 비례한다. 반면에, 이동통신 환경에서 발생하는 심한 채널 상태 변화에 적응적으로 대처할 수 없어 채널이 동시에 deep 페이딩에 빠지는 경우에는 성능이 크게 저하된다는 단점이 존재한다.

7.2.2 Single-user MIMO

공간 다이버시티 방식과는 달리 공간 다중화는 각 송신 안테나에서 서로 독립적인 데이터를 전송하여 전송률을 증대시키는 기술이다. 특히, 기지국의 모든 안테나에서 한 사용자에게 데이터를 전송하는 경우를 SU-MIMO라고 한다.

(1) Open-loop 공간 다중화

그림 7-2-3은 공간 다중화 기법의 송수신 개념을 보여준다. 여기서는 송수신 안테나가 각각 두 개인 2×2 MIMO의 경우를 살펴본다. 이 기법은 송신단에서 채널 상태를 고려하지 않고 전송하는 방식에 해당하는데, 이를 open-loop 공간 다중화라고 한다. 그림에서와 같이 비트열은 QAM 심벌로 변환된다. 첫 번째와 두 번째 송신 안테나에서는 각각 QAM 심벌 $S_1(k) = X_1(k)/\sqrt{2}$ 와 $S_2(k) = X_2(k)/\sqrt{2}$ 가 전송된다. 첫 번째 수신 안테나에서는 두 개의 송신 안테나에서 전송된 $S_1(k) = X_1(k)/\sqrt{2}$ 와 $S_2(k) = X_2(k)/\sqrt{2}$ 가 동시에 수신되는데, 주파수영역에서의 등가 모델을 이용하면 수신신호는 다음과 같다. (①번)

$$R_1(k) = \frac{1}{\sqrt{2}} H_{11}(k) X_1(k) + \frac{1}{\sqrt{2}} H_{21}(k) X_2(k) + N_1(k) \tag{7-2-11}$$

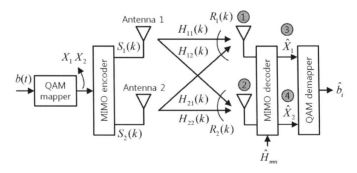

그림 7-2-3 Open-loop 공간 다중화 송수신기 구조

여기서 $H_{mn}(k)$는 m번째 송신 안테나와 n번째 수신 안테나 사이의 채널을 의미하며, $N_n(k)$는 n번째 수신 안테나에서 더해지는 AWGN이다. 마찬가지로 두 번째 수신 안테나에서 수신되는 신호는 다음과 같다. (②번)

$$R_2(k) = \frac{1}{\sqrt{2}} H_{12}(k) X_1(k) + \frac{1}{\sqrt{2}} H_{22}(k) X_2(k) + N_2(k) \tag{7-2-12}$$

위의 식에서 보듯이 수신 안테나에서는 서로 다른 채널을 통과한 독립적인 신호 $X_1(k)$와 $X_2(k)$가 중첩되어 수신된다. 식 (7-2-11)과 식 (7-2-12)를 행렬식으로 표현하면 다음과 같다.

$$\begin{bmatrix} R_1(k) \\ R_2(k) \end{bmatrix} = \frac{1}{\sqrt{2}} \begin{bmatrix} H_{11}(k) & H_{21}(k) \\ H_{12}(k) & H_{22}(k) \end{bmatrix} \begin{bmatrix} X_1(k) \\ X_2(k) \end{bmatrix} + \begin{bmatrix} N_1(k) \\ N_2(k) \end{bmatrix} \tag{7-2-13}$$

중첩된 신호 $X_1(k)$와 $X_2(k)$를 분리하는 것을 MIMO 검파라 하며, 여러 가지 기법들이 존재한다. 그중 ML(Maximum Likelihood) 방식은 최적의 검파 방식으로써 수신된 신호와 복조된 신호 사이의 최소 거리를 갖는 송신신호 집합을 찾는 기법이다. ML 방식은 송수신 안테나수와 변조 방식 차수에 비례하여 지수적으로 복잡도가 증가하는 단점이 있다. 반면에 ZF 방식은 채널의 역행렬을 수신신호에 곱함으로써 전송된 신호를 검파하는 방식이다. ZF 검파 방식은 ML 방식에 비해서 계산량이 적지만, 역행렬을 곱하는 과정에서 잡음이 증폭되어 성능 저하가 발생한다.

■ Zero-forcing 기법

ZF 방식에서는 채널의 영향을 없애주기 위하여 채널의 역행렬을 이용하여 다음과 같이 검파를 수행한다.

$$\begin{bmatrix} \hat{X}_1(k) \\ \hat{X}_2(k) \end{bmatrix} = \sqrt{2} \begin{bmatrix} H_{11}(k) & H_{21}(k) \\ H_{12}(k) & H_{22}(k) \end{bmatrix}^{-1} \begin{bmatrix} R_1(k) \\ R_2(k) \end{bmatrix} \tag{7-2-14}$$

여기서 A^{-1}는 행렬 A의 역행렬이다. 이를 위해서는 채널에 대한 추정치가 필요하다. 식 (7-2-14)에서는 완벽한 채널 추정을 가정한다. 식 (7-2-13)을 식 (7-2-14)에 대입하면 다음과 같은 결정변수를 얻는다.

$$\begin{bmatrix} \widehat{X}_1(k) \\ \widehat{X}_2(k) \end{bmatrix} = \begin{bmatrix} H_{11}(k) \ H_{21}(k) \\ H_{12}(k) \ H_{22}(k) \end{bmatrix}^{-1} \begin{bmatrix} H_{11}(k) \ H_{21}(k) \\ H_{12}(k) \ H_{22}(k) \end{bmatrix} \begin{bmatrix} X_1(k) \\ X_2(k) \end{bmatrix} \tag{7-2-15}$$

$$+ \sqrt{2} \begin{bmatrix} H_{11}(k) \ H_{21}(k) \\ H_{12}(k) \ H_{22}(k) \end{bmatrix}^{-1} \begin{bmatrix} N_1(k) \\ N_2(k) \end{bmatrix}$$

위의 식에서 역행렬 특성을 이용하면, 다음을 얻는다.

$$\begin{bmatrix} H_{11}(k) \ H_{21}(k) \\ H_{12}(k) \ H_{22}(k) \end{bmatrix}^{-1} \begin{bmatrix} H_{11}(k) \ H_{21}(k) \\ H_{12}(k) \ H_{22}(k) \end{bmatrix} = \begin{bmatrix} 1 \ 0 \\ 0 \ 1 \end{bmatrix} \tag{7-2-16}$$

따라서 식 (7-2-15)는 다음과 같이 정리된다. (③④번)

$$\begin{bmatrix} \widehat{X}_1(k) \\ \widehat{X}_2(k) \end{bmatrix} = \begin{bmatrix} 1 \ 0 \\ 0 \ 1 \end{bmatrix} \begin{bmatrix} X_1(k) \\ X_2(k) \end{bmatrix} + \sqrt{2} \begin{bmatrix} H_{11}(k) \ H_{21}(k) \\ H_{12}(k) \ H_{22}(k) \end{bmatrix}^{-1} \begin{bmatrix} N_1(k) \\ N_2(k) \end{bmatrix} \tag{7-2-17}$$

$$= \begin{bmatrix} X_1(k) \\ X_2(k) \end{bmatrix} + \begin{bmatrix} \widehat{N}_1(k) \\ \widehat{N}_2(k) \end{bmatrix}$$

이 방식은 수신기 구조가 매우 간단한 반면에 잡음 전력 증폭으로 인해 성능 저하가 발생한다.

■ Maximum likelihood 기법

최적의 MIMO 검파 방식인 ML 기법은 다음과 같이 표현된다.

$$\begin{bmatrix} \widehat{X}_1(k) \\ \widehat{X}_2(k) \end{bmatrix} = \underset{u,v}{\arg\min} \left\{ \left\| \begin{bmatrix} R_1(k) \\ R_2(k) \end{bmatrix} - \frac{1}{\sqrt{2}} \begin{bmatrix} H_{11}(k) \ H_{21}(k) \\ H_{12}(k) \ H_{22}(k) \end{bmatrix} \begin{bmatrix} X_1^u(k) \\ X_2^v(k) \end{bmatrix} \right\|^2 \right\} \tag{7-2-18}$$

여기서 $X_1^u(k)$와 $X_2^v(k)$은 송신단에서 전송 가능한 모든 QAM 심벌의 조합을 의미한다. 식 (7-2-18)에서 $\| A \|$ 는 행렬 A의 L2 norm으로써 모든 행렬 요소의 제곱 합으로 정의된다 [부록 A-12 참조]. 따라서 식 (7-2-18)은 가능한 모든 (u,v)의 조합인 $X_1^u(k)$와 $X_2^v(k)$에 대하여 $\| A \|$ 의 값이 최소가 되는 (u,v)를 찾는 과정을 의미한다. 이때의 조합 $X_1^u(k)$와 $X_2^v(k)$가 전송된 심벌로 판단된다. 16QAM 변조 방식을 사용할 경우에는 $X_1^u(k)$와 $X_2^v(k)$에는 각각 16개의 QAM 심벌이 존재하므로 총 가능한 전송 심벌 조합의 수는 $16 \times 16 = 256$개가 된다. 즉, 256개의 조합 중에서 식 (7-2-18)을 최소로 만드는 한 개의 조합이 선택된다. 최적의 성능을 가지는 반면에 변조 차수 M와 송신 안테나수 N_T

에 따라 M^{N_T}과 같이 지수적으로 복잡도가 증가하는 단점이 있다.

그림 7-2-4는 ML 검파 기법의 개념을 보여준다. ①~④번 점은 AWGN이 없는 경우 BPSK 전송 심벌이 페이딩 채널을 통과한 후의 수신 성상도를 나타낸다. 여기서 복소 채널 계수 $H_{mn}(k)$는 완벽하게 추정된다고 가정한다. 이 성상도는 각 송신 안테나에서 보낼 수 있는 모든 BPSK 심벌 조합에 대하여 수신단에서 발생할 수 있는 모든 수신신호 값을 나타낸다. 즉, AWGN이 없다면, $R_1(k)$와 $R_2(k)$는 각각 ①~④번 점 중에 하나가 된다. ⓐ점은 송신단에서 $S_1(k) = 1$과 $S_2(k) = -1$가 전송되어 페이딩 채널 통과 후 AWGN의 영향을 받은 수신단 성상도를 의미한다. 식 (7-2-18)에서와 같이 발생 가능한 모든 ①~④번 점들과 거리가 가장 가까운 점으로 검파되므로, ⓐ번 점은 ②번으로 판단하게 된다. 반면에 ⓑ번 점은 ④번 점과 거리가 제일 가까우므로, $S_1(k) = -1$과 $S_2(k) = 1$로 검파된다.

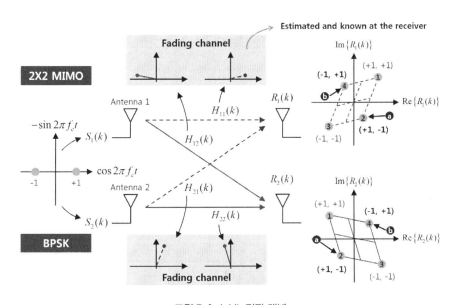

그림 7-2-4 ML 검파 개념

⑵ Closed-loop 공간 다중화

Closed-loop 공간 다중화란 송신단에서 수신기가 추정한 채널 상태 정보(CSI)를 궤환 받아 그 정보를 이용하여 데이터를 전송하는 기법을 말한다. 즉, 채널의 상태 정보를 이용하여 송신 안테나에서 전송되는 신호의 형태를 변형함으로써 시스템의 용량을 향상시키는 기술이다. 이와 같이 송신단에서 신호를 변형하는 기법을 precoding이라고 한다. 그림 7-2-5은 closed-loop 공간 다중화 기법의 구조를 보여준다. QAM 심벌 $X_1(k)$와 $X_2(k)$는

precoding 행렬 P에 의하여 다음과 같이 형태가 변형된다.

$$\begin{bmatrix} S_1(k) \\ S_2(k) \end{bmatrix} = P \begin{bmatrix} X_1(k) \\ X_2(k) \end{bmatrix} \tag{7-2-19}$$

여기서 P는 precoding 행렬로써 다음과 같다.

$$P = \begin{bmatrix} p_{11} \, p_{21} \\ p_{12} \, p_{22} \end{bmatrix} \tag{7-2-20}$$

여기서 p_{mn}은 0, ± 1, $\pm j$의 값을 가진다. 식 (7-2-19)를 이용하면 수신신호는 다음과 같이 행렬식으로 표현된다.

$$\begin{bmatrix} R_1(k) \\ R_2(k) \end{bmatrix} = \begin{bmatrix} H_{11}(k) \, H_{21}(k) \\ H_{12}(k) \, H_{22}(k) \end{bmatrix} \begin{bmatrix} p_{11} \, p_{21} \\ p_{12} \, p_{22} \end{bmatrix} \begin{bmatrix} X_1(k) \\ X_2(k) \end{bmatrix} + \begin{bmatrix} N_1(k) \\ N_2(k) \end{bmatrix} \tag{7-2-21}$$

위의 식에서 다음의 precoding 행렬을 고려한다.

$$P = \frac{1}{\sqrt{2}} \begin{bmatrix} 1 & 0 \\ 0 & 1 \end{bmatrix} \tag{7-2-22}$$

식 (7-2-22)를 식 (7-2-21)에 대입하면, 다음과 같이 정리된다.

$$\begin{aligned} \begin{bmatrix} R_1(k) \\ R_2(k) \end{bmatrix} &= \frac{1}{\sqrt{2}} \begin{bmatrix} H_{11}(k) \, H_{21}(k) \\ H_{12}(k) \, H_{22}(k) \end{bmatrix} \begin{bmatrix} 1 & 0 \\ 0 & 1 \end{bmatrix} \begin{bmatrix} X_1(k) \\ X_2(k) \end{bmatrix} + \begin{bmatrix} N_1(k) \\ N_2(k) \end{bmatrix} \\ &= \frac{1}{\sqrt{2}} \begin{bmatrix} H_{11}(k) \, H_{21}(k) \\ H_{12}(k) \, H_{22}(k) \end{bmatrix} \begin{bmatrix} X_1(k) \\ X_2(k) \end{bmatrix} + \begin{bmatrix} N_1(k) \\ N_2(k) \end{bmatrix} \end{aligned} \tag{7-2-23}$$

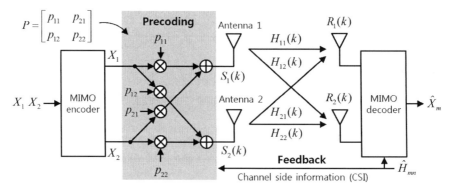

그림 7-2-5 Closed-loop 공간 다중화 송수신기 구조

이 경우는 식 (7-2-13)의 precoding을 적용하지 않은 open-loop 공간 다중화와 동일하다.
MIMO 디코딩을 위해 ZF 검파기를 적용하면, 결정변수는 식 (7-2-17)과 같다.

두 번째로 다음과 같이 주어지는 precoding 행렬의 경우를 살펴본다.

$$P = \frac{1}{2}\begin{bmatrix} 1 & 1 \\ 1 & -1 \end{bmatrix} \tag{7-2-24}$$

그림 7-2-6은 식 (7-2-24)의 precoding 행렬을 사용하는 경우의 MIMO 수신기 구조를 보여준다. 위의 precoding 행렬을 식 (7-2-21)에 대입하여 정리하면 다음과 같다. (①번)

$$\begin{bmatrix} R_1(k) \\ R_2(k) \end{bmatrix} = \frac{1}{2}\begin{bmatrix} H_{11}(k) & H_{21}(k) \\ H_{12}(k) & H_{22}(k) \end{bmatrix}\begin{bmatrix} 1 & 1 \\ 1 & -1 \end{bmatrix}\begin{bmatrix} X_1(k) \\ X_2(k) \end{bmatrix} + \begin{bmatrix} N_1(k) \\ N_2(k) \end{bmatrix} \tag{7-2-25}$$

$$= \frac{1}{2}\begin{bmatrix} H_{11}(k) & H_{21}(k) \\ H_{12}(k) & H_{22}(k) \end{bmatrix}\begin{bmatrix} X_1(k) + X_2(k) \\ X_1(k) - X_2(k) \end{bmatrix} + \begin{bmatrix} N_1(k) \\ N_2(k) \end{bmatrix}$$

ZF 검파기를 적용하면, ②번 단에서의 MIMO 디코더 출력은 다음과 같다.

$$\begin{bmatrix} Y_1(k) \\ Y_2(k) \end{bmatrix} = \frac{1}{2}\begin{bmatrix} X_1(k) + X_2(k) \\ X_1(k) - X_2(k) \end{bmatrix} + \begin{bmatrix} H_{11}(k) & H_{21}(k) \\ H_{12}(k) & H_{22}(k) \end{bmatrix}^{-1}\begin{bmatrix} N_1(k) \\ N_2(k) \end{bmatrix} \tag{7-2-26}$$

$$= \frac{1}{2}\begin{bmatrix} X_1(k) + X_2(k) \\ X_1(k) - X_2(k) \end{bmatrix} + \frac{1}{\sqrt{2}}\begin{bmatrix} \widehat{N}_1(k) \\ \widehat{N}_2(k) \end{bmatrix}$$

여기서 $\widehat{N}_1(k)$과 $\widehat{N}_2(k)$은 식 (7-2-17)에서 정의된 잡음 성분으로 분산은 각각 $\sigma_{N_1}^2$과 $\sigma_{N_2}^2$이다. 식 (7-2-26)으로부터 ③④번 단에서의 결정변수는 다음과 같이 구해진다.

$$\begin{bmatrix} \widehat{X}_1(k) \\ \widehat{X}_2(k) \end{bmatrix} = \begin{bmatrix} Y_1(k) + Y_2(k) \\ Y_1(k) - Y_2(k) \end{bmatrix} = \begin{bmatrix} X_1(k) \\ X_2(k) \end{bmatrix} + \frac{1}{\sqrt{2}}\begin{bmatrix} \widehat{N}_1(k) + \widehat{N}_2(k) \\ \widehat{N}_1(k) - \widehat{N}_2(k) \end{bmatrix} \tag{7-2-27}$$

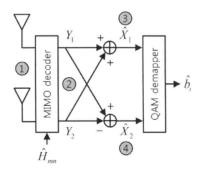

그림 7-2-6 Closed-loop MIMO 수신기 구조

식 (7-2-23)에서와 같이 신호를 전송할 때 deep 페이딩의 영향을 받은 신호의 경우는 MIMO 디코딩 후에 잡음 전력이 증폭되어 에러율이 높아진다. 따라서 채널 상태 정보를 이용하여, 특정 채널이 상태가 나쁜 경우에는 식 (7-2-25)와 같이 신호를 각 송신 안테나에서 혼합하여 전송한다. 이를 통해 분산이 서로 다른 두 잡음 $\hat{N}_1(k)$와 $\hat{N}_2(k)$에 대한 평균화 효과를 얻는다. 즉, 식 (7-2-27)에서 보듯이 두 잡음의 분산이 $(\sigma_{N_1}^2 + \sigma_{N_2}^2)/2$으로 같아진다(개념정리 7-1). 송신기가 순시적인 채널에 대한 모든 정보를 갖는 궤환 방식의 경우 시스템의 성능을 향상시킬 수 있지만, 많은 채널 정보량을 상향링크로 전송해야 하므로 무선 자원이 낭비되는 단점이 있다. 더욱이, 실제로 수신단에서는 채널에 대한 완벽한 추정이 불가능할 뿐만 아니라, 추정한 채널 정보를 송신단으로 궤환하는 과정에서 시간 지연 및 전송 오류로 인한 성능 저하 현상이 발생한다.

개념정리 7-1 | MIMO Precoding

Ⓐ번은 precoding을 적용하지 않은 그림 7-2-3의 ③번과 ④번 단에서의 수신 성상도를 나타낸다. 두 번째 수신 안테나로 들어오는 두 채널이 $|H_{12}(k)| \ll 1$이고 $|H_{22}(k)| \ll 1$인 경우 ④번 단에서 잡음 증폭으로 인해 $\hat{X}_1(k)$의 SNR보다 $\hat{X}_2(k)$의 SNR이 낮게 된다. Ⓑ번은 precoding을 적용한 그림 7-2-6의 ③번과 ④번 단에서의 수신 성상도를 나타낸다. Precoding을 사용하지 않은 그림 7-2-3의 ③번과 ④번 단에서의 SNR과 비교해보면, 중간 정도로 평균화됨을 알 수 있다.

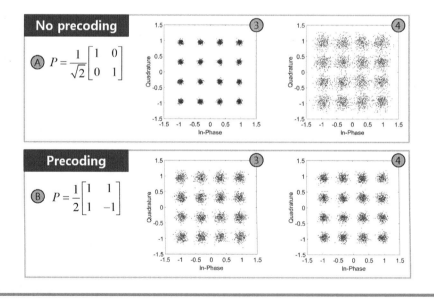

7.2.3 Multi-user MIMO

SU-MIMO 방식에서 전송속도는 사용하는 안테나수에 선형적으로 비례하여 증가하지만, 단말기의 면적과 전력소모 등을 고려하면 단말기의 안테나수를 증가시키는 데에는 한계가 존재한다. MIMO 송수신 이득 효과를 얻기 위해서는 두 안테나의 간격이 반파장 이상이 되어야 한다. 그림 7-2-7에서 보듯이 2GHz 대역을 사용하는 LTE의 경우 반파장 길이는 7.5cm에 해당하는데, 단말기의 크기를 고려하면 LTE-A(rel.10)에서 목표로 하는 4개 안테나를 각각 반파장 이상의 간격으로 배치하기에는 어려움이 존재한다. MU-MIMO 기술은 여러 개의 안테나를 갖고 있는 송신기가 하나 이상의 안테나를 가진 다수의 수신기에 신호를 동시에 전송하는 방식을 말한다. 그림 7-2-7에서 보듯이 MU-MIMO 기법은 상향링크와 하향링크에서 모두 적용이 가능하며, 단말기의 안테나수 제약 문제를 해결할 수 있는 기술이다. 하향링크의 경우 기지국은 동시에 여러 사용자들에게 신호를 전송하기 때문에 각 사용자들은 원하는 신호 외에도 다른 사용자의 간섭 신호를 수신하게 된다. 이러한 간섭 신호를 억제하기 위한 기술을 단말기 단에서 사용하기에는 복잡도와 전력 측면에서 어려움이 있다. 따라서 기지국 측에서 precoding이나 빔포밍 등을 이용하여 간섭을 줄이는 기법들이 필요하다.

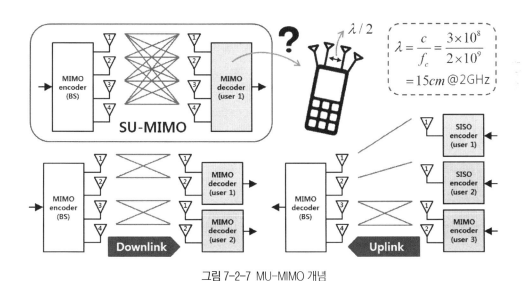

그림 7-2-7 MU-MIMO 개념

그림 7-2-8은 8개의 안테나를 장착한 기지국에 8명의 사용자가 신호를 동시에 전송하는 상향링크 MU-MIMO 개념을 보여준다. 전체 시스템 용량의 관점에서 보면 이론적으로는

한명이 신호를 전송할 경우의 용량보다 8배가 증가되어야 하지만, 사용자간에 신호 간섭이 발생하여 이론적인 전송속도의 증대치는 얻기 어렵다.

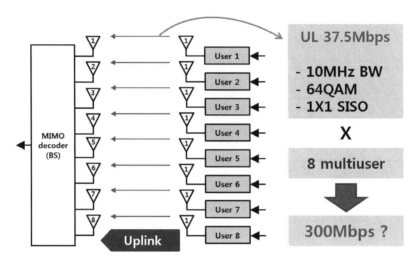

그림 7-2-8 상향링크 MU-MIMO 개념

7.3 Multiple access

LTE 시스템에서는 사용자 다중접속 기술로써 하향링크에는 OFDMA(Orthogonal Frequency Division Multiple Access), 상향링크에는 SC-FDMA(Single Carrier Frequency Division Multiple Access) 기법을 채택하고 있는데, 두 방식 모두 주파수영역에서 사용자에서 부반송파를 할당한다. 상향링크에서는 SC-FDMA를 사용함으로써 송신단에서 발생할 수 있는 PAPR(Peak-to-Average Power Ratio)을 최소화하고 단일 사용자에게 할당되는 주파수 자원을 연속적으로 할당하는 것이 가능하다. 결과적으로 단말기의 전력소모를 줄이는 효과가 있다.

그림 7-3-1은 FDD(Frequency Division Duplex) 모드를 사용하는 LTE 시스템의 프레임(frame) 구조를 보여준다. LTE 시스템에서는 OFDMA와 SC-FDMA를 적용하기 위하여 그림에서 보듯이 바둑판 모양처럼 주파수영역과 시간영역에서 자원을 나누게 되는데, 이때 최소의 단위를 RE(Resource Element)라고 한다. 주파수영역에서는 12개(부반송파)의 RE

와 시간영역에서는 한 개의 슬롯(slot)이 모여서 RB(Resource Block)를 구성하게 된다. OFDMA와 SC-FDMA로 사용자별로 자원을 할당할 때 최소 단위는 RB이다. 한 개의 슬롯은 normal CP 또는 extended CP의 사용 여부에 따라 각각 6개 또는 7개의 OFDM 심벌로 구성된다. Normal CP를 사용할 때 한 슬롯에 7개의 RE(OFDM 심벌)가 할당되므로 하나의 RB에는 $12 \times 7 = 84$개의 RE가 존재한다. 이때 시간영역에서 7개의 OFDM 심벌이 모여 0.5msec 구간을 가지는 하나의 슬롯을 구성하며, 이러한 슬롯이 두 개가 모여 한 개의 서브프레임(subframe)을 만들게 된다. 최종적으로 1msec 구간을 가지는 서브프레임이 10개가 모여 10msec 구간의 LTE 프레임을 구성하게 된다.

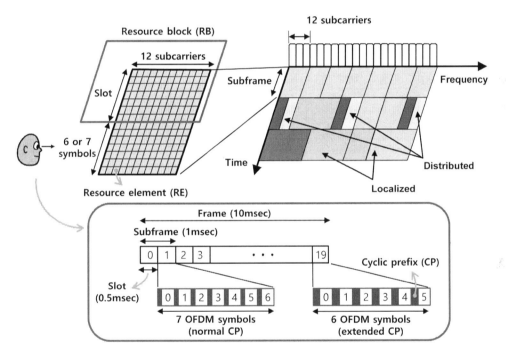

그림 7-3-1 LTE 프레임 구조

통신 단말기와 기지국 사이에서 통신을 할 때 송수신 신호가 서로 섞이지 않게 구분하기 위한 방법이 필요하며, 이를 듀플렉스(duplex)라고 한다. Duplex를 구현하는 방법에는 크게 FDD(Frequency Division Duplex)와 TDD(Time Division Duplex) 방식이 있다. FDD는 상향링크와 하향링크에서 서로 다른 주파수를 할당하여 동시에 송수신을 가능케 하는 방식이다. 반면에 TDD는 하나의 주파수 대역에서 짧은 시간간격을 두고 상향링크와 하향링크를 계속 전환함으로써 duplex을 구현하는 방식이다. LTE 시스템은 FDD와 TDD를 모두 지원한다.

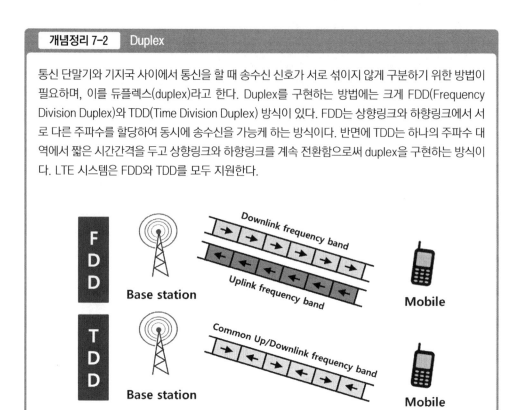

7.3.1 OFDMA

그림 7-3-2는 LTE 하향링크 시스템의 구조를 보여준다. 하향링크에서는 기지국이 여러 사용자에게 부반송파를 할당하여 동시에 전송하기 때문에, 직교성이 유지된다. 그림 7-3-3은 OFDMA의 개념을 나타낸다. 그림 7-3-2와 그림 7-3-3에서 ①번은 기지국에서 전송되는 신호를 의미한다. ①번 신호는 모든 사용자에 동일하게 전달되며, 각 사용자는 OFDMA에 의해 자신에게 할당된 부반송파만 복조하게 된다. 따라서 사용자 1과 사용자 2의 단말기에서 복원되는 스펙트럼은 각각 ②번과 ③번의 형태가 된다. ②번 사용자와 같이 부반송파를 일정 간격으로 할당하는 방법을 분산(distributed) 할당이라고 하며, ③번 사용자와 같이 국부적으로 인접하게 할당하는 방법을 집중(localized) 할당이라 한다.

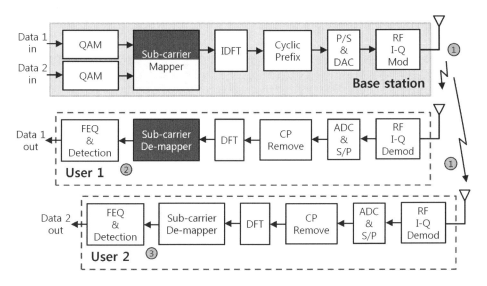

그림 7-3-2 LTE 하향링크 시스템 구조

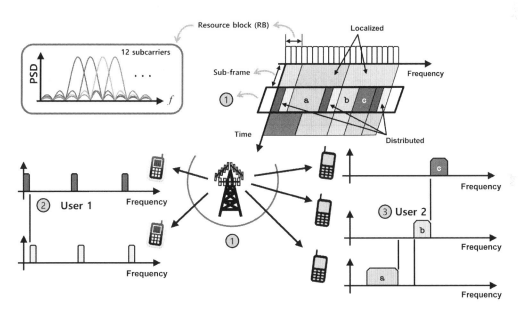

그림 7-3-3 하향링크 OFDMA 개념

7.3.2 SC-FDMA

그림 7-3-4는 상향링크에서 적용되고 있는 SC-FDMA의 개념을 보여준다. 우선 SC(단일 반송파)의 의미는 OFDMA와 달리 사용자 신호가 IDFT 전에 DFT를 추가적으로 수행함으

로써 QAM 심벌이 시간영역에서 단일 반송파로 전송되는 효과를 가지게 됨을 뜻한다. 그리고 FDMA는 사용자 다중접속이 OFDMA와 마찬가지로 주파수영역에서 이뤄짐을 의미한다.

그림 7-3-5는 상향링크 시스템에서 사용자 1과 사용자 2의 신호가 동시에 기지국에서 수신되는 구조를 보여준다. 사용자 1과 사용자 2에게는 각각 M_1과 M_2개의 부반송파가 할당되며, $M_1 + M_2 = N$이라고 가정한다.

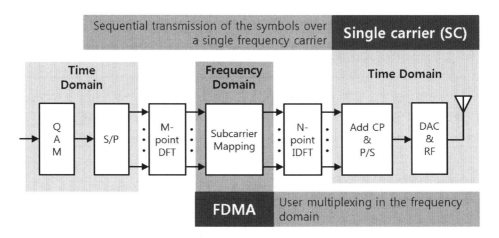

그림 7-3-4 SC-FDMA 개념

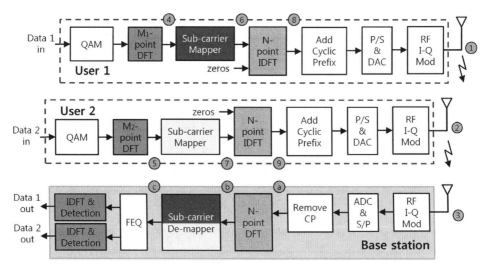

그림 7-3-5 LTE 상향링크 시스템 구조

그림 7-3-6은 그림 7-3-5의 ①~③번 단에서 부반송파 할당 방식에 따른 송수신 스펙트럼을 나타낸다. 각 사용자는 배정된 대역 내에서 분산 또는 집중 할당 방식으로 다중접속을 하게 된다. ①번과 ②번은 각각 사용자 1과 사용자 2의 송신 스펙트럼을 보여주며, ③번은 기지국에서 수신된 두 사용자의 수신 스펙트럼을 나타낸 것이다.

사용자 1과 사용자 2가 동시에 기지국으로 신호를 전송할 때, 각 사용자에게 전체 채널 대역폭의 반씩을 할당한다고 가정한다. 즉, 전체 부반송파 수의 1/2을 할당하므로 그림 7-3-5에서 $M_1 = M_2 = N/2$가 된다. 이때, DFT를 수행한 후 사용자 i의 ④⑤번 단에서의 신호는 다음과 같이 표현된다.

$$S_i = [\,S_i(0)S_i(1)\cdots S_i(N/2-1)\,], \quad i = 1,2 \tag{7-3-1}$$

집중 할당 방식을 가정하면, 배정된 부반송파에는 각자의 정보를 할당하고 그 외의 부반송파에는 0을 삽입한다. (⑥⑦번)

$$X_1 = [X_1(0)X_1(1)\cdots X_1(N-1)] = [\,S_1(0)S_1(1)\cdots S_1(N/2-1)\underbrace{0\cdots 0}_{N/2}\,] \tag{7-3-2}$$

$$X_2 = [X_2(0)X_2(1)\cdots X_2(N-1)] = [\,\underbrace{0\cdots 0}_{N/2}\,S_2(0)S_2(1)\cdots S_2(N/2-1)\,] \tag{7-3-3}$$

두 사용자 신호는 주파수영역에서 식 (7-3-2)와 식 (7-3-3)에서와 같이 중첩되지 않으므로, 다음의 관계식을 얻는다.

$$X_1 + X_2 = [\,S_1(0)S_1(1)\cdots S_1(N/2-1)\,S_2(0)S_2(1)\cdots S_2(N/2-1)\,] \tag{7-3-4}$$

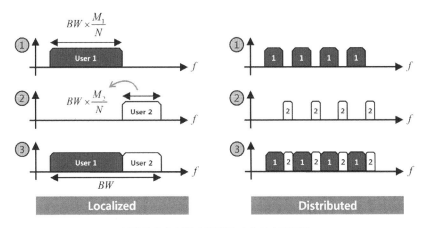

그림 7-3-6 LTE 상향링크 송수신 스펙트럼

식 (7-3-2)와 식 (7-3-3)에 IDFT를 취하면 사용자 i의 이산시간 전송신호는 다음과 같다. (⑧⑨번)

$$x_i(m) = IDFT\big[X_i(k)\big] = \sum_{k=0}^{N-1} X_i(k)e^{j2\pi km/N}, \quad m = 0, 1, \cdots, N-1 \tag{7-3-5}$$

페이딩 채널과 AWGN이 없고 두 신호가 동일한 시간에 수신된다고 가정하면, 기지국에서는 두 신호가 다음과 같이 합쳐진 형태로 수신된다. (ⓐ번)

$$r(m) = x_1(m) + x_2(m) \tag{7-3-6}$$

그림 7-3-5에서와 같이 식 (7-3-6)에 DFT를 취하면 다음을 얻는다.

$$R(k) = DFT[r(m)] \tag{7-3-7}$$
$$= \frac{1}{N}\sum_{m=0}^{N-1} \big[x_1(m) + x_2(m)\big]e^{-j2\pi km/N}, \quad k = 0, 1, \cdots, N-1$$

따라서 $x_1(m)$과 $x_2(m)$에 대한 각각의 DFT 합으로 표현된다. (ⓑ번)

$$R(k) = \frac{1}{N}\sum_{m=0}^{N-1} x_1(m)e^{-j2\pi km/N} + \frac{1}{N}\sum_{m=0}^{N-1} x_2(m)e^{-j2\pi km/N} \tag{7-3-8}$$
$$= X_1(k) + X_2(k), \quad k = 0, 1, \cdots, N-1$$

식 (7-3-2)와 식 (7-3-3)에서 사용한 각 사용자에 대하여 부반송파 할당 규칙을 적용하면, 다음과 같이 사용자 신호가 분리된다. (ⓒ번)

$$R(k) = \begin{cases} S_1(k), & k = 0, 1, \cdots, N/2 - 1 \\ S_2(k), & k = N/2, \cdots, N-1 \end{cases} \tag{7-3-9}$$

위와 같이 주파수영역에서 분리된 사용자 신호는 각각 FEQ와 IDFT를 거쳐 복조된다.

7.4 Carrier aggregation

주파수 묶음(CA) 기술은 서로 다른 주파수 대역을 동시에 이용하여 광대역처럼 신호를 전송하는 방식으로써, 단일 광대역을 이용하는 것보다 기술적으로도 어렵고 비용도 많이 든다. 이 기술은 LTE-A에서부터 적용된 기술로써, LTE에서 정의된 carrier를 CC(Component Carrier)로 정의하고 CC들을 묶어서 동시에 사용하는 방식이다. 그림 7-4-1은 CA의 개념을 보여준다. LTE-A(rel.10)에서는 5개의 CC까지 묶음이 가능하므로 LTE-A에서 최대 대역폭은 $20 \times 5 = 100\,\mathrm{MHz}$까지 확장이 가능하다. 그림 7-1-2에서와 살펴본 바와 같이, LTE(rel.8)와 비교할 경우 LTE-A(rel.10)는 CA에 의한 5배의 대역폭 확장과 2배의 MIMO 안테나수 증가로 인하여 전체적으로 10배인 3Gbps의 전송속도를 얻는다. 그림 7-4-1에서와 같이 CA 기술은 어느 위치의 존재하는 CC를 함께 묶느냐에 따라서 크게 세 가지로 구분된다.

- Intra-band contiguous CA : CC가 같은 band내에 연속으로 위치 (①번)
- Intra-band non-contiguous CA : CC가 같은 band내에 불연속으로 위치 (②번)
- Inter-band non-contiguous CA : CC가 다른 band내에 존재 (③번)

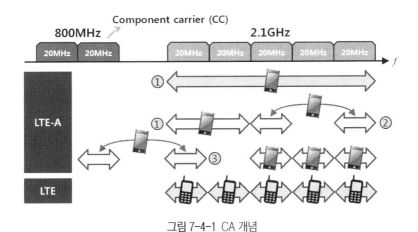

그림 7-4-1 CA 개념

그림 7-4-2는 800MHz와 2.1GHz 주파수 대역을 사용하는 CA 기지국과 CA 지원이 안되는 LTE 단말기 그리고 CA가 지원되는 LTE-A 단말기가 통신하는 시나리오를 보여준다. LTE

단말기는 MC를 사용하여 800MHz 또는 2.1GHz 대역에서 최대 75Mbps까지 통신할 수 있고, LTE-A 단말기는 800MHz와 2.1GHz 대역을 동시에 묶어서 최대 $75 \times 2 = 150$Mbps 까지 전송속도를 얻을 수 있다. 물론 LTE-A 단말기는 위치나 전파 수신 상태에 따라 LTE 단말기처럼 하나의 주파수로만 통신하는 것도 가능하다.

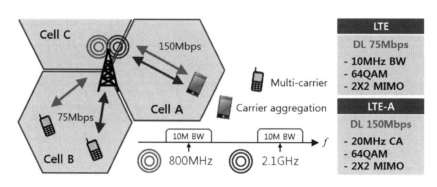

그림 7-4-2 MC와 CA 차이점

그림 7-4-3은 LTE-A와 광대역 LTE의 차이점을 보여준다. LTE-A는 Ⓐ번과 같이 10MHz 대역폭을 가지는 서로 다른 2개의 CC를 하나의 주파수 대역처럼 결합해 20MHz 대역폭처럼 사용하는 CA를 적용한 시스템이다. 다시 말해 멀리 떨어져 있는 두 개의 차선을 하나로 이을 수 있도록 고가도로를 건설해 차선을 넓게 활용하는 것에 비유된다. 그림에서 UE(User Equipment) category는 단말기에서 지원되는 스펙에 따른 단말기 등급을 의미하며, 자세한 내용은 7.5절에서 다룬다. UE category에서 정의된 대역폭은 지원이 가능한 최대 대역폭을 의미하며, 전송률은 ④번과 같이 실제로 사용하는 대역폭에 따라 결정된다. 따라서 Ⓐ번의 시나리오에서 CA 기술이 적용되지 않는 ①②번의 LTE 단말기는 실제로 사용하는 10MHz 대역폭에서 지원되는 최대 전송속도까지만 지원된다. 반면에 CA가 적용된 ③번의 LTE-A 단말기는 마치 20MHz처럼 대역폭을 사용하므로, 두 배인 150Mbps 전송률을 얻을 수 있다. 광대역 LTE는 Ⓑ번과 같이 바로 옆에 인접한 두 개의 10MHz 대역을 결합해서 20MHz 대역폭으로 데이터 전송하는 시스템을 말한다. 서로 붙어 있는 1차선과 2차선이 하나가 되어서, 자동차가 다닐 수 있는 도로가 넓어지는 것에 비유된다. 따라서 이론적으로 두 배의 전송속도를 얻을 수 있다. LTE 단말기 category 4 이상인 단말기(②③번)는 10MHz 대역폭을 기준으로 하향링크에서 최대 75Mbps가 지원되므로, 넓어진 대역폭에 비례하여 전송속도가 150Mbps까지 증가한다. 반면에 LTE 단말기 category 3에

해당되는 ①번의 구형 단말기는 10MHz 대역폭에서 50Mbps의 전송속도가 최대 규격으로 정의되어 있기 때문에, 20MHz의 광대역 LTE 서비스의 경우에도 최대 100Mbps까지만 지원된다. 2013년 11월에 우리나라에서 시연된 광대역 LTE-A는 20MHz 대역폭의 1.8GHz 주파수 대역과 10MHz 대역폭의 800MHz 주파수 대역을 CA 기술로 묶어 30MHz 대역폭으로 최대 전송속도 $75 \times 3 = 225\text{Mbps}$를 지원하는 시스템이다.

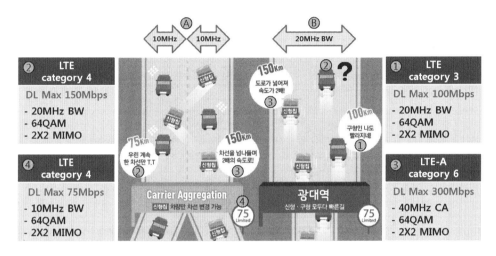

그림 7-4-3 LTE-A와 광대역 LTE 차이점

7.5 전송률 계산

1999년에 OFDM 방식을 채택한 IEEE801.11a WLAN은 54Mbps의 전송속도를 시작으로, 2009년에는 MIMO 기술을 기반으로 최대 600Mbps의 전송률을 지원하는 801.11n 기술이 등장한다. 2013년에 발표된 802.11ac 표준에서는 채널 본딩을 적용한 대역폭 확장 및 다중사용자 동시접속 기술 등을 새롭게 도입하여 6.933Gbps의 전송률을 제공한다. LTE-A 시스템은 20MHz의 대역폭을 기반으로 주로 고차 QAM, MIMO, CA를 이용한 대역폭 확장을 통하여 전송률을 향상시키고 있다. 2014년에 표준화가 시작된 LTE-A(rel.12)는 256QAM과 같은 고차 변조방식과 8개의 송수신 안테나를 사용하는 8×8 공간 다중화 MIMO 기술을 도입하여 하향링크에서 최대 4Gbps의 전송속도를 목표로 한다.

7.5.1 LTE 전송률

이절에서는 OFDM을 기반으로 진화한 LTE에 대한 표준별 전송속도의 발전 과정을 살펴본다. 그림 7-5-1과 그림 7-5-2는 각각 LTE release 8,9와 LTE-A release 10~12의 전송률 발전 과정을 요약한 것이다. UE category는 단말기에서 지원되는 스펙에 따른 단말기 등급을 의미한다. 그림에 표기된 상향링크와 하향링크의 모든 전송률은 그림 7-5-1에 요약된 변조방식, MIMO 안테나수, CA 대역수에 따른 전송률 증가 지수의 조합으로 계산이 가능하다. 예를 들어, LTE-A category 6과 8의 상향링크 최대 속도를 비교해보자. Category 8에 해당하는 단말기에서는 변조방식을 16QAM에서 64QAM으로 상향(6/4배), MIMO 안테나수는 1에서 4로 증가(4배), 그리고 CA 대역수가 1에서 5로 증가(5배)된다. 따라서 LTE-A category 6의 상향링크 전송률 50Mbps에서 $50 \times 6/4 \times 4 \times 5 = 1,500$Mbps로 증가된다. 그림에서 release 10 이상에서 정의되는 하향링크 4×4 MIMO는 carrier당 10MHz의 대역폭을 사용한다.

	LTE (Release 8-9)			LTE-A (Release 10)			LTE-A (Release 11)	
UE category	3	4	5	6	7	8	9	10
DL peak rate (Mbps)	100	150	300	300	300	3,000	450	450
UP peak rate (Mbps)	50	50	75	50	100	1,500	50	100
DL modulation	64QAM			64QAM			64QAM	
UL modulation	16QAM		64QAM	16QAM		64QAM	16QAM	
MIMO DL (UL)	2X2 (no)		4X4 (no)	2X2 or 4X4 (no)	2X2 or 4X4 (2X2)	8X8 (4X4)	2X2 or 4X4 (2X2)	
BW/carrier	20MHz			20MHz			20MHz	
DL CA	-	-	-	2 carrier		5 carrier	3 carrier	
UL CA	-	-	-	-	2 carrier	5 carrier		2 carrier

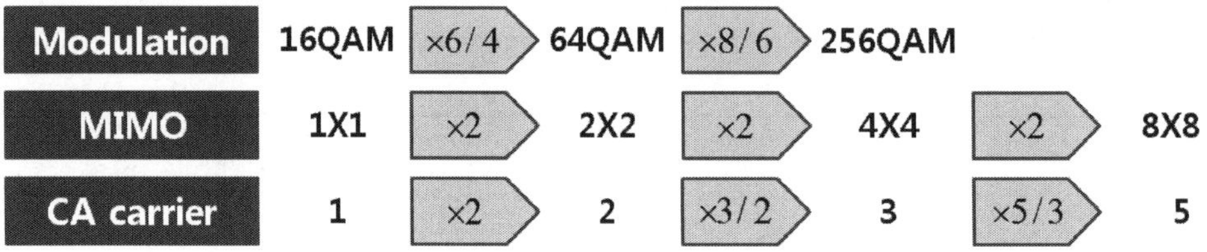

Modulation	16QAM	×6/4	64QAM	×8/6	256QAM		
MIMO	1X1	×2	2X2	×2	4X4	×2	8X8
CA carrier	1	×2	2	×3/2	3	×5/3	5

그림 7-5-1 LTE release 8/9와 LTE-A release 10/11 전송속도 요약

그림 7-5-3은 category 5에 해당하는 하향링크 최대 전송속도인 300Mbps와 상향링크 최대 전송속도인 75Mbps를 대략적으로 계산하는 과정을 보여준다. 64QAM를 사용하므로, ①번의 RE에서는 6비트가 전송된다. Normal CP를 사용할 때 하나의 RB에는 총 $7 \times 12 = 84$개

의 RE가 포함되므로(②③번), 한 개의 RB에서는 총 $6 \times 7 \times 12 = 504$비트가 전송된다. 20MHz 대역폭을 사용한다면, ④번과 같이 해당 대역폭에 최대 100개의 RB가 포함되므로 총 비트 수는 $6 \times 7 \times 12 \times 100 = 50,400$개가 된다. 계산된 총 비트 수는 7개의 OFDM 심벌로 구성된 슬롯을 통해 0.5msec 동안에 전송되므로, 1초당 비트 수로 환산하면 100.8Mbps의 전 송속도를 얻는다. 사용자 데이터 이외의 reference 및 synchronization 신호 등에 사용되는 overhead를 약 25%로 가정하면, 대략 75Mbps의 상향링크 전송속도가 계산된다. 하향링크 에서는 4×4 MIMO를 적용하므로, 상향링크의 4배인 300Mbps의 최대 전송속도를 얻는다.

UE category	LTE-A (Release 12)				
	11	12	13	14	15
DL peak rate (Mbps)	600	600	400	400	4,000
UL peak rate (Mbps)	50	100	50	100	1,500
DL modulation	256QAM				
UL modulation	16QAM				64QAM
MIMO DL (UL)	2X2 or 4X4 (2X2)				8X8 (4X4)
BW/carrier	20MHz				
DL CA	3 carrier		2 carrier		5 carrier
UL CA	-	2 carrier	-	2 carrier	5 carrier

그림 7-5-2 LTE-A release 12 전송속도 요약

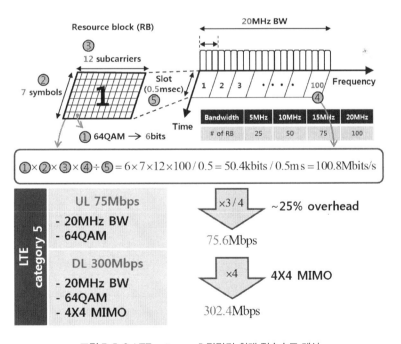

그림 7-5-3 LTE category 5 단말기 최대 전송속도 계산

7.5.2 WLAN 전송률

OFDM을 기반으로 발전한 WLAN 기술의 표준별 전송속도 발전 과정은 그림 7-1-3에 요약되어 있다. WLAN 시스템은 802.11a/g의 전송률 54Mbps에서 802.11ac의 최대 전송속도인 6.933Gps까지 100배 이상으로 전송속도가 발전하고 있다. 이절에서는 표준별로 최대 전송속도가 얻어지는 과정을 자세히 살펴본다. 그림 7-5-4는 802.11a/g WLAN 송수신기의 구조를 보여준다.

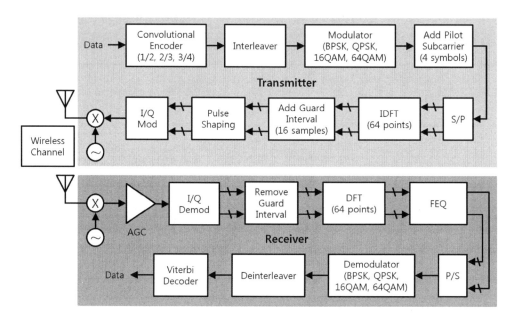

그림 7-5-4 WLAN 송수신기 구조

(1) 802.11a/g

그림 7-5-5는 802.11a/g의 최대 전송속도인 54Mbps가 얻어지는 과정을 보여준다. 기본적으로 $0.8\mu s$의 GI를 사용할 경우 한 개의 OFDM 심벌 구간은 $T_{sym} = 0.8 + 3.2 = 4\mu s$가 되어 심벌 전송률이 $1/T_{sym} = 250$ksps가 된다. 20MHz 대역폭에서 64개의 DFT 부반송파 중 48개만 데이터 부반송파로 사용된다. 64QAM(심벌당 6비트 전송)과 3/4 코딩율을 함께 고려하면 $250 \times 48 \times 6 \times 3/4 = 54$Mbps의 전송률이 계산된다.

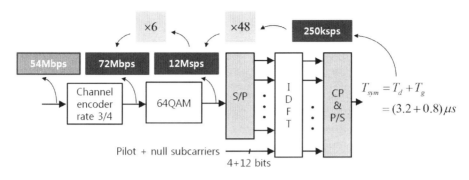

그림 7-5-5 802.11a/g 최대 전송속도 계산

(2) 802.11n

그림 7-5-6은 802.11a/g와 동일한 20MHz 대역폭에서 MIMO를 사용하지 않을 경우 802.11n의 최대 전송속도가 얻어지는 과정을 보여준다. 802.11a/g와 마찬가지로 $0.8\mu s$ 의 GI를 사용할 경우 한 개의 OFDM 심벌 구간은 $T_{sym}=4\mu s$가 되어 심벌 전송률은 $1/T_{sym}=250$ksps가 된다. 20MHz 대역폭에서 52개의 데이터 부반송파가 사용되므로 64QAM(심벌당 6비트)과 5/6 코딩율을 고려하면 $250\times52\times6\times5/6=65$Mbps의 전송률이 계산된다. 802.11n에서는 추가적으로 $0.4\mu s$의 GI 모드가 지원된다. 이 경우에는 $T_{sym}=3.6\mu s$가 되어 심벌 전송률은 $1/T_{sym}=1/3.6$Msps가 된다. 따라서 64QAM과 5/6 코딩율을 고려하면 $1/3.6\times52\times6\times5/6=72.2$Mbps의 전송률을 얻는다.

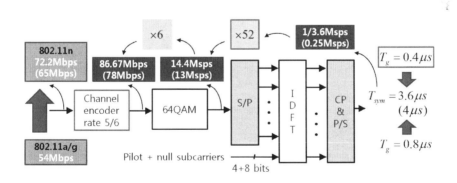

그림 7-5-6 802.11n 전송속도 개선 방안 (20MHz, 1×1 MIMO)

그림 7-5-7은 802.11n의 최대 전송속도인 600Mbps가 얻어지는 과정을 보여준다. 그림 7-5-6에서 설명한 $0.4\mu s$의 GI 모드를 기반으로 하며, 대역폭을 40MHz로 확장하여 108개

의 데이터 부반송파를 사용한다. 64QAM(심벌당 6비트)과 5/6 코딩율을 함께 고려하면 $1/3.6 \times 108 \times 6 \times 5/6 = 150$Mbps를 얻는다. 여기에 송수신단에서 각각 4개의 안테나를 사용하는 4×4 MIMO를 적용하면 $150 \times 4 = 600$Mbps의 최대 전송률을 얻게 된다. 그림 7-5-7에서 괄호안의 전송률은 $0.8 \mu s$ GI 모드를 사용할 경우의 수치이다.

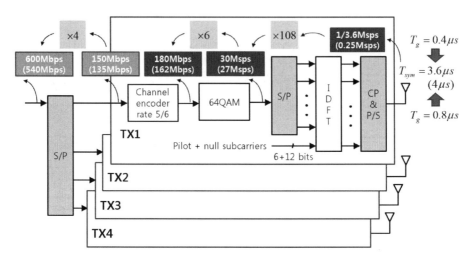

그림 7-5-7 802.11n 최대 전송속도 계산

표 7-5-1은 802.11a/g 대비 802.11n의 전송속도 개선 요소를 요약한 것이다. MIMO와 채널 본딩에 의한 대역폭 확장이 주로 전송속도 증가에 영향을 준다. 표 7-5-2는 802.11n에서 $0.4 \mu s$ GI 모드의 대역폭별 최대 전송속도를 요약한 것이다. 표 7-5-2에서 괄호 안의 수치는 $0.8 \mu s$ GI 모드를 사용하는 경우에 해당한다. 대역폭별 최대 전송률을 도출하는 과정은 그림 7-5-7에서와 동일한 방법으로 계산된다.

표 7-5-1 802.11a/g 대비 802.11n 전송속도 개선 방안

적용 기술	변수 변경	전송률 증가 지수
MIMO	$1 \times 1 \rightarrow 4 \times 4$	×4
대역폭 확장	$20 \rightarrow 40$MHz	×2.25
GI 축소	$0.8 \rightarrow 0.4 \mu s$	×1.11
코딩율 증대	$3/4 \rightarrow 5/6$	×1.11

표 7-5-2 802.11n 대역폭별 최대 전송속도

대역폭	MIMO	변조	코딩율	데이터 부반송파수	최대 전송률
20MHz	4×4	64QAM	5/6	52	288.8Mbps (260Mbps)
40MHz	4×4	64QAM	5/6	108	600Mbps (540Mbps)

(3) 802.11ac

그림 7-5-8은 802.11ac의 최대 전송속도인 6.933Gbps가 얻어지는 과정을 보여준다. 그림 7-5-7에서 설명한 802.11n의 $0.4\mu s$ GI 모드를 기반으로 하며, 대역폭을 160MHz로 확장하여 468개의 데이터 부반송파를 사용한다. 여기에 256QAM(심벌당 8비트 전송)과 5/6 코딩율을 고려하면 $1/3.6 \times 468 \times 8 \times 5/6 = 866.7 \text{Mbps}$를 얻는다. 추가적으로 8×8 MIMO를 적용하면 $866.7 \times 8 = 6.933 \text{Gbps}$의 최대 전송률이 계산된다. 그림 7-5-8에서 괄호안의 전송률은 $0.8\mu s$ GI 모드를 사용할 경우의 수치이다.

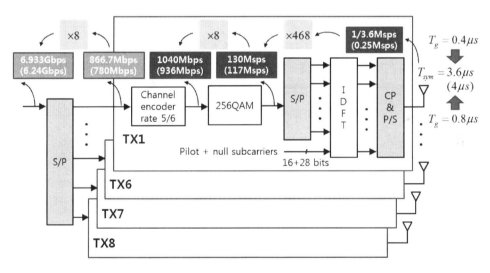

그림 7-5-8 802.11ac 최대 전송속도 계산

표 7-5-3은 802.11ac에서 사용되는 $0.4\mu s$ GI 모드에 대하여 대역폭별 최대 전송속도를 요약한 것이다. 대역폭별 최대 전송률을 도출하는 과정은 그림 7-5-8에서와 동일한 방법으로 계산된다. 그림 7-5-9는 지금까지 살펴본 802.11a/g, 802.11n 및 802.11ac의 GI 모드별 최대 전송속도를 요약한 것이다. 1999년에 OFDM을 채택한 802.11a의 최대 전송속도인

54Mbps와 비교해볼 때, 2013년에 등장한 802.11ac에서는 100배 이상인 6.933Gbps의 전송속도가 지원된다.

표 7-5-3 802.11ac 대역폭별 최대 전송속도

대역폭	MIMO	변조	코딩율	데이터 부반송파수	최대 전송률
20MHz	8×8	256QAM	3/4	52	693.3Mbps
40MHz	8×8	256QAM	5/6	108	1,600Mbps
80MHz	8×8	256QAM	5/6	234	3,466.7Mbps
160MHz	8×8	256QAM	5/6	468	6,933.3Mbps

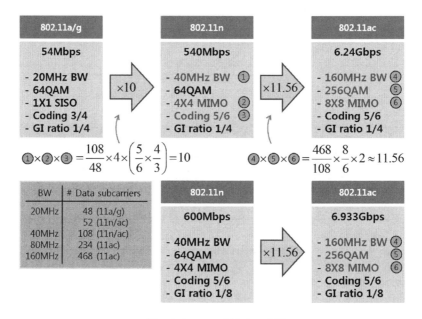

그림 7-5-9 WLAN 전송속도 요약

1. 아래 그림은 LTE에서 사용되는 2×2 SFBC 송수신기 구조를 보여준다. 다음에 답하시오.

　1) 그림 7-2-2을 참고하여 ①번 단의 SFBC 검파기 구조를 그리시오.

　2) AWGN이 없다고 가정할 때, ②번 단에서의 결정변수를 구하시오.

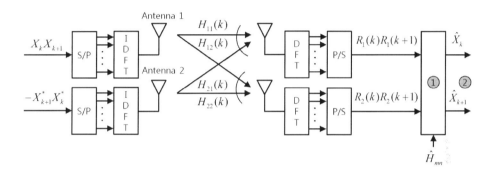

2. 그림 7-2-5의 closed-loop 공간 다중화 송수신 구조에서 수신신호가 아래와 같다고 가정한다. 다음에 답하시오.

$$\begin{bmatrix} R_1(k) \\ R_2(k) \end{bmatrix} = \frac{1}{2} \begin{bmatrix} H_{11}(k) \ H_{21}(k) \\ H_{12}(k) \ H_{22}(k) \end{bmatrix} \begin{bmatrix} 1 & 1 \\ j & -j \end{bmatrix} \begin{bmatrix} X_1(k) \\ X_2(k) \end{bmatrix} + \begin{bmatrix} N_1(k) \\ N_2(k) \end{bmatrix}$$

　1) 송신단에서 사용한 precoding 행렬을 구하시오.

　2) ZF 방식을 사용하는 2×2 MIMO 수신기의 검파 과정을 설명하고, 검파기의 구조를 그리시오.

3. 아래 그림은 LTE와 LTE-A에서 대역폭과 CA에 따른 전송속도를 개념적으로 비교한 것이다. 그림 7-5-1을 참고하여 다음에 답하시오.

1) UE category 4인 단말기에서 지원되는 최대 다운로드 속도를 구하시오.

2) UE category 6인 단말기에서 지원되는 최대 다운로드 속도를 구하시오.

3) 갤럭시 S7은 UE category 11~13에 해당한다. ③번과 ④번 시나리오에서의 최대 다운로드 속도를 구하시오.

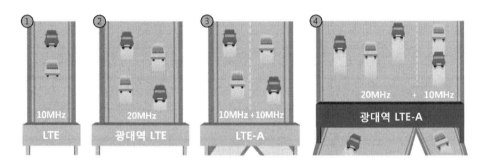

4. 다음은 4×4 MIMO 기술을 적용한 600Mbps LTE 시연 관련 기사이다. 기사에서 언급하고 있는 기존 기술은 UE category 4에 해당한다. 단일 광대역 LTE 주파수를 사용하므로, 대역폭은 20MHz가 된다. 그림 7-5-1을 참고하면 UE category 4의 경우 하향링크에서 최대 전송속도는 150Mbps이다. 다음에 답하시오.

1) 시연된 600Mbps를 얻기 위해 사용된 기술을 설명하시오.

2) 시연된 기술에 해당하는 UE category을 설명하시오.

SK텔레콤, 4X4 MIMO 기술 적용해 LTE 600Mbps 시연	기존 (UE category 4)
[IT동아 권명관 기자] 2015년 2월 25일, SK텔레콤(사장 장동현, www.sktelecom.com)이 노키아(NOKI A, 대표 라지브 수리)와 함께 기존 대비 2배 많은 안테나를 활용해 600Mbps 속도를 시연하는 데 성공했다고 밝혔다. 양사가 개발한 기술은 기지국과 단말기간 송/수신에 각각 4개의 안테나를 활용해 기존 주파수 대역 안에서 다운로드 속도를 2배로 높일 수 있다. 양사는 단일 광대역 LTE 주파수에서 4X4 MIMO 기술을 적용해 기존 대비 2배 속도인 300Mbps를 구현한 뒤, 2개의 광대역 주파수를 묶는(CA) 방식으로 시연에 성공했다. 양사는 3월에 개최한 'MWC 2015'에서도 이 기술을 적용해 600Mbps의 속도를 시연할 계획이다.	DL 150Mbps - 20MHz BW - 64QAM - 2X2 MIMO

5. 아래 표는 802.11ac에서 $0.8\mu s$ GI 모드의 대역폭별 최대 전송속도를 요약한 것이다. 대역폭에 따른 최대 전송속도 도출하는 과정은 그림 7-5-8에서와 동일한 방법으로 계산된다. 대역폭이 40MHz, 80MHz, 160MHz인 경우의 최대 전송속도를 구하시오.

대역폭	MIMO	변조	코딩율	데이터 부반송파수	최대 전송률
20MHz	8×8	256QAM	3/4	52	624Mbps
40MHz	8×8	256QAM	5/6	108	①
80MHz	8×8	256QAM	5/6	234	②
160MHz	8×8	256QAM	5/6	468	③

APPENDIX

부록

A.1 임펄스열의 푸리에 변환

식 (2-1-12)의 임펄스열은 다음과 같이 푸리에 급수로 표현이 가능하다.

$$\sum_{n=-\infty}^{\infty} \delta(t - nT_0) = \sum_{k=-\infty}^{\infty} X_k e^{j2\pi kf_0 t} \tag{A-1-1}$$

여기서 X_k는 푸리에 계수로써 다음과 같이 구해진다.

$$X_k = \frac{1}{T_0} \int_{-T_0/2}^{T_0/2} \sum_{n=-\infty}^{\infty} \delta(t - nT_0) e^{-j2\pi kf_0 t} dt \tag{A-1-2}$$

$$= \frac{1}{T_0} \int_{-T_0/2}^{T_0/2} \delta(t) e^{-j2\pi kf_0 t} dt = \frac{1}{T_0} \int_{-T_0/2}^{T_0/2} \delta(t) dt$$

위에서 $\delta(t)$ 함수의 정의인 $\displaystyle\int_{-T_0/2}^{T_0/2} \delta(t) dt = 1$을 이용하면, $X_k = 1/T_0$가 된다. 따라서 다음을 얻는다.

$$\sum_{n=-\infty}^{\infty} \delta(t - nT_0) = \frac{1}{T_0} \sum_{k=-\infty}^{\infty} e^{j2\pi kf_0 t} \tag{A-1-3}$$

위의 식을 이용하여 임펄스열의 푸리에 변환을 구하면 다음과 같다.

$$F\left[\sum_{n=-\infty}^{\infty} \delta(t - nT_0) \right] = \frac{1}{T_0} F\left[\sum_{k=-\infty}^{\infty} e^{j2\pi kf_0 t} \right] = \frac{1}{T_0} \sum_{k=-\infty}^{\infty} F\left[e^{j2\pi kf_0 t} \right] \tag{A-1-4}$$

식 (2-1-24)를 이용하면 $F\left[e^{j2\pi kf_0 t} \right] = \delta(f - kf_0)$이므로 식 (A-1-1)의 푸리에 변환은 다음과 같이 구해진다.

$$F\left[\sum_{n=-\infty}^{\infty} \delta(t - nT_0) \right] = \frac{1}{T_0} \sum_{k=-\infty}^{\infty} \delta(f - kf_0) \tag{A-1-5}$$

식 (A-1-5)에서 $F\left[\delta(t - nT_0) \right] = e^{-j2\pi fnT_0}$를 이용하면, 다음과 같은 표현식을 얻는다.

$$\sum_{n=-\infty}^{\infty} e^{-j2\pi fnT_0} = \frac{1}{T_0} \sum_{k=-\infty}^{\infty} \delta(f - kf_0) = \frac{1}{T_0} \sum_{k=-\infty}^{\infty} \delta(f - k/T_0) \tag{A-1-6}$$

A.2 주파수영역 컨벌루션

다음과 같이 정의되는 주파수영역에서의 컨벌루션을 살펴본다.

$$Y(f) = X(f) \otimes H(f) = \int_{-\infty}^{\infty} X(\lambda)H(f-\lambda)d\lambda \tag{A-2-1}$$

위 식의 양변에 역푸리에 변환을 취하면 다음을 얻는다.

$$y(t) = F^{-1}[X(f) \otimes H(f)] = \int_{-\infty}^{\infty} \left[\int_{-\infty}^{\infty} X(\lambda)H(f-\lambda)d\lambda \right] e^{j2\pi ft} df \tag{A-2-2}$$

$$= \int_{-\infty}^{\infty} X(\lambda) \left[\int_{-\infty}^{\infty} H(f-\lambda)e^{j2\pi ft} df \right] d\lambda$$

위의 식에서 λ는 f에 대하여 상수이므로 식 (2-1-22)의 주파수 천이 특성을 이용하면, 다음을 얻는다.

$$\int_{-\infty}^{\infty} H(f-\lambda)e^{j2\pi ft} df = \int_{-\infty}^{\infty} H(f')e^{j2\pi(f'+\lambda)t} df \tag{A-2-3}$$

$$= e^{j2\pi\lambda t} \int_{-\infty}^{\infty} H(f')e^{j2\pi f't} df = e^{j2\pi\lambda t} h(t)$$

식 (A-2-3)을 식 (A-2-2)에 대입하면 $Y(f)$의 역푸리에 변환은 다음과 같이 표현된다.

$$y(t) = F^{-1}[X(f) \otimes H(f)] = \int_{-\infty}^{\infty} X(\lambda)h(t)e^{j2\pi\lambda t} d\lambda \tag{A-2-4}$$

$$= \left[\int_{-\infty}^{\infty} X(\lambda)e^{j2\pi\lambda t} d\lambda \right] h(t) = x(t)h(t)$$

따라서 다음과 같은 주파수영역에서의 컨벌루션 특성을 얻는다.

$$F[x(t)h(t)] = X(f) \otimes H(f) \tag{A-2-5}$$

A.3 사각 펄스열의 전력스펙트럼밀도

다음과 같이 표현되는 사각 펄스열 $a(t)$의 전력스펙트럼밀도를 유도한다.

$$a(t) = \sum_i a_i p_{T_b}(t - i T_b) \tag{A-3-1}$$

여기서 a_i은 데이터 심벌로써 랜덤 변수가 되며, $p_{T_b}(t)$는 T_b 구간 동안 1의 값을 가지는 구형파이다. 시간구간을 $(2N+1)T_b$로 제한한 펄스열을 다음과 같이 정의한다.

$$a_T(t) = \sum_{i=-N}^{N} a_i p_{T_b}(t - i T_b) \tag{A-3-2}$$

따라서 $a(t)$의 전력스펙트럼밀도는 다음과 같이 정의된다.

$$S_a(f) = \lim_{N \to \infty} \frac{1}{(2N+1)T_b} E\big[|A_T(f)|^2 \big] \tag{A-3-3}$$

여기서 $A_T(f)$는 다음과 같이 계산된다.

$$A_T(f) = F[a_T(t)] = F\left[\sum_{i=-N}^{N} a_i p_{T_b}(t - i T_b) \right] \tag{A-3-4}$$

$$= \sum_{i=-N}^{N} a_i F\big[p_{T_b}(t - i T_b) \big] = P_{T_b}(f) \sum_{i=-N}^{N} a_i e^{-j2\pi f i T_b}$$

위의 식에서 $P_{T_b}(f)$는 다음과 같다.

$$P_{T_b}(f) = F\big[p_{T_b}(t) \big] = \int_{-\infty}^{\infty} p_{T_b}(t) e^{-j2\pi f t} dt \tag{A-3-5}$$

$$= \int_{-T_b/2}^{T_b/2} e^{-j2\pi f t} dt = \frac{1}{\pi f} \left(\frac{e^{j\pi f T_b} - e^{-j\pi f T_b}}{2j} \right) = \frac{\sin(\pi f T_b)}{\pi f}$$

따라서 식 (A-3-4)를 식 (A-3-3)에 대입하면 다음을 얻는다.

$$S_a(f) = \lim_{N \to \infty} \frac{1}{(2N+1)T_b} E\left[\left| P_{T_b}(f) \sum_{i=-N}^{N} a_i e^{-j2\pi f i T_b} \right|^2 \right] \tag{A-3-6}$$

$$= \lim_{N \to \infty} \frac{\left| P_{T_b}(f) \right|^2}{(2N+1)T_b} E\left[\left| \sum_{i=-N}^{N} a_i e^{-j2\pi f i T_b} \right|^2 \right]$$

위에서 평균항은 다음과 같이 정리된다.

$$E\left[\left| \sum_{i=-N}^{N} a_i e^{-j2\pi f i T_b} \right|^2 \right] = E\left[\left(\sum_{i=-N}^{N} a_i e^{-j2\pi f i T_b} \right) \left(\sum_{k=-N}^{N} a_k e^{-j2\pi f k T_b} \right)^* \right] \tag{A-3-7}$$

$$= \sum_{i=-N}^{N} \left(\sum_{k=-N}^{N} E[a_i a_k] e^{-j2\pi f(i-k) T_b} \right)$$

$$= \sum_{i=-N}^{N} \left(\sum_{m=i+N}^{i-N} R_a(m) e^{-j2\pi f m T_b} \right)$$

위의 식에서 마지막항은 $E[a_i a_k] = R_a(i-k)$과 $m = i - k$로 치환하여 정리한 것이다. 식 (A-3-7)을 식 (A-3-6)에 대입하면 다음을 얻는다.

$$S_a(f) = \lim_{N \to \infty} \frac{\left| P_{T_b}(f) \right|^2}{(2N+1)T_b} \sum_{i=-N}^{N} \left(\sum_{m=i+N}^{i-N} R_a(m) e^{-j2\pi f m T_b} \right) \tag{A-3-8}$$

위의 식에서 $N \to \infty$ 이면 괄호안의 값은 i에 상관없이 상수이므로 다음과 같이 정리된다.

$$S_a(f) = \lim_{N \to \infty} \frac{\left| P_{T_b}(f) \right|^2}{(2N+1)T_b} (2N+1) \sum_{m=i+N}^{i-N} R_a(m) e^{-j2\pi f m T_b} \tag{A-3-9}$$

$$= \frac{\left| P_{T_b}(f) \right|^2}{T_b} \sum_{m=-\infty}^{\infty} R_a(m) e^{-j2\pi f m T_b}$$

위의 식에서 $R_a(m)$는 a_i의 자기상관 함수로 다음이 같이 주어진다.

$$R_a(m) = E[a_i a_{i+m}] = \begin{cases} \sigma_a^2 + \mu_a^2, & m = 0 \\ \mu_a^2, & m \neq 0 \end{cases} \tag{A-3-10}$$

여기서 μ_a와 σ_a^2는 각각 a_i의 평균과 분산이다. 식 (A-3-10)을 식 (A-3-9)에 대입하면 다음과 같이 정리된다.

$$S_a(f) = \frac{\left| P_{T_b}(f) \right|^2}{T_b} \left(\sigma_a^2 + \mu_a^2 \sum_{m=-\infty}^{\infty} e^{-j2\pi f m T_b} \right) \tag{A-3-11}$$

식 (A-1-6)을 이용하면 다음과 같은 표현이 가능하다.

$$S_a(f) = \frac{\left|P_{T_b}(f)\right|^2}{T_b}\left(\sigma_a^2 + \frac{\mu_a^2}{T_b}\sum_{n=-\infty}^{\infty}\delta(f-n/T_b)\right) \tag{A-3-12}$$

우선 a_i가 각각 $1/2$의 확률로 $a_i = \pm 1$과 같이 발생하는 랜덤 변수인 경우를 살펴본다. 이 경우에는 $\mu_a = 0$이고 $\sigma_a^2 = [1^2 + (-1)^2]/2 = 1$이 된다. 따라서 양극성 사각 펄스열의 전력스펙트럼밀도는 다음과 같다.

$$S_a(f) = \frac{\left|P_{T_b}(f)\right|^2}{T_b} = T_b\left[\frac{\sin(\pi f T_b)}{\pi f T_d}\right]^2 = T_b\mathrm{sinc}^2(\pi f T_b) \tag{A-3-13}$$

다음으로 a_i가 각각 $1/2$의 확률로 $a_i = 0$과 $a_i = 1$의 두 값을 가지는 랜덤 변수인 경우를 살펴본다. 이 경우에는 $\mu_a = 1/2$이고 $\sigma_a^2 = 1/2 - (1/2)^2 = 1/4$이 된다. 따라서 단극성 사각 펄스열의 전력스펙트럼밀도는 다음과 같이 구해진다.

$$S_a(f) = \frac{\left|P_{T_b}(f)\right|^2}{4T_b}\left[1 + \frac{1}{T_b}\sum_{n=-\infty}^{\infty}\delta(f-n/T_b)\right] \tag{A-3-14}$$

위의 식에서 $n \neq 0$일 때 $f = n/T_b$에서 $P_{T_b}(f) = 0$이므로, 다음을 얻는다.

$$S_a(f) = \frac{\left|P_{T_b}(f)\right|^2}{4T_b}\left[1 + \frac{1}{T_b}\delta(f)\right] = \frac{T_b}{4}\mathrm{sinc}^2(\pi f T_b) + \frac{1}{4}\delta(f) \tag{A-3-15}$$

A.4 정합필터 유도

정합필터 출력신호는 다음과 같다.

$$z(t) = [s(t)+n(t)]\otimes h(t) = s(t)\otimes h(t) + n(t)\otimes h(t) = s_o(t) + n_o(t) \tag{A-4-1}$$

여기서 신호 성분 $s_o(t)$는 다음과 같이 표현된다.

$$s_o(t) = F^{-1}[S(f)H(f)] = \int_{-\infty}^{\infty} S(f)H(f)e^{j2\pi ft}df \tag{A-4-2}$$

그리고 $S_n(f) = N_0/2$이므로 $n_o(t)$의 전력스펙트럼밀도는 다음과 같다.

$$S_{n_0}(f) = S_n(f)|H(f)|^2 = \frac{N_0}{2}|H(f)|^2 \qquad \text{(A-4-3)}$$

식 (2-1-48)을 이용하면 $n_o(t)$의 평균 전력은 다음과 같다.

$$E\big[|n_o(t)|^2\big] = \int_{-\infty}^{\infty} S_{n_0}(f)df = \int_{-\infty}^{\infty} S_n(f)|H(f)|^2df \qquad \text{(A-4-4)}$$

식 (A-4-2)와 식 (A-4-4)로부터 $t = T_b$에서 정합필터 출력단에서의 SNR은 다음과 같이 정의된다.

$$\text{SNR}_o = \frac{|s_o(T_b)|^2}{E\big[|n_o(T_b)|^2\big]} = \frac{\left|\int_{-\infty}^{\infty} S(f)H(f)e^{j2\pi fT_b}df\right|^2}{\int_{-\infty}^{\infty} S_n(f)|H(f)|^2df} \qquad \text{(A-4-5)}$$

위의 식에서 다음의 함수 치환을 이용한다.

$$X(f) = \sqrt{S_n(f)}\,H(f) \qquad \text{(A-4-6)}$$

$$Y(f) = \frac{1}{\sqrt{S_n(f)}}S(f)e^{j2\pi fT_b} \qquad \text{(A-4-7)}$$

식 (A-4-6)과 식 (A-4-7)을 이용하면, 정합필터 출력단에서의 SNR은 다음과 같이 표현된다.

$$\text{SNR}_o = \frac{\left|\int_{-\infty}^{\infty} X(f)Y(f)df\right|^2}{\int_{-\infty}^{\infty}|X(f)|^2df} \leq \frac{\int_{-\infty}^{\infty}|X(f)|^2df\int_{-\infty}^{\infty}|Y(f)|^2df}{\int_{-\infty}^{\infty}|X(f)|^2df} \qquad \text{(A-4-8)}$$

위 식에서 등호는 Schwartz 부등식에 따라 $X(f) = KY^*(f)$일 때 성립한다. 따라서 정합필터 출력단 SNR이 최대가 되는 정합필터의 주파수 응답 $H(f)$는 다음과 같다.

$$H(f) = K\frac{S^*(f)}{S_n(f)}e^{-j2\pi fT_b} = \frac{2K}{N_0}S^*(f)e^{-j2\pi fT_b} \qquad \text{(A-4-9)}$$

따라서 식 (2-1-26)과 식 (2-1-35)를 이용하면 정합필터의 임펄스 응답 $h(t)$를 얻는다.

$$h(t) = F^{-1}[H(f)] = \frac{2K}{N_0} s(-(t - T_b)) = \frac{2K}{N_0} s(T_b - t) \qquad \text{(A-4-10)}$$

식 (2-1-44)를 이용하면, 정합필터 출력단에서의 최대 SNR은 다음과 같이 구해진다.

$$\text{SNR}_o \leq \int_{-\infty}^{\infty} |Y(f)|^2 df = \frac{1}{S_n(f)} \int_{-\infty}^{\infty} |S(f)|^2 df \qquad \text{(A-4-11)}$$

$$= \frac{1}{N_0/2} \int_{-\infty}^{\infty} |s(t)|^2 dt = \frac{2E_b}{N_0}$$

A.5 수신단 LPF 사용 여부에 따른 결정변수 비교

그림 A-5-1은 수신단에서 LPF 사용 유무에 따른 출력을 보여준다. 우선 수신신호는 다음과 같다.

$$r(t) = \sqrt{E_b}\, b(t) c(t) \varphi_1(2\pi f_c t + \theta) \qquad \text{(A-5-1)}$$

다음과 같은 반송파 복원 후 신호를 얻는다.

$$r(t)\varphi_1(2\pi f_c t) = \sqrt{E_b}\, b(t) c(t) \varphi_1(2\pi f_c t + \theta) \varphi_1(2\pi f_c t) \qquad \text{(A-5-2)}$$

$$= \frac{\sqrt{E_b}}{T_b} b(t) c(t) [\cos\theta + \cos(4\pi f_c t + \theta)]$$

PN 코드 동기 후 적분기의 출력은 다음과 같다.

$$z_i = \int_{iT_b}^{(i+1)T_b} \frac{\sqrt{E_b}}{T_b} b(t) c^2(t) [\cos\theta + \cos(4\pi f_c t + \theta)] dt \qquad \text{(A-5-3)}$$

$$= \frac{\sqrt{E_b}}{T_b} \cos\theta \int_{iT_b}^{(i+1)T_b} b(t) dt + \frac{\sqrt{E_b}}{T_b} b_i \int_{iT_b}^{(i+1)T_b} \cos(4\pi f_c t + \theta) dt$$

그림 A-5-2는 반송파 변조된 대역확산 신호의 파형을 보여 주고 있다. 그림에서 $c(t) = 1$ 로 설정하면, 대역확산을 사용하지 않는 시스템에도 동일하게 적용된다. 그림에서 보듯이 (b)번의 반송파 신호 $\cos(2\pi f_c t)$는 T_c 동안 정수배의 주기가 포함한다. 이는 동일한 부호의 칩이 연속으로 전송될 때 파형이 연속적으로 같게 하기 위함이다. 따라서 (d)번의 $\cos(4\pi f_c t)$ 신호의 주파수는 (b)번 신호 주파수의 2배이므로, 역시 T_c 동안 정수배의 주기가 포함됨을 알 수 있다. 따라서 그림 A-5-2(d)에서 T_c 구간(또는 T_b 구간)에 대한 $\cos(4\pi f_c t)$의 적분값은 0이 된다.

$$\int_{iT_b}^{(i+1)T_c} \cos(4\pi f_c t + \theta)dt = \int_{iT_b}^{(i+1)T_b} \cos(4\pi f_c t + \theta)dt = 0 \tag{A-5-4}$$

결과적으로 식 (A-5-3)은 다음과 같이 정리된다.

$$z_i = \frac{\sqrt{E_b}}{T_b}\cos\theta \int_{iT_b}^{(i+1)T_b} b(t)dt = \sqrt{E_b}\,b_i\cos\theta \tag{A-5-5}$$

그림 A-5-1에서 비교한 바와 같이, 수신단에서 LPF가 없어도 뒤에 오는 적분기 통과 후에 $\cos(4\pi f_c t + \theta)$와 연관된 고주파 성분이 제거된다. 따라서 LPF가 있는 경우와 동일한 신호가 출력된다. 이는 변수 f_c와 T_b가 $f_c T_b = m/2$(m은 정수)을 만족하는 경우이므로, 다음을 얻는다.

$$\int_{iT_b}^{(i+1)T_b} \cos(4\pi f_c t + \theta)dt = \int_0^{T_b} \cos(4\pi f_c t)dt = \frac{1}{4\pi f_c}\sin(4\pi f_c t)\Big|_0^{T_b}$$
$$= \frac{1}{4\pi f_c}\sin(4\pi f_c T_b) = 0 \tag{A-5-6}$$

$$\int_{iT_b}^{(i+1)T_b} \sin(4\pi f_c t + \theta)dt = \int_0^{T_b} \sin(4\pi f_c t)dt = -\frac{1}{4\pi f_c}\cos(4\pi f_c t)\Big|_0^{T_b}$$
$$= -\frac{1}{4\pi f_c}\big[\cos(4\pi f_c T_b) - 1\big] = 0 \tag{A-5-7}$$

만일 $f_c T_b \neq m/2$과 같이 반송파 신호 $\cos(2\pi f_c t)$가 T_b 구간 동안에 정수배의 주기가 포함되지 않을 경우에는 식 (A-5-6)은 0이 되지 않는다. 하지만, $f_c \gg T_b$이므로 식 (A-5-6)의 적분값은 0으로 근사화 할 수 있다.

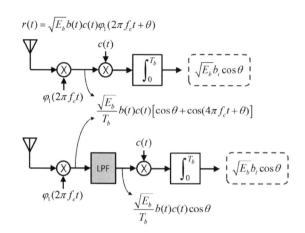

$$r(t) = \sqrt{E_b}\,b(t)c(t)\varphi_1(2\pi f_c t + \theta)$$

그림 A-5-1 수신단에서 LPF의 동작 원리

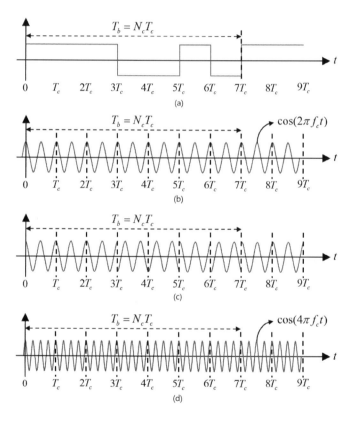

그림 A-5-2 반송파 변조된 대역확산 신호 파형

(a) 대역확산 신호 $b(t)c(t)$

(b) 반송파 신호 $\cos(2\pi f_c t)$

(c) 반송파 변조 신호 $b(t)c(t)\cos(2\pi f_c t)$

(c) $\cos(4\pi f_c t)$ 신호

A.6 동기식 BFSK 주파수 구하기

그림 3-2-8의 BFSK 동기 수신 방식에서 두 주파수 f_1과 f_2를 구하기 위해 식 (3-2-32)와
식 (3-2-33)에서 주어진 다음의 적분식을 살펴본다.

$$z = \frac{2\sqrt{E_b}}{T_b} \int_{iT_b}^{(i+1)T_b} \cos(2\pi f_2 t)\cos(2\pi f_1 t)dt \tag{A-6-1}$$

$$= \frac{\sqrt{E_b}}{T_b} \int_0^{T_b} \left[\cos(2\pi(f_2-f_1)t) + \cos(2\pi(f_2+f_1)t) \right] dt$$

$$= \frac{\sqrt{E_b}}{2\pi(f_2-f_1)T_b} \sin(2\pi(f_2-f_1)t)\bigg|_0^{T_b} + \frac{\sqrt{E_b}}{2\pi(f_2+f_1)T_b} \sin(2\pi(f_2+f_1)t)\bigg|_0^{T_b}$$

$$= \frac{\sqrt{E_b}}{2\pi(f_2-f_1)T_b} \sin(2\pi(f_2-f_1)T_b) + \frac{\sqrt{E_b}}{2\pi(f_2+f_1)T_b} \sin(2\pi(f_2+f_1)T_b)$$

그림 3-2-8의 수신기 구조에서 복조 성능이 최적이 되려면, 위의 식이 0이 되어야 한다. 따
라서 $2\pi(f_2-f_1)T_b = n\pi$이고 $2\pi(f_2+f_1)T_b = m\pi$가 성립되어야 한다(여기서 m과 n
은 정수). 두 식을 풀면, $f_2 = (m+n)/4T_b$와 $f_1 = (m-n)/4T_b$가 된다. 따라서 다음의
조건을 얻는다.

$$f_2 - f_1 = \frac{n}{2T_b}, \quad n = 1, 2, \cdots \tag{A-6-2}$$

위의 식에서 $n=1$일 때 두 주파수 간격이 최소가 된다. 일반적으로 f_1과 f_2는 반송파 주
파수 f_c를 기준으로 Δf만큼 떨어진 $f_1 = f_c - \Delta f$와 $f_2 = f_c + \Delta f$로 설정하게 된다.
따라서 다음을 얻는다.

$$f_2 - f_1 = \frac{n}{2T_b} = 2\Delta f \tag{A-6-3}$$

위의 식에서 $\Delta f = n/4T_b$가 되므로, 두 주파수 f_1과 f_2는 다음과 같이 구해진다.

$$f_1 = f_c - \frac{n}{4T_b} \tag{A-6-4}$$

$$f_2 = f_c + \frac{n}{4T_b} \tag{A-6-5}$$

위 식으로부터 반송파 주파수 f_c와 비트 구간 T_b가 주어지면, f_1과 f_2를 정할 수 있다.

A.7 비동기식 BFSK 주파수 구하기

그림 3-2-9의 BFSK 비동기 수신 방식에서 두 주파수 f_1과 f_2를 구하기 위해 식 (3-2-39)와 식 (3-2-40)에서 주어진 다음의 적분식을 살펴본다.

$$y_{2c} = \frac{2\sqrt{E_b}}{T_b} \int_{iT_b}^{(i+1)T_b} \cos(2\pi f_1 t + \theta)\cos(2\pi f_2 t)dt \qquad \text{(A-7-1)}$$

$$= \frac{\sqrt{E_b}}{T_b} \int_{iT_b}^{(i+1)T_b} \left[\cos(2\pi(f_2 - f_1)t - \theta) + \cos(2\pi(f_2 + f_1)t + \theta)\right]dt$$

$$y_{2s} = \frac{2\sqrt{E_b}}{T_b} \int_{iT_b}^{(i+1)T_b} \cos(2\pi f_1 t + \theta)\sin(2\pi f_2 t)dt \qquad \text{(A-7-2)}$$

$$= \frac{\sqrt{E_b}}{T_b} \int_{iT_b}^{(i+1)T_b} \left[\sin(2\pi(f_2 - f_1)t - \theta) + \sin(2\pi(f_2 + f_1)t + \theta)\right]dt$$

$f_1 = f_c - \Delta f$과 $f_2 = f_c + \Delta f$을 이용하면 $f_1 + f_2 = 2f_c$이므로, 식 (A-5-6)과 식 (A-5-7)에 의하여 식 (A-7-1)과 식 (A-7-2)의 두 번째 적분항은 0이 된다. 따라서 식 (A-7-1)과 식 (A-7-2)는 각각 다음과 같이 정리된다.

$$y_{2c} = \frac{\sqrt{E_b}}{T_b} \int_0^{T_b} \cos(2\pi(f_2 - f_1)t - \theta)dt \qquad \text{(A-7-3)}$$

$$= \frac{\sqrt{E_b}}{2\pi(f_2 - f_1)T_b} \sin(2\pi(f_2 - f_1)t - \theta)\Big|_0^{T_b}$$

$$= \frac{\sqrt{E_b}}{2\pi(f_2 - f_1)T_b} \left[\sin(2\pi(f_2 - f_1)T_b - \theta) - \sin(-\theta)\right]$$

$$y_{2s} = \frac{\sqrt{E_b}}{T_b} \int_0^{T_b} \sin(2\pi(f_2 - f_1)t - \theta)dt \qquad \text{(A-7-4)}$$

$$= -\frac{\sqrt{E_b}}{2\pi(f_2 - f_1)T_b} \cos(2\pi(f_2 - f_1)t - \theta)\Big|_0^{T_b}$$

$$= -\frac{\sqrt{E_b}}{2\pi(f_2 - f_1)T_b} \left[\cos(2\pi(f_2 - f_1)T_b - \theta) - \cos(-\theta)\right]$$

그림 3-2-9의 BFSK 비동기 수신기 구조에서 복조 성능이 최적이 되려면, 위의 두 식이 모두 0이 되어야 한다. 이를 위해서는 $2\pi(f_2-f_1)T_b = 2n\pi$가 성립되어야 한다. 따라서 다음의 조건을 얻는다.

$$f_2 - f_1 = \frac{n}{T_b}, \quad n = 1,2,\cdots \tag{A-7-5}$$

동기 방식의 경우와 마찬가지로 반송파 주파수 f_c와 비트 구간 T_b가 주어지면, f_1과 f_2를 정할 수 있다.

A.8 BFSK 잡음 분산

식 (3-4-29)에 정의된 BFSK 상관기 출력단 잡음의 분산은 다음과 같이 표현된다.

$$\sigma_f^2 = E\big[\,|n_1|^2\,\big] = E\left[\frac{2}{T_b}\left|\int_{iT_b}^{(i+1)T_b} n(t)\big[\cos(2\pi f_1 t) - \cos(2\pi f_2 t)\big]\,dt\right|^2\right] \tag{A-8-1}$$

위에서 $f(t) = \cos(2\pi f_1 t) - \cos(2\pi f_2 t)$로 치환하면 다음과 같이 정리된다.

$$\sigma_f^2 = \frac{2}{T_b}E\left[\left|\int_{iT_b}^{(i+1)T_b} n(t)f(t)\,dt\right|^2\right] \tag{A-8-2}$$

$$= \frac{2}{T_b}E\left[\int_{iT_b}^{(i+1)T_b}\int_{iT_b}^{(i+1)T_b} n(t)n(\tau)f(t)f(\tau)\,dtd\tau\right]$$

잡음 $n(t)$에 대하여 $E[n(t)] = 0$과 $E\big[\,|n(t)|^2\,\big] = N_0/2$을 이용하면, 식 (A-8-2)는 다음과 같이 정리된다.

$$\sigma_f^2 = \frac{2}{T_b}\int_{iT_b}^{(i+1)T_b}\int_{iT_b}^{(i+1)T_b} E[n(t)n(\tau)]\,f(t)f(\tau)\,dtd\tau \tag{A-8-3}$$

$$= \frac{2}{T_b}\int_{iT_b}^{(i+1)T_b}\int_{iT_b}^{(i+1)T_b}\frac{N_0}{2}\delta(t-\tau)f(t)f(\tau)\,dtd\tau = \frac{N_0}{T_b}\int_{iT_b}^{(i+1)T_b} f^2(t)\,dt$$

위의 식에서 $f(t) = \cos(2\pi f_1 t) - \cos(2\pi f_2 t)$이므로 다음을 얻는다.

$$\int_{iT_b}^{(i+1)T_b} f^2(t)dt = \int_{iT_b}^{(i+1)T_b} \left[\cos\left(2\pi f_1 t\right) - \cos\left(2\pi f_2 t\right)\right]^2 dt \qquad \text{(A-8-4)}$$

$$= \int_{iT_b}^{(i+1)T_b} \cos^2\left(2\pi f_1 t\right)dt - 2\int_{iT_b}^{(i+1)T_b} \cos\left(2\pi f_1 t\right)\cos\left(2\pi f_2 t\right)dt$$

$$+ \int_{iT_b}^{(i+1)T_b} \cos^2\left(2\pi f_2 t\right)dt$$

식 (A-6-1)을 참고하면, 두 번째 적분 항은 0이 된다. 따라서 식 (A-8-4)의 결과식은 T_b가 된다. 식 (A-8-4)를 식 (A-8-3)에 대입하면 다음을 얻는다.

$$\sigma_f^2 = \frac{N_0}{T_b}\left(\frac{T_b}{2} + \frac{T_b}{2}\right) = N_0 = 2\sigma^2 \qquad \text{(A-8-5)}$$

BFSK 상관기 출력 잡음의 분산은 식 (3-4-7)에 주어진 BASK와 BPSK 경우의 두 배가 된다.

A.9 이산시간 지수함수의 직교성

등비가 $e^{j2\pi(p-k)/N}$인 등비수열의 합 공식을 이용하면 다음을 얻는다.

$$\sum_{m=0}^{N-1} e^{j2\pi(p-k)m/N} = \sum_{m=0}^{N-1} \left(e^{j2\pi(p-k)/N}\right)^m = \frac{1 - \left(e^{j2\pi(p-k)/N}\right)^N}{1 - e^{j2\pi(p-k)/N}} \qquad \text{(A-9-1)}$$

$$= \frac{e^{j\pi(p-k)}\left[e^{-j\pi(p-k)} - e^{j\pi(p-k)}\right]}{e^{j\pi(p-k)/N}\left[e^{-j\pi(p-k)/N} - e^{j\pi(p-k)/N}\right]}$$

$$= e^{j\pi(p-k)(N-1)/N} \frac{\left[e^{j\pi(p-k)} - e^{-j\pi(p-k)}\right]}{\left[e^{j\pi(p-k)/N} - e^{-j\pi(p-k)/N}\right]}$$

오일러 공식을 이용하면, $\left[e^{j\pi(p-k)} - e^{-j\pi(p-k)}\right]/(2j) = \sin\left[\pi(p-k)\right]$이므로 식 (6-3-5)를 얻는다.

A.10 채널의 주파수 응답

그림 6-3-1에서 다중경로가 하나인 경우는 $h_l(t) = \delta(t)$로써 푸리에 변환은 다음과 같다.

$$H_l(f) = F[h_l(t)] = F[\delta(t)] = \int_{-\infty}^{\infty} \delta(t)e^{-j2\pi ft}dt = \int_{-\infty}^{\infty} \delta(t)dt = 1 \tag{A-10-1}$$

두 번째로 다중경로가 다음과 같이 2개인 경우를 살펴본다.

$$h_l(t) = \delta(t) + \frac{1}{2}\delta(t-3) \tag{A-10-2}$$

식 (2-1-27)을 참고하여 양변에 푸리에 변환을 취하면 다음을 얻는다.

$$H_l(f) = F[\delta(t)] + \frac{1}{2}F[\delta(t-3)] \tag{A-10-3}$$

$$= 1 + \frac{1}{2}e^{-j6\pi f} = 1 + \frac{1}{2}\cos(6\pi f) - j\frac{1}{2}\sin(6\pi f)$$

식 (A-10-3)의 크기는 다음과 같다.

$$|H_l(f)|^2 = [1 + 0.5\cos(6\pi f)]^2 + [0.5\sin(6\pi f)]^2 \tag{A-10-4}$$

$$= 1 + 0.25[\cos^2(6\pi f) + \sin^2(6\pi f)] + \cos(6\pi f) = 1.25 + \cos(6\pi f)$$

따라서 $|H_l(f)| = \sqrt{1.25 + \cos(6\pi f)}$ 가 된다. 마지막으로 다중경로가 3인 경우 $h_l(t)$와 $H_l(f)$는 다음과 같다.

$$h_l(t) = \delta(t) + \frac{1}{2}\delta(t-3) + \frac{1}{4}\delta(t-6) \tag{A-10-5}$$

$$H_l(f) = 1 + \frac{1}{2}e^{-j6\pi f} + \frac{1}{4}e^{-j12\pi f} \tag{A-10-6}$$

$$= 1 + \frac{1}{2}\cos(6\pi f) + \frac{1}{4}\cos(12\pi f) - j\left[\frac{1}{2}\sin(6\pi f) + \frac{1}{4}\sin(12\pi f)\right]$$

식 (A-10-6)에서 $|H_l(f)|^2$은 다음과 같다.

$$\left|H_l(f)\right|^2 = [1 + 0.5\cos(6\pi f) + 0.25\cos(12\pi f)]^2 \tag{A-10-7}$$
$$+ [0.5\sin(6\pi f) + 0.25\sin(12\pi f)]^2$$
$$= 1 + (0.5)^2 + (0.25)^2 + 0.5 \times 0.5[\cos(6\pi f)\cos(12\pi f)$$
$$+ \sin(6\pi f)\sin(12\pi f)] + \cos(6\pi f) + 0.5\cos(12\pi f)$$

위에서 $\cos(6\pi f)\cos(12\pi f) + \sin(6\pi f)\sin(12\pi f) = \cos(12\pi f - 6\pi f)$ 이므로, 다음을 얻는다.

$$\left|H_l(f)\right| = \sqrt{1.3125 + 1.25\cos(6\pi f) + 0.5\cos(12\pi f)} \tag{A-10-8}$$

A.11 이산시간 컨벌루션

식 (6-3-20)에서 사용된 수신신호 $r_l(m) = x_l(m) \otimes h_l(m) + n_l(m)$ 의 DFT를 유도한다.

$$R_l(k) = \frac{1}{N}\sum_{m=0}^{N-1} r_l(m)e^{-j2\pi km/N} \tag{A-11-1}$$
$$= \frac{1}{N}\sum_{m=0}^{N-1} [x_l(m) \otimes h_l(m) + n_l(m)]e^{-j2\pi km/N}$$
$$= \frac{1}{N}\sum_{m=0}^{N-1}\left[\sum_{i=0}^{L-1}\alpha_i x_l(m-i) + n_l(m)\right]e^{-j2\pi km/N}$$

식 (A-11-1)에서 $x_l(m-i)$ 의 IDFT 표현식은 다음과 같다.

$$x_l(m-i) = \sum_{p=0}^{N-1} X_l(p)e^{j2\pi p(m-i)/N} \tag{A-11-2}$$

식 (A-11-2)를 식 (A-11-1)에 대입하면 다음을 얻는다.

$$R_l(k) = \frac{1}{N}\sum_{m=0}^{N-1}\left\{\sum_{i=0}^{L-1}\alpha_i\left[\sum_{p=0}^{N-1} X_l(p)e^{j2\pi p(m-i)/N}\right] + n_l(m)\right\}e^{-j2\pi km/N} \tag{A-11-3}$$
$$= \frac{1}{N}\sum_{m=0}^{N-1}\left\{\sum_{i=0}^{L-1}\alpha_i\left[\sum_{p=0}^{N-1} X_l(p)e^{j2\pi p(m-i)/N}\right]\right\}e^{-j2\pi km/N} + \frac{1}{N}\sum_{m=0}^{N-1} n_l(m)e^{-j2\pi km/N}$$

$$= \frac{1}{N} \sum_{p=0}^{N-1} \left\{ \sum_{i=0}^{L-1} \alpha_i e^{-j2\pi ip/N} \left[\sum_{m=0}^{N-1} X_l(p) e^{j2\pi(p-k)m/N} \right] \right\} + N_l(k)$$

식 (6-3-17)에서 채널 임펄스 응답의 DFT가 $H_l(k) = \sum_{i=0}^{L-1} \alpha_i e^{-j2\pi ki/N}$이므로, 식 (A-11-3)

은 다음과 같이 정리된다.

$$R_l(k) = \sum_{p=0}^{N-1} \left\{ X_l(p) H_l(p) \left[\frac{1}{N} \sum_{m=0}^{N-1} e^{j2\pi(p-k)m/N} \right] \right\} + N_l(k) \tag{A-11-4}$$

식 (6-3-6)의 직교 특성을 이용하면, 수신신호 $R_l(k)$는 다음과 같이 정리된다.

$$R_l(k) = \sum_{p=0}^{N-1} X_l(p) H_l(p) \delta(p-k) + N_l(k) = X_l(k) H_l(k) + N_l(k) \tag{A-11-5}$$

A.12 행렬의 L2 norm

임의의 $M \times N$ 행렬 A가 다음과 같이 주어진다.

$$A = \begin{bmatrix} a_{11} & a_{12} & \cdots & a_{1N} \\ a_{21} & a_{22} & \cdots & a_{2N} \\ \cdots & \cdots & \cdots & \cdots \\ a_{M1} & a_{M2} & \cdots & a_{MN} \end{bmatrix} \tag{A-12-1}$$

이때 행렬 A의 L2 norm은 다음과 같이 정의된다.

$$\| A \| = \sqrt{\sum_{m=1}^{M} \left(\sum_{n=1}^{N} |a_{mn}|^2 \right)} \tag{A-12-2}$$

위의 식에서 보듯이 L2 norm은 모든 행렬 요소의 제곱 합으로 정의된다.

A.13 자주 사용되는 삼각함수 공식

$$\cos A \cos B = \frac{1}{2} \left[\cos (A - B) + \cos (A + B) \right] \tag{A-13-1}$$

$$\sin A \sin B = \frac{1}{2} \left[\cos (A - B) - \cos (A + B) \right] \tag{A-13-2}$$

$$\sin A \cos B = \frac{1}{2} \left[\sin (A - B) + \sin (A + B) \right] \tag{A-13-3}$$

$$\cos^2 A = \frac{1}{2} \left[1 + \cos (2A) \right] \tag{A-13-4}$$

$$\sin^2 A = \frac{1}{2} \left[1 - \cos (2A) \right] \tag{A-13-5}$$

$$\sin A \cos B = \frac{1}{2} \sin (2A) \tag{A-13-6}$$

$$\cos A = \frac{e^{jA} + e^{-jA}}{2} \tag{A-13-7}$$

$$\sin A = \frac{e^{jA} - e^{-jA}}{2j} \tag{A-13-8}$$

INDEX

유영환 (yhyou@sejong.ac.kr)

1999년에 연세대학교 전자공학과에서 공학박사를 취득하였으며, 2002년까지 전자부품연구원에서 선임연구원으로 재직하였다. 2002년부터 현재까지 세종대학교 컴퓨터공학과 교수로 재직하고 있다. 통신 이론 및 디지털 신호 처리 관련 강의와 연구를 진행하고 있다.

양효식 (hsyang@sejong.edu)

2005년에 Arizona State University 전기공학과에서 공학박사를 취득하였으며, 2006년까지 경남대학교 전자공학과 전임강사로 재직하였다. 2006년부터 현재까지 세종대학교 컴퓨터공학과 부교수로 재직하고 있다. 컴퓨터 네트워크 및 스마트그리드 관련 강의와 연구를 진행하고 있다.

송형규 (songhk@sejong.ac.kr)

1996년에 연세대학교 전자공학과에서 공학박사를 취득하였으며, 2000년까지 전자부품연구원에서 책임연구원으로 재직하였다. 2000년부터 현재까지 세종대학교 정보통신공학과 교수로 재직하고 있다. 통신 시스템 및 IoT 신호처리 관련 강의와 연구를 진행하고 있다.

무선통신 시스템

1판 1쇄 발행   2016년 08월 31일
1판 4쇄 발행   2022년 02월 24일
저   자 유영환·양효식·송형규
발 행 인 이범만
발 행 처 **21세기사** (제406-00015호)
경기도 파주시 산남로 72-16 (10882)
Tel. 031-942-7861   Fax. 031-942-7864
E-mail : 21cbook@naver.com
Home-page : www.21cbook.co.kr
ISBN 978-89-8468-645-8

정가 20,000원